水域空间管控关键技术研究与实践

徐海波　胡可可　王士武　余根听　吴剑峰 等　著

中国水利水电出版社
www.waterpub.com.cn
·北京·

内 容 提 要

本书以水域资源保护和管理为研究方向，围绕水域调查、水域保护规划和水面率等方面开展了大量卓有成效的技术研究工作，在成功解决了生产实际的同时兼顾技术方法创新。本书主要内容包括水域释义与内涵、水域空间微观管控、水域空间数据库建设、水域空间宏观管控、水域调整技术研究、水域日常监管措施等，为该领域的理论研究与实践做了贡献。

本书可供河道管理与保护、河长制、生态及环境等领域的科研、管理和教学人员参考使用，也可作为相关专业的本科生、研究生以及相关行业职业培训的参考书。

图书在版编目（CIP）数据

水域空间管控关键技术研究与实践 / 徐海波等著
. -- 北京：中国水利水电出版社，2022.6
ISBN 978-7-5170-8882-0

Ⅰ. ①水… Ⅱ. ①徐… Ⅲ. ①水资源保护－研究②水资源管理－研究 Ⅳ. ①TV213.4

中国版本图书馆CIP数据核字(2020)第176110号

书　　名	**水域空间管控关键技术研究与实践** SHUIYU KONGJIAN GUANKONG GUANJIAN JISHU YANJIU YU SHIJIAN
作　　者	徐海波　胡可可　王士武　余根听　吴剑峰　等　著
出版发行	中国水利水电出版社 （北京市海淀区玉渊潭南路 1 号 D 座　100038） 网址：www.waterpub.com.cn E-mail：sales@mwr.gov.cn 电话：(010) 68545888（营销中心）
经　　售	北京科水图书销售有限公司 电话：(010) 68545874、63202643 全国各地新华书店和相关出版物销售网点
排　　版	中国水利水电出版社微机排版中心
印　　刷	天津嘉恒印务有限公司
规　　格	184mm×260mm　16 开本　16 印张　389 千字
版　　次	2022 年 6 月第 1 版　2022 年 6 月第 1 次印刷
定　　价	**128.00 元**

前言 QIANYAN

近些年来，党中央将水域保护与管理提到一个全新的高度。党的十八大报告强调，把生态文明建设放在突出地位，实现生态空间山清水秀；党的十八届三中全会提出，必须建立系统完整的生态文明制度体系，其中，包括建立空间规划体系，划定生产、生活、生态空间开发管制界限，落实用途管制。为贯彻落实党的十八大、十八届三中全会精神和中央关于加快水利改革发展的决策部署，2014年1月水利部印发了《关于深化水利改革的指导意见》，将建立严格的河湖管理与保护制度作为深化水利改革的一项重要任务，强调健全河湖规划约束机制，强化河湖管理与保护，依法划定河湖管理和保护范围，加强河湖空间用途管制，建立建设项目占用水利设施和水域岸线补偿制度等。水利部《关于加强河湖管理工作的指导意见》（水建管〔2014〕76号）明确要求："科学编制相关规划，加强规划对河湖管理的指导和约束作用，要落实水域岸线用途管制。"2015年4月，国务院印发了《水污染防治行动计划》（简称"水十条"），提出"优化空间布局"，明确积极保护生态空间，严格城市规划蓝线管理，要留足河道、湖泊和滨海地带的管理和保护范围。2016年11月，中共中央办公厅、国务院办公厅印发《关于全面推行河长制的意见》，再次强调要"加强河湖水域岸线管理保护，严格水域岸线等水生态空间管控，依法划定河湖管理范围"。2019年，水利部时任部长鄂竟平在《工程补短板行业强监管 奋力开创新时代水利事业新局面》的讲话中，明确了当前及今后水利工作的总基调之一就是行业强监管，并把河湖水域强监管作为六大强监管的第一位。河湖水域空间管控将会是"十四五"期间乃至今后一段时间一项重要的工作。

浙江省地处我国东南沿海，临江濒海，湿润多雨，是典型的江南水乡，呈现"七山一水二分田"的格局，境内河流众多，自北向南分布有苕溪、运河、钱塘江、甬江、椒江、瓯江、飞云江、鳌江八大水系及众多独流入海小河流和浙、闽、赣省界河流。全省溪流纵横、河网湖泊星罗棋布，水乡风情与江南文明自古为人赞誉。根据最新水域调查数据，浙江省河道总长约14.23万km，现状水面率为6.55%；全省水域从地区分布来看，地势低平的不到杭嘉湖东部平原的一半，金华为4.28%，衢州为4%，丽水仅为2.77%，水域类型以河道、水库、山塘为主。

浙江省水域的保护与管理在全国来说起步较早，早在2005年就在全省开展了水域调查，并以此为基础开展了全省范围内的水域保护规划的编制。2006年浙江省人民政府颁布了《浙江省建设项目占用水域管理办法》（2006年5月1日起实施，2019年5月1日废止），浙江省绍兴县（现柯桥区）编制了《绍兴县钱塘江岸线利用规划》。2017年，根据新的形势要求，浙江省水利厅组织编制了《浙江省水域岸线管理保护规划技术导则》，并于2018年布置试点县市开展重点河湖岸线管理保护规划编制。2019年，为加强河湖水域的监管，顺应"放管服"和"最多跑一次"的需要，在《浙江省建设项目占用水域管理办法》的基础上，颁布实施了《浙江省水域保护办法》（浙江省人民政府令第375号，2019年5月1日起实施）。为贯彻落实《浙江省水域保护办法》相关要求，摸清水域保护"家底"，保障水域保护规划成果科学、合理、可行，浙江省自然资源厅和水利厅联合印发《浙江省自然资源厅 浙江省水利厅关于开展全省水域调查工作的通知》（浙自然资厅函〔2019〕360号），要求各县（市、区）开展水域调查工作，并于2020年全面查清摸准辖区内水域基础信息和空间数据，厘清水域保护和岸线管控范围。

"走在前列要谋新篇"，虽然浙江省水域保护与管理工作取得了一定的效果，但随着经济社会的发展、人民群众日益增长的美好生活需求，浙江省水域保护与管理仍有较多需要完善的地方，主要表现为以下几个方面：

（1）对水域及水域边界缺乏明确的界定。由于缺乏对水域及水域边界的界定标准，使管理部门的管理对象和范围不明确，造成水域被占用的现象时有发生。

（2）对水域的功能认识不够全面，保护意识还有所欠缺。水域是不可再生的自然资源，既是公共资源，又是公共环境，它是人类抗衡自然灾害，实现人与自然和谐相处的重要载体。水域不仅具有防洪、排涝、蓄水、供水、灌溉等方面的功能，还有生态、文化、景观等功能。水域不仅在生态系统中起着基础性的作用，同样在人与自然和谐相处中起着基础性的作用。

（3）水域的监督、管护工作仍需加强。近些年来，浙江省经济飞速发展，与之相应的是基础设施建设的日新月异，特别是经济开发区建设、城镇化以及交通建设。但部分区域基础设施的建设过程中仍存在着随意占用水域、监管不力的现象，这也直接导致了区域水面率减少，进而行洪不畅引发洪涝，也造成大量的断头河，导致河网水流不畅，水质恶化。再加之，水域的日常管护工作的薄弱，更加剧了相应的问题。

（4）水域保护的法律、规范及标准化体系建设仍然滞后。法律、规范及标准是水域保护的基础，虽然浙江省已出台《浙江省河道管理条例》（2020年修正）、《浙江省水域保护办法》等涉及水域保护的法规，但仍缺少一些有针对性的地方性法规。浙江省在2005年与2007年分别编制过《浙江省水域调查技术导则》和《浙江省水域保护规划编制技术导则》，但随着社会的飞快发展，新手段、新技术不断应用，原有技术标准已不能满足新时期水域保护的技术指导要求，新时期需要更适宜的新规定和新标准。而且，除以上两项技术导则外，浙江省已没有其他针对水域保护与管理的技术指导性文件，特别是在"标准化强省"的战略思路下，浙江省水域保护的法律、规范及标准化体系建设仍有很长的路要走。

目前，浙江省各地对加强水域有效保护和空间管制的需求十分迫切，因此，为加强水域管理、防止经济建设和城镇化对水域的破坏和无序占用，针对浙江省水域保护与管理的主要问题与需求，结合浙江省近些年来水域保护的实践工作，浙江省水利河口研究院（浙江省海洋规划设计研究院）研究团队开展了相关研究与实践，撰写了《水域空间管控关键技术研究与实践》。

本书共6章，第1章根据相关文献、规范和标准，以及法律法规相关规定，介绍水域释义、水域资源属性以及水域空间管控。第2章介绍水域空间微观管控，包括水域空间范围的划定和典型案例剖析。第3章介绍水域空间数据库建设，包括水域空间数据库的结构设计，相关数据加载、采集、入库、检查和典型案例。第4章介绍水域空间宏观管控，包括水面率和河湖岸线分区管控以及典型案例。第5章介绍水域调整技术研究，包括水域调整技术方法和典型案例。第6章介绍水域日常监管措施，包括水域分类管控、水域动态统计、重要水域划定，水域统计案例。

本书由徐海波、胡可可统稿。第 1 章由余根听、王士武、徐海波撰写，第 2 章和第 3 章由胡可可、吴剑峰、刘一衡撰写，第 4 章由徐海波、王士武、刘一衡撰写，第 5 章由徐海波、胡可可撰写，第 6 章由徐海波、唐文嘉、王士武撰写。姚水萍、王俊敏、尤爱菊、傅雷、陈捷、王新、陈梦雪等参加了项目研究工作，浙江省玉环市吴华安、吕招威，瑞安市林树锋、郑孙坚，德清县沈水丽，义乌市朱荣潮、叶俊飞，苍南县洪振练、林元灏、镇海区林永来、翁文良等参加了当地水域有关科研项目与咨询项目工作。在浙江省水域调查和水域有关科研项目与咨询项目工作过程中，得到了胡玲、张民强、韩玉玲、王安明、梁民阳、郑慧、叶祥伟等专家的指导，得到了多个地方水行政主管部门同仁的大力支持和帮助，在本书出版之际一并表示最诚挚的感谢。

水域保护与管理是一项系统工程，水域功能多，涉及范围广，保护和管理工作难度大，加之水平所限，本研究不妥之处在所难免，还请读者批评指正。

编者

2021 年夏

目录 MULU

第1章 水域释义与内涵

1.1 水域释义

1.1.1 水域定义

1.1.1.1 相关词典

《汉语词典》中水域的定义：①指江、河、湖、海从水面到水底的一定范围；②港湾和河道中供船舶航行、停靠或作业的水面。两条释义关注了水域的两个方面：一是，从水域对象和范围的角度，界定了水域对象为江、河、湖、海，其范围为水面到水底的一定范围，隐含着面积、容积等概念；二是，从水域的功能用途或利用角度，侧重于通航等功能。以上释文主要是从较为通俗的角度解释，而非关注专业性和严谨性。

《辞海》中水域的定义：江河、湖泊、运河、渠道、水库、水塘等水体及其管理范围。包括水利工程设施所在范围；不包括海域和在耕地上开挖的鱼塘。水域和陆地是地球两大表面要素，为生态环境的载体，是人类和生物赖以生存的空间。在开发水域的同时，需加强水域保护。《辞海》的定义，一是，将水域与海域区分开；二是，水域包含了水体及空间两个层面，其中空间包含了水利工程设施所在范围；三是，明确了水域的对象，列举了六类。相对《汉语词典》来说，《辞海》的释义更有专业性。

1.1.1.2 相关文献

从广义角度来说，水域可分为陆地水域和海域；从狭义角度来说，水域是指陆地水域。王伟英[1] 认为水域概念的界定可借鉴海域的界定办法，《中华人民共和国海域使用管理办法》中规定海域的范围有两个要素：一是与潮位高程有关，从海岸线来确定；二是包括水面、水体、海床和底土。水域的界定同样涉及这两个方面，从水行政管理的实际需要出发，可以将水域界定为河道（《中华人民共和国河道管理条例》中所指河道，包括江河、湖泊、人工水道、行洪区、蓄洪区、滞洪区）、水塘洼淀、水库在设计洪水位时的水面、水体、水床、底土。楼越平[2] 将陆地水域分为自然和人工形成的水域，认为水域范围是水域水面面积最大时对应的范围，并提出在大范围的陆地水域调查的技术设计时，需要明确界定水域范围。王士武等[3] 在此基础上对陆地水域及其边界进行了深刻探讨，认为水域是指现状或规划条件下，具有一定规模的承泄地表淡水水体的区域范围，并提出了水域的5层含义：①水域是指承泄地表淡水水体的区域，海洋中的水体区域不属于水域，河流的河口段既有咸水也有淡水，应属于陆地水域范畴；②一定规模是指水域具有一定的承泄地表水体的能力，如河道、水库、山塘、湖泊、骨干渠道等；③承泄能力表现为承纳和宣泄两个方面，对于调蓄水资源的表现为承纳能力，对于行洪排涝的表现为宣泄能力；④各类水域无论是天然的还是人工的均属于陆地水域界定范围；⑤规划条件下是指经各级政府批准的规划中承载地表淡水水体的区域范围，如规划中的水库、蓄滞洪区等。何文学等[4]深刻对比了众多水域概念的含义，他认为现状水域的相关概念多是从各职能部门工作方便与水域利用的目的出发，往往存在概念交叉、实际操作困难等问题。鉴于水域在水文循环与生态系统中不可替代的作用，他认为在水域概念的界定过程中，必须兼顾水域的使用功能与文化传承特性，以便保障水域功能正常稳定发挥。

1.1.1.3　相关法律法规和标准

（1）国土相关标准。1984 年发布的《土地利用现状调查技术规程》中就已经提出了水域的概念，将水域单独作为一级类型，认为水域是"指陆地水域和水利设施用地，不包括滞洪区和垦殖三年以上的滩地、海涂中的耕地、林地、居民点、道路等"，包括河流水面、湖泊水面、水库水面、坑塘水面、苇地、滩涂、沟渠、水工建筑物、冰川及永久积雪9 个二级类型。该规程，一是，明确水域不是海域；二是，从土地分类的角度，侧重于空间属性；三是，将水利设施用地纳入水域。

2017 年修正的《土地利用现状分类》（GB/T 21010—2017），将水域及水利设施用地作为一级类，"指陆地水域，滩涂、沟渠、沼泽、水工建筑物用地。不包括滞洪区和已垦滩涂中的耕地、园地、林地、城镇、村庄、道路等用地"。包括河流水面、湖泊水面、水库水面、坑塘水面、沿海滩涂、内陆滩涂、沟渠、沼泽地、水工建筑用地、冰川及永久积雪等 10 个二级类型。该分类充分衔接了《中华人民共和国土地管理法》，将水库水面、坑塘水面、沟渠归为农用地；将水工建筑用地归为建设用地；将河流水面、湖泊水面、沿海滩涂、内陆滩涂、沼泽地、冰川及永久积雪归为未利用地。该标准将水域与水利设施用地作了区分，并在定义中将滩涂、沟渠和沼泽并列于陆地水域。

2019 年自然资源部发布的《基础性地理国情监测内容与指标》（CH/T 9029—2019）对水域有着不同的定义：从地表覆盖内容方面来讲，水域是指被液态和固态水包围的地表，不但包括常年有水的液态水面，如海洋、湖泊、河流、水库、水渠、坑塘等，还包括被积雪和冰川覆盖的固态地表；而国情要素内容对水域的定义则是水体较长时间内消长和存在的空间范围。从地理国情监测的角度对水域进行了全新定义。

（2）《中华人民共和国河道管理条例》（2018 年修正）。该条例从河道管护的角度出发，规定了河道管理范围：①有堤防的河道，其管理范围为两岸堤防之间的水域、沙洲、滩地（包括可耕地）、行洪区，两岸堤防及护堤地；②无堤防的河道，其管理范围根据历史最高洪水位或者设计洪水位确定；③河道的具体管理范围，由县级以上地方人民政府负责划定。该条例中所指的水域是一定范围空间，是管理范围的一部分，是独立于沙洲、滩地、行洪区、堤防等存在的水面。

（3）《浙江省水域保护办法》。2019 年发布的《浙江省水域保护办法》中定义的水域是指江河、溪流、湖泊、人工水道、行洪区、蓄滞洪区、水库、山塘及其管理范围，不包括海域和在耕地上开挖的鱼塘。该办法定义的水域：一是，明确水域为陆地水域，不包括海域；二是，水域既是一个具体对象也是一定的空间范围；三是，体现了耕地红线的要求，耕地上开挖的鱼塘不作为水域。

（4）《江苏省水域保护办法》。2020 年发布的《江苏省水域保护办法》中定义的水域是指江河（含入海水域）、湖泊、水库、塘坝、沟渠及其管理范围，不包括海域和在耕地上开挖的鱼塘及农田沟渠。入海水域范围为入海河道全部进入大海至河床已无明显的河槽之处。江苏的定义与浙江接近，但水域对象上有一定差别，并增加了入海水域范围的划分。

综上，本书所指的水域指陆地水域，包括了具体水域对象及其空间范围，同时具有时间特性。

1.1.2 水域类型

《土地利用现状分类》（GB/T 21010—2017）中，水域及水利设施用地包括了河流水面、湖泊水面、水库水面、坑塘水面、沿海滩涂、内陆滩涂、沟渠、沼泽地、水工建筑用地、冰川及永久积雪等10个二级类型。《江苏省水域保护办法》中水域类型包括：江河（含入海水域）、湖泊、水库、塘坝、沟渠。《浙江省水域保护办法》中水域类型包括江河、溪流、湖泊、人工水道、行洪区、蓄滞洪区、水库、山塘。本研究根据浙江省的应用研究，将水域类型分为：河道、湖泊、水库、山塘、蓄滞洪区、人工水道、其他水域等七类。

（1）河道。是河流的同义词，指陆地表面宣泄水流的通道，是水流与河床的综合体[5]。溪、川、江等均称为河道。

（2）湖泊。是指"四周陆地所围之洼地，与海洋不发生直接联系的水体"，可以理解为由两个因素构成：一是封闭或半封闭的陆上洼地；二是洼地中蓄积的水体。湖泊是一个自然综合体，是由湖盆、湖水、水体中所含物质——矿物质、溶解质、有机质及水生生物等所共同组成的自然综合统一体[6]。

（3）水库。水库指总库容为10万 m^3 以上，在河道、山谷、低洼地及下透水层修建挡水坝或堤堰、隔水墙，形成蓄集水的人工湖，是调蓄洪水和水资源的主要工程措施之一。其主要作用是防洪、发电、灌溉、供水、蓄能等，按其所在位置和形成条件，通常分为山谷水库、平原水库和地下水库三种类型。水库工程共分为大（1）型、大（2）型、中型、小（1）型、小（2）型5个等别。

（4）山塘。是指在山区、丘陵地区建有挡水、泄水建筑物，正常蓄水位高于下游地面高程，最大蓄水量不足10万 m^3 的蓄水工程。

（5）蓄滞洪区。历史上，蓄滞洪区多为自然贮存洪水的低洼地带，是江河洪水调节的场所。由于人口增长，蓄洪垦殖，逐渐开发利用而形成蓄滞洪区。本书研究的蓄滞洪区指水利行政主管部门规定为蓄滞洪水的地区，一般建有控制性分洪和退水工程，也包括少量自然蓄滞水量的坡洼地，有一定的运用方式和运用概率（频率）[7]。

（6）人工水道。是以输送水源或利用其能量的人工沟渠，通常指引水渠道、灌区骨干渠道等。

（7）其他水域。上述未包括的其他水域（含湿地水域）。

1.2 水域资源属性

水域作为一种自然资源，具有自己独特的属性。认识水域资源的属性，对于其保护与管理具有重要意义。根据水域空间资源及其承纳的水量、水质和水域功能，水域资源属性可分为经济属性、社会属性和生态属性。

1.2.1　经济属性

水域资源具有经济属性，表现为既是人类生存与发展所需要的自然资源之一，又是人类经济活动的要素及财富。其经济属性表现如下：

（1）整体性与生产性。水域系统是由气候、土壤、水文、地形、地质、生物及人类活动的结果所组成的综合体，各组成要素相互依存相互制约，构成一个完整的资源-环境-社会-生态系统。人类改变其中一种资源或系统中的某种成分，有可能使系统功能发生巨变，而且这一资源-环境-社会-生态系统不是孤立的，一个系统的变化又不可避免地要涉及别的系统。

水域系统整体性决定了其具有一定的生产力，即可以生产出满足人类需要的植物产品、动物产品和生态产品。水域生产力按其性质可分为自然生产力和经济生产力。前者是自然形成的，是其本身的性质决定的；后者是因人工影响而产生的，表现为人类生产的技术水平。

（2）资源有限性与供给稀缺性。水域资源具有位置固定及不可移动性，这也决定了其在特定区域的有限性，水域资源的有限性决定了水域资源的稀缺性。在水域资源有限的情况下，随着经济社会发展和人口的不断增加，对水域需求量不断增加，进而加剧了水域资源的供求矛盾。其中位置较优、水量多、水质好的水域，利用方便，效益较高，需求量更大，而可供使用的水域资源又有限，其稀缺性更加突出。

（3）区域差异性与时间变化性。分布在地表不同位置的水域，占有特定的地理空间。水域在一定时期内，其绝对位置、不同水域的相互关系、所处环境及其要素构成都是相对固定的，不同水域空间分布存在着明显的地域性。在山地、丘陵、平原的分布都是不均匀的。每个水域受制于其所在的地理环境条件或空间经济关系，便形成了水域的区位，不同区位的水域具有不同使用价值。

水域不仅具有地域性的空间差异，而且具有随时间变化的特点。水域空间中的水量和水质随时间而产生季节性变化。丰水年或每年的丰水期，水量大，水质较好；枯水年或每年的枯水期，水量小，水质较差。随着水域的水量和水质的时间变化，水域使用价值也在发生着不断地变化。

（4）个体异质性与功能多样性。水域个性很强，由于其所处的区位、土壤、植被、地质、地貌、水文等的不同，从而使不同水域具有自身独特的性质和使用价值。水域既是生产资料提供者，又为人类生产和生活提供活动空间、为各种生物提供栖息地，因此具有功能多样性。正是由于水域的个体异质性及功能多样性，开发利用水域时，要因地制宜地开发利用，才能使其性能得以充分发挥，才能体现出其最大价值。

（5）再生性与非再生性。资源一般可分为再生性资源和非再生性资源。每个水域都是一个独特的生态系统，随水文循环，其中的水量和水质在周期性变化，具有可再生性。在合理利用条件下，水域的生产力可以自我恢复，并对于污染物有一定的净化能力。水域也具有非再生性属性，水域可再生性绝不意味着人类可以对水域进行掠夺性开发，人类一旦破坏了其生态系统的平衡，使其生产力下降，使用价值降低，进而就会表现为不可再生性。

1.2.2　社会属性

人类在水域资源开发利用过程中，既形成了人与水的关系，也建立了人与人的关系，使得水域具有显著的社会属性，表现如下：

（1）水域开发利用的相互影响性。水域的开发利用具有显著的相互影响性，某一水域的开发利用会影响整个系统内其他水域的开发利用，同时这种影响也会反过来影响到本水域的开发利用效果。水域开发利用的相互影响性既有正向的，也有负向的。

（2）人水关系的对立统一性。人与水的关系是对立统一的关系。一方面，随着人类社会发展，对水域利用的深度及强度在不断增加，人水矛盾越来越突出；另一方面，人类对水域的合理开发利用，既能不断满足人类发展的需求，又能不断增强和丰富水域的使用价值。

人水关系影响着水域开发利用的方式和水平，进而影响到水域的投入产出水平和价值。和谐的人水关系有利于促进水域的合理开发利用，实现水域的经济、社会和生态价值的有机统一，最大限度地实现水域的价值；而不和谐的人水关系，如无序占用、过度取水、超标排放等，将导致水域使用价值的降低。

（3）水域管理的社会性。人类对水域资源开发利用过程中，由于不同的资源占有和利用方式，形成了不同水域具有不同所有制主体，而这些不同所有制主体就产生了不同的生产方式和生产关系。在每个水域，特定的所有制关系和生产关系，形成了不同的人与人之间的关系，这些人与人之间的关系，具有显著的社会性。

1.2.3　生态属性

从生态学角度看，水域具有以下属性：

（1）物质、能量的支撑性。在陆地生态系统中，水域是最根本、最重要的要素之一，它是决定生态系统类型及其构成的主要因素，为能量输入与输出、物质交换转移提供条件，是地球生态系统的物质储存器、供应站和能量调节者。

（2）生物的养育性。水域本质属性是具有生产能力，它可以生产出人类需要的植物和动物产品。在生态学中，人们把生物生产分为植物性生产和动物性生产。植物性生产是植物通过光合作用，源源不断地生产出植物性产品的过程，又称做第一性生产或初级生产；动物把采食的植物同化为自身的生活物质，使动物体不断增长和繁殖，亦称做第二性生产或次级生产。

（3）污染物质的净化性。进入水域的污染物质在水体中可通过扩散、分解等作用逐步降低污染物浓度，减少毒性或经沉淀、胶体吸附等作用使污染物发生形态变化，变为难以被利用的物质存储在水域底泥中，暂时退出水循环，脱离食物链或通过生物和化学降解，使污染物变为毒性较小或无毒性，甚至有营养的物质。当然，水域的净化功能是有限的，必须在其容许的范围内进行。

基于上述分析，在全面深化改革、积极推进生态文明建设的历史背景下，围绕水域资源开发利用和保护现状，以水域资源在经济社会发展和生态文明建设中功能为重点，建立一整套加强水域保护、促进水域管理的理论与方法具有重要意义。

1.3　水域空间管控

如今，随着经济社会的发展，水体已从单纯的物质功能状态逐步发展成为兼备艺术功能的水景，构成了各式各样的水环境，进而成为建筑空间与环境创作的一个重要结合体——水域空间[8]。水域空间具备社会、经济、功能属性，对于维系水资源系统的完整性、保障水循环和水资源的可再生能力、实现水资源的可持续开发利用等具有重要作用。

2016 年 12 月，中共中央办公厅、国务院印发的《关于全面推行河长制的意见》中明确了"严格水域岸线等水生态空间管控"的要求，各地积极贯彻落实河长制的工作要求，更是把加强河湖水域岸线生态空间管控放在了突出重要的位置。2019 年，中共中央国务院发布了《关于建立国土空间规划体系并监督实施的若干意见》（中发〔2019〕18 号），河湖水系作为自然生态系统的核心要素，是国土空间的主动脉，是生态文明建设的空间载体。更加明确了河湖空间在新时代国土空间开发保护格局布设中的重要地位[9]。遵循"保水域、护堤防、守滩地"的总体思路，按照"定空间、管空间、增空间"的实践路径，全国积极推进河湖立法和管理机制创新，开展河湖管理范围划定，强化河湖空间与用途管制，从宏观管控（区域水域空间管控）、微观管控（水域边界空间管控）两大方面进行了有效管理，取得了积极成效。

1.3.1　区域水域空间管控

1.3.1.1　区域水面率控制

早在 1865 年，Marsh[10] 就发现人类活动引起河流发育的变化。城市化对水系的影响研究始于 20 世纪 60 年代，早期研究得出城市化使河道扩大、断面面积增加[11-13] 以及河网密度增加[14]。Vanacker 等[15] 对安第斯山脉的河流研究发现，土地利用变化造成河道变窄超过 45%，河床加深超过 1m。而城市化对河流水系最直接、最剧烈的影响表现在对末级河道的填埋。根据国外相关研究发现，美国 Baltimore City 66% 的河流被填埋[16]，Rock Creek 流域河网密度因城市化下降了 58%[17]。支流的大量消失，不仅加大了下游的洪水风险，而且很大程度上影响了河流生态系统[18]。

中国从 20 世纪 80 年代开始进入快速城市化阶段，因此有关城市化对河流的影响研究相对较晚。已有研究集中在长三角[19-24]、珠三角[25-26] 城市化程度较高地区。韩昌来等[25] 研究得出，环太湖河道已由 20 世纪初 300 余条减少至 1993 年的 125 条。陈德超等[24] 研究发现，上海在近 50 年城市化进程中河流数量大为减少，影响河道自然排水功能。周洪建等[27] 研究发现，近 40 年永定河京津段河道长度减少了 20.5%，河道数量减少了 36.4%。近年来，中国城市化进一步推进，城市建设与水争地的矛盾日益突出，伴随而来一系列的洪涝和水环境问题，城市化对河流水系的影响日益引起政府、学者和公众的广泛关注。

在此基础上，相关学者及职能部门，提出了水面率控制要求，水面率是指承载水域功能的区域面积（常以设计水位或多年平均水位为控制条件计算的面积）占区域总面积的比率，其作为促进社会安全发展的一个重要参数，影响着社会经济、城镇安全的正常运行[28]。张志飞等[29]对此进行了优化，提出了合理水面率的概念，将合理水面率看作是相关各功能要求的合理水面率的并集，即 $R_{综合} = R_{行洪除涝} \cup R_{水资源利用} \cup R_{水环境容量} \cup R_{景观娱乐}$。区域水域管控常以区域水面率为基础，如《城市水系规划规范》（GB 50513—2009）中对全国大部分城市进行分区，并给出其适宜水面率参考值；上海已明确"要像保护耕地一样保护全市的水面率"，并将水面率控制纳入最严格水资源考核；浙江省颁布的《河道建设规范》（DB33/T 614—2016）中明确了区域规划控制水面率（基本水面率）应达到水域保护规划分区（流域、地形、行政区域）确定的基本水面率（若三者不同，应取大值），并不得小于区域现状水面率，还对沿海滩涂围垦区、新建开发区（工业园区）或城市新区、老城区改造等不同区域水面率提出了具体管控要求，详见表1.3-1和表1.3-2。

表 1.3-1　　　《城市水系规划规范》（GB 50513—2009）之城市适宜水面率参考

序号	城市分区	适宜水面率 S	备　　注
1	Ⅰ区	$S \geqslant 10\%$	现状水面面积很大的城市应保持现有水面，不应按此比例进行侵占和缩小
2	Ⅱ区	$5\% \leqslant S < 10\%$	
3	Ⅲ区	$1\% \leqslant S < 5\%$	
4	Ⅳ区	$0.1\% \leqslant S < 1\%$	可设计一些景观水域
5	Ⅴ区	—	非汛期可不人为设计水面比例

表 1.3-2　　　《河道建设规范》（DB33/T 614—2016）对水面率控制要求

区　　域	分　　类	水面率控制要求
沿海滩涂围垦	/	≥12%
新建开发区（工业园区）或城市新区	没有圩区的河网地区	≥8%
	有圩区的河网地区	≥10%
	其他地区	≥5%
老城区	河网地区	≥8%
	其他地区	≥5%

1.3.1.2　岸带空间管控

（1）纵向——岸线分区管控。2019年水利部印发《河湖岸线保护与利用规划编制指南（试行）的通知》（办河湖函〔2019〕394号），优化岸线功能布局，形成岸线功能区，实施河湖空间分区管理，即根据河湖岸线的自然属性、经济社会功能属性以及保护和利用要求划定的不能功能定位的区段，分为岸线保护区、岸线保留区、岸线控制利用区和岸线开发利用区。

1）岸线保护区，是指岸线开发利用可能对防洪安全、河势稳定、供水安全、生态环境、重要枢纽和涉水工程安全等有明显不利影响的岸段。

2）岸线保留区，是指规划期内暂时不宜开发利用或者尚不具备开发利用条件、为生态保护预留的岸段。

3）岸线控制利用区，是指岸线开发利用程度较高，或开发利用对防洪安全、河势稳定、供水安全、生态环境可能造成一定影响，需要控制其开发利用强度、调整开发利用方式或开发利用用途的岸段。

4）岸线开发利用区，是指河势基本稳定、岸线利用条件较好，岸线开发利用对防洪安全、河势稳定、供水安全以及生态环境影响较小的岸段。

河湖岸带分区管控中要求严格禁止严重影响河湖防洪、供水、生态安全，危及饮用水源地、自然保护区、重要湿地、水产种质资源保护区、风景名胜区等生态敏感区以及水利、交通、电力、管线等重要基础设施安全的开发利用项目和活动。但由于岸线规划所涉及的部门较多，规划的法理依据还有所不足，全面推动的难度较大，因此各省尚未正式全面推动岸线规划的编制工作。

（2）横向——岸带适宜宽度空间管控。河岸带只有满足一定的宽度要求，才能有效发挥其功能。适宜宽度是指满足特定条件、特定功能要求的河岸带宽度，这与《河湖岸线保护与利用规划编制指南（试行）的通知》中提及的外缘边界线要求相似，均不得小于河湖管理范围线，并尽量向外扩展。

河岸带宽度通常包括最小、最大、最优等宽度要求。①最小宽度。最小宽度指满足河岸带主体功能的最低宽度要求。不同功能，其最小宽度要求有所差异。如，当河岸带宽度增加到一定程度后，削污效率无明显增加，这一宽度即为削污最小宽度要求。对于防洪要求较高的河道，满足防洪安全和河岸稳定要求的河岸带宽度即为河岸带最小宽度。②最大宽度。最大宽度指能满足所有功能的最大宽度要求。由于河岸带动物生活范围较为宽广，所以最大宽度通常是指当岸外可利用土地资源足够时，满足河岸带生物栖息所需的宽度要求。对于某些特殊功能也有其相应的最大宽度要求，如，对于可利用土地资源足够的水源地河岸，满足削减 95%～100% 污染和泥沙所需的河岸带宽度即为最大宽度。③最优宽度。总体而言，河岸带越宽越有利于防洪安全、保护资源、削减污染、减少侵蚀。但由于河岸宽度往往会受岸外可利用土地资源空间的限制，所以在建设和管理中，应考虑当地实际需要，选择最优宽度，使其既满足防洪安全、环境保护、生态保护要求，又满足降低占地的经济成本要求。

自 20 世纪 60 年代以来，美国、澳大利亚、加拿大、英国等通过制定相关条例法令和建设标准，明确规定了河岸带宽度范围，给出了最大宽度和最小宽度的参照值范围：①美国。目前对河岸带研究较多的是美国[30]，美国有 49 个州制定了河岸带建设导则，根据不同类型河道的保护要求，给出了宽度推荐值。Hawes 等[31] 归纳总结了美国不同功能要求的河岸带宽度推荐参照值。②澳大利亚。Price 等[32] 在分析了国家推荐值后指出实际工程中，河岸带宽度既要考虑产量效益的增加，又要考虑环境条件的改善，应满足多个目标要求，否则会不能满足功能目标要求，或造成资源浪费。③加拿大。Hansen 等[33] 归纳了加拿大河岸带宽度的具体要求。④其他国家。英国研究人员发现，5～20m 宽的植被带能有效保护河流栖息地结构及大范围无脊椎动物的种群；保护河流及湿地的河岸植被缓冲带，最小宽度应在 15～30m。瑞典规定河岸带设置宽度在 10～30 m，依设置地点的敏感度而定。爱尔兰规定在中等或较陡的坡地，河岸带宽度最小为 10～20m，而在侵蚀严重的地区，宽度应在 15～25m[34]。不同国家不同目标的河岸带宽度推荐值范围见表 1.3 - 3。

表 1.3 - 3 不同国家不同目标的河岸带宽度推荐值范围

国家	河岸带宽度推荐值/m						
	削减污染	减少河岸侵蚀	提供良好水生生物栖息地	提供良好陆生生物栖息地	防洪安全	提供食物来源	维持光照和水温
美国	5~30	10~20	300~500	30~500	20~150	3~10	
澳大利亚	5~10	5~10	5~30	10~30		5~10	5~10
加拿大	5~65	10~15	30~50	30~200			

1.3.2 水域边界管控

水域边界空间是各职能部门根据各自的实际情况，从各自工作方便与水域管理、利用的目的出发而界定的管控边界线，可分为临水线及管理范围线。水利工程作为水域功能发挥的重要组成部分，具有管理范围线和保护范围线，其管理与保护亦成为职能部门的重要职责之一。

（1）临水边界线（简称"临水线"）。《河湖岸线保护与利用规划编制指南（试行）的通知》确定了临水线定义及划定方法。临水线是指根据稳定河势、保障河道行洪安全和维护河流湖泊生态等基本要求，在河流沿岸临水一侧顺水流方向或湖泊（水库）沿岸周边临水一侧划定的岸线带区内边界线，并按以下原则进行了划定：①已有明确治导线或整治方案线（一般为中水整治线）的河段，以治导线或整治方案线作为临水边界线。②平原河道以造床流量或平滩流量对应的水位与陆域的交线或滩槽分界线作为临水边界线。③山区性河道以防洪设计水位与陆域的交线作为临水边界线。④湖泊以正常蓄水位与岸边的分界线作为临水边界线，对没有确定正常蓄水位的湖泊可采用多年平均湖水位与岸边的交界线作为临水边界线。⑤水库库区一般以正常蓄水位与岸边的分界线或水库移民迁建线作为临水边界线。⑥河口以防波堤或多年平均高潮位与陆域的交线作为临水边界线，需考虑海洋功能区划等的要求。

（2）管理范围线。①《中华人民共和国防洪法》《中华人民共和国河道管理条例》明确，有堤防的河湖，其管理范围为两岸堤防之间的水域、沙洲、滩地、行洪区和堤防及护堤地；无堤防的河湖，其管理范围为历史最高洪水位或者设计洪水位之间的水域、沙洲、滩地和行洪区。②有堤防的河湖背水侧护堤地宽度，根据《堤防工程设计规范》（GB 50286—2013）规定，按照堤防工程级别确定，1级堤防护堤地宽度为 30~20m，2级、3级堤防为 20~10m，4级、5级堤防为 10~5m，大江大河重要堤防、城市防洪堤、重点险工险段的背水侧护堤地宽度可根据具体情况调整确定。无堤防的河湖，要根据有关技术规范和水文资料核定历史最高洪水位或设计洪水位。③河湖管理范围划定可根据河湖功能因地制宜确定，但不得小于法律法规和技术规范规定的范围，并与生态红线划定、自然保护区划定等做好衔接，突出保护要求。④水库库区的管理范围为其周围移民线、征地线或者调整土地线以下的区域。

（3）水利工程管理范围线及保护范围线。水利工程管理范围与水域管理范围的合理衔接，才能有效地保障河湖功能充分发挥。

2011 年，为深入贯彻落实《中共中央国务院关于加快水利改革发展的决定》（中发

〔2011〕1号），在水利生产经营单位推行标准化管理，将安全生产标准化建设纳入水利工程建设和运行管理全过程。2016年，浙江省政府办公厅印发《关于全面推行水利工程标准化管理的意见》（浙政办发〔2016〕4号），开展标准化管理体系和运行管理机制建设，示范实施水利工程标准化管理。各处室按职责分工，基本完成了水库、山塘、海塘、堤防、水闸、泵站、灌区、农村供水工程、水电站和水文测站等十类工程11项管理规程和《水利工程维修养护定额标准》等6项标准、制度的制定和修订工作，建立了较完善的水利工程管理标准体系。

（4）水生态保护红线。2019年，中共中央办公厅、国务院办公厅印发《关于在国土空间规划中统筹划定落实三条控制线的指导意见》（厅字〔2019〕48号），要求科学划定生态保护红线、永久基本农田、城镇开发边界三条控制线，优化生产、生活、生态"三生"空间，推进"多规合一"。水生态空间是生态空间和国土空间的重要组成部分，水生态保护红线是生态保护红线的重要组成部分。划定并严守水生态保护红线，对于防止河湖水域被侵占、维护河湖健康稳定、水生态系统良性循环具有重要作用。王晓红等[35]从保护和管理水域、岸线及部分涉水陆域空间的角度，提出了水域岸线保护、洪水调蓄、饮用水水源保护、水土保持功能及水源涵养保护五大类水生态保护红线划定方法。详见表1.3-4及图1.3-1、图1.3-2。

表1.3-4　　　　　　　　　　　水生态保护红线划定指标体系

主要类型	划定指标	划定条件
水域岸线保护	保护级别、主导功能、生态功能重要性、水域岸线保护范围、饮用水水源保护范围等	穿越国家和省级主体功能区规划中禁止开发区域内的水域及岸线，其他具有重要水生态功能或对维持河势稳定、维护湖泊形态稳定至关重要而禁止开发利用的河湖水域及岸线等
		已划定岸线功能的重要河湖岸线保护区及其相应的水域
		水功能区划中的保护区、饮用水水源区
洪水蓄滞	保护类型、保护级别、生态功能重要性、行洪区及洪水蓄滞区启用标准及频率等	流域性洪水的重要行洪区
		国家级、省级主体功能区规划确定的禁止开发区域内的部分蓄滞洪区
饮用水水源保护	保护类型、保护级别、一级保护区、二级保护区、水质保护目标等	全国重要饮用水水源地名录、政府批复水源地保护区
		未划定饮用水水源保护区的饮用水水源地
水土保持	水土流失治理程度、治理成效、水土保持功能重要性、水土流失敏感脆弱性；水土流失强度、水土流失危险程度、土壤侵蚀强度、森林覆盖率、草地覆盖率、人口密度等	《中华人民共和国水土保持法》中禁止或限制生产、开发的重要水土保持生态功能区和水土流失极度敏感脆弱区
		以国家主体功能区规划中确定的重点水土保持生态功能区、国家级及省级水土流失重点防治区、全国水土保持区划中具有土壤保持、蓄水保水和拦沙减沙为主导功能的三级区为基础，从中选择核心生态区域
		各级人民政府公告的崩塌、滑坡危险区和泥石流易发区，在国家级及省级水土流失重点预防区内，水土流失敏感性强，关系到国家或区域水土保持生态安全的区域，及受到外界干扰容易引起或加剧水土流失且难以自我修复的区域
水源涵养保护	保护类型、保护级别、主导功能、生态功能重要性等	国家级、省级主体功能区规划明确的水源涵养型重点生态功能区内的陆域核心生态区域
		源头水保护区、重要名泉集中出露区域保护范围

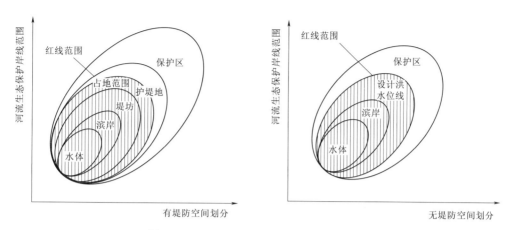

图 1.3-1 河流岸线保护红线范围（横向）

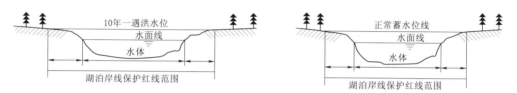

图 1.3-2 各类水库和湖泊岸线保护红线范围示意图

第2章 水域空间微观管控

2.1 水域空间范围的划定

2.1.1 微观管控内容

根据水域概念界定，以及法律法规对水域边界的有关规定，可以将水域边界划分为水域及其周边范围两部分，即承载水域功能区域和保护水域功能区域。

承载水域功能区域是指承载水域的行洪、调洪、排涝、供水、灌溉、发电、通航、水产养殖、生态保护等功能部分。水域功能不同，满足该功能要求的水域外轮廓线不同；对于承载多种功能的水域，该边界是指满足多种功能要求的各外轮廓线的外包线（或称并集），因此，其规模大小由水域功能控制。

保护水域功能区域是指承载水域功能部分以外，为保护水域功能正常发挥而设定的区域范围。包括水工程、水工程的部分管理范围和保护范围等。

本研究主要依托浙江省第2次水域调查相关成果，界定两条边界线，即水域临水线、水域管理范围线。水域空间范围的控制主要是对水域"两线"的控制。微观控制，则是"两线"空间范围的高精度定位。

2.1.2 水域边界确定

水域临水线是承载水域功能区域的外边线；水域管理范围线是承载水域功能部分以外，为保护水域功能正常发挥而设定的管理范围外边线。根据相关法律法规及技术规范，水域临水线和水域管理范围线的界定如图2.1-1～图2.1-6所示，水域各相关参数取值见表2.1-1。

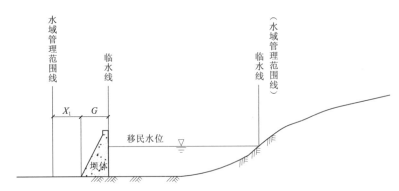

图 2.1-1 水库水域边界范围示意图一（库区以移民水位划定管理范围的水库）

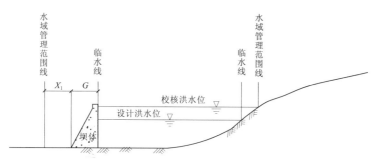

图 2.1-2 水库水域边界范围示意图二（库区以校核洪水位划定管理范围的水库）

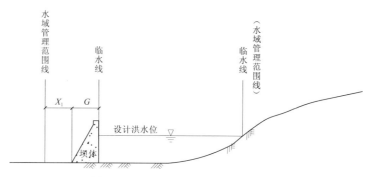

图 2.1-3 山塘水域边界范围示意图

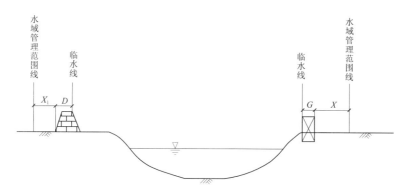

图 2.1-4 有堤防（或配套建筑物）河道水域边界范围示意图

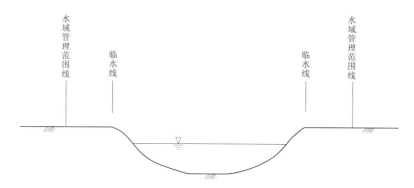

图 2.1-5 有岸线无堤防和构筑物河道水域边界范围示意图

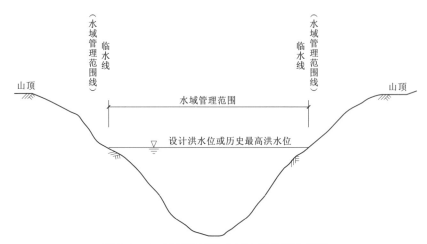

图 2.1-6　无岸线河道水域边界范围示意图

图 2.1-1 中，G 为水库移民水位线与大坝等建筑物交界处至水库大坝等建筑物背水坡轮廓线之间的水平距离；X_1 为水库大坝等建筑物轮廓线外一定距离。当构筑物为大坝时，X_1 为大坝背水坡脚外护堤地范围；当构筑物为水闸、溢洪道等建筑物时，X_1＝水工程管理区范围－G。不同级别水库 X_1 值有所不同，不同建筑物 X_1 值亦有所不同。

图 2.1-4 中，D 为堤防迎水坡堤肩至堤防背水坡脚之间的距离；X_1 为堤防背水坡堤脚外护堤地范围；G 为河道配套建筑外轮廓对应的宽度；X 为河道配套建筑轮廓外一定距离。不同级别建筑物 X 值有所不同。其中 $G+X$ 为该水工程管理范围。

表 2.1-1　　　　　　　　　水域各相关参数取值（以浙江省为例）

水域类型	级　　别			水域各相关参数取值	备注
水库	大型			对照图 2.1-1 和图 2.1-2，库区按移民水位或校核洪水位确定 Z 值：大坝区为 $G+X_1$，其中大坝两端 $X_1 \geqslant 100\text{m}$，大坝背水坡脚外，$100\text{m} \leqslant X_1 \leqslant 300\text{m}$	
	中型			对照图 2.1-1 和图 2.1-2，库区按移民水位或校核洪水位确定 Z 值：大坝区为 $G+X_1$，其中大坝两端 $X_1 \geqslant 80\text{m}$，大坝背水坡脚外，$80\text{m} \leqslant X_1 \leqslant 200\text{m}$	
	小型			对照图 2.1-1 和图 2.1-2，库区按移民水位或校核洪水位确定 Z 值：大坝区为 $G+X_1$，其中大坝两端 $X_1 \geqslant 50\text{m}$，大坝背水坡脚外，$50\text{m} \leqslant X_1 \leqslant 100\text{m}$	
河道	有堤防		一级堤防	对照图 2.1-4，Z 取值 $D+X_1$，其中 $20\text{m} \leqslant X_1 \leqslant 30\text{m}$	险工地段可适当放宽
			二、三级堤防	对照图 2.1-4，Z 取值 $D+X_1$，其中 $10\text{m} \leqslant X_1 \leqslant 20\text{m}$	
			四、五级堤防	对照图 2.1-4，Z 取值 $D+X_1$，其中 $5\text{m} \leqslant X_1 \leqslant 10\text{m}$	
	无堤防	平原河网	县级以上	对照图 2.1-5，$Z \geqslant 5\text{m}$，重要行洪排涝河道 $\geqslant 7\text{m}$	
			乡级河道	对照图 2.1-5，$Z \geqslant 2\text{m}$	
		山区		对照图 2.1-6，Z 取值为 0	
	有配套建筑			对照图 2.1-4，Z 取值 $G+X$	
山塘				对照图 2.1-3，坝区为 $G+X_1$，蓄水区为 0	

水域类型	级　别	水域各相关参数取值	备注
湖泊	参照平原河道		
蓄滞洪区	Z 取值为 0		
人工水道	参照平原地区有堤防河道		

注　表中 Z 是指水域管理范围线与临水线之间的区域。

2.1.3　边界线划定方法

根据 2.1.2 节中对各类水域临水线和管理范围线的界定,通过地形图与遥感影像比对判读,提取或勾绘临水线,并在此基础上,根据相关规定要求,勾绘管理范围线。针对重要水域等,若信息缺乏或变化较大,还需进行外业实地调查和测量。

2.1.3.1　临水线

1. 河道

(1)有堤防河段。如图 2.1-7 所示,若地形图与影像图一致,直接采集地形图中迎水侧堤顶边线作为临水线。若地形图与影像图不一致,以现势性最新的资料为准。如,地形图的成图时间为 2016 年,影像图的成图时间为 2018 年,则根据影像图对地形图中提取的临水线进行修正。

(2)无堤防有岸线的河段。如图 2.1-8 所示,一般情况下影像图中的临水线与地形图中的岸线一致。如图 2.1-9 所示,若地形图中的岸线与影像图有出入,则临水线需结合现势性最新资料进行修正。

图 2.1-7　有堤防的临水线勾绘示例

图 2.1-8　无堤防有岸线的河道临水线
勾绘示例(地形图与影像图一致)

(3)无岸线无堤防段河道。如图 2.1-10 所示,可通过调查历史洪痕或根据地形图,并结合影像图进行勾绘。

2. 湖泊

如图 2.1-11 所示,湖泊临水线的勾绘方法参照平原河道临水线的勾绘进行。已建堤防段采用堤防迎水侧堤顶边线作为临水线，无堤防有岸线段采用岸线作为临水线。

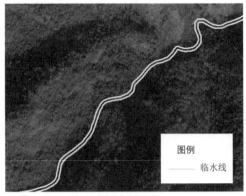

图 2.1-9　无堤防有护岸的河道临水线修正　　　图 2.1-10　无岸线无堤防段临水线
示例（地形图与影像图不一致）　　　　　　　勾绘示例

3. 水库

（1）坝体侧：采用迎水侧坝顶边线。

（2）库区：以移民水位划定管理范围的水库，临水线同水库库区管理范围线重合；以校核洪水位划定管理范围的水库，采用设计洪水位对应的等高线作为临水线，可在 GIS 平台中利用 DEM 反演提取设计洪水位对应的等高线作为临水线，或采取实地测量获取，如图 2.1-12 所示。

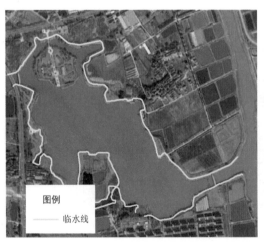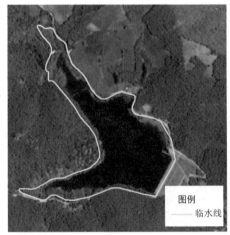

图 2.1-11　湖泊临水线的勾绘示例　　　　　　图 2.1-12　水库临水线勾绘示例

4. 山塘

山塘坝体侧临水线，采用大坝迎水侧坝顶边线；山塘蓄水区临水线，采用设计洪水位对应的等高线，获取方法同水库。

5. 蓄滞洪区

蓄滞洪区临水线采用管理范围线。

图 2.1-13 人工水道临水线勾绘示例

6. 人工水道

人工水道的临水线绘制同平原有堤防河道，直接采集堤防迎水侧堤顶边线作为临水线（图 2.1-13）。

7. 其他水域

其他水域中的漾、荡、塘临水线绘制同平原河道；塘坝的临水线绘制同山塘；蓄水式水电站临水线绘制同山塘、水库。考虑到漾、荡、塘是水域调整中较为频繁的对象，因此，除了采用现势性最新的资料对临水线进行复核外，也要依靠实地调查进行校核（图 2.1-14）。

图 2.1-14 利用现势性最新的影像图对临水线进行调整

2.1.3.2 管理范围线

1. 河道

（1）有堤防河段。根据堤防管理范围确定的相关规定，由堤防背水坡脚线向陆域延伸一定的距离得到管理范围线。具体如图 2.1-15 所示。

1）有堤防，无规划要求。由现状堤防背水坡脚线向陆域延伸一定的距离得到管理范围线（图 2.1-16）。

2）有堤防，有规划要求。现状有堤防，但堤防未达标，且已有批复的规划，并明确了设计断面的，可依据规划典型断面确定划界基准

图 2.1-15 有堤防河道管理范围线示例

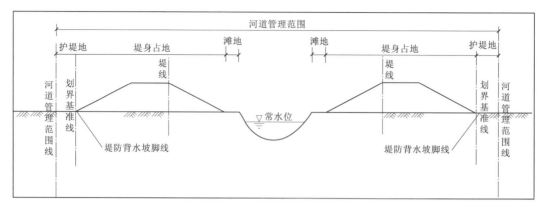

图 2.1－16　有堤防、无规划要求的河道管理范围线

线，划定河道管理范围线。规划有堤线，但无断面的，可参照本地区类似标准堤防结构断面确定划界基准线，划定河道管理范围线（图 2.1－17）。

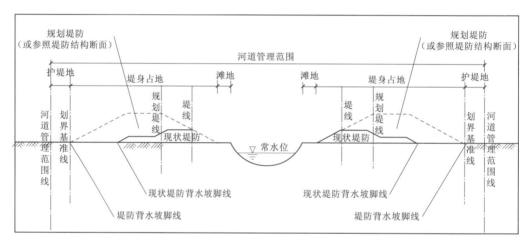

图 2.1－17　有堤防、有规划要求的河道管理范围线示例

图 2.1－18　无堤防河道管理范围线示例

（2）无堤防河段。有岸线河段，根据河道管理范围确定的相关规定，迎水侧岸顶线向陆域延伸一定的距离划定河道管理范围线。无岸线河段，以历史最高洪水位线或设计洪水位线为河道管理范围线，即与临水线重合（图 2.1－18）。

1）无堤防，无规划要求。有岸线河段，由现状迎水侧岸顶线向陆域延伸一定的距离得到管理范围线。无岸线河段，管理范围线为历史最高洪水位线或设计洪水位线，即与临水线重合（图 2.1－19 和图 2.1－20）。

2）无堤防，有规划护岸要求。现状无堤防，但已有规划护岸的河道，确定规划护岸迎

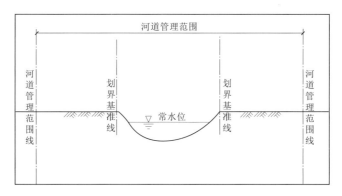

图 2.1-19 无堤防、无规划要求的河道管理范围线示例（有岸线河段）

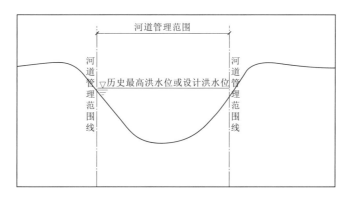

图 2.1-20 无堤防、无规划要求的河道管理范围线示例（无岸线河段）

水侧岸顶线向陆域延伸一定的距离得到管理范围线；若无规划岸线，则管理范围线为历史最高洪水位或设计洪水位线，即与临水线重合（图 2.1-21）。

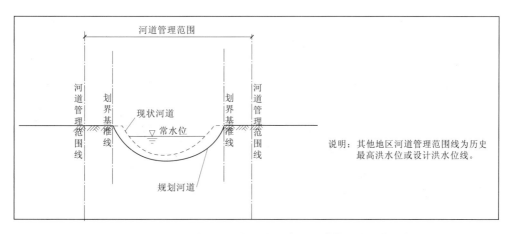

图 2.1-21 无堤防、有规划护岸要求的河道管理范围线示例

3）无堤防，有规划堤防要求。现状无堤防，但已有经批复的规划，并明确了设计断面的河道，可依据规划典型断面确定划界基准线后，再划定河道管理范围线；规划有堤

线，但无断面的，可参照本地区类似标准堤防结构断面确定划界基准线后，再划定河道管理范围线（图 2.1－22）。

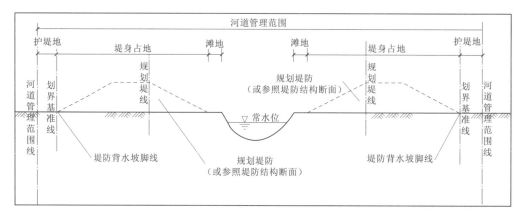

图 2.1－22　无堤防、有规划堤防要求的河道管理范围线示例

2. 湖 泊

湖泊的管理范围线划定也分有堤防、无堤防两种情况，参照河道管理范围线划定方法执行。

3. 水 库

有划界成果且精度满足要求的，直接采用成果图中的管理范围线；无成果的，按照水库管理范围划定的相关规定，分别绘制坝体和库区的管理范围线，二者交叉范围取外包线（图 2.1－23）。

4. 山 塘

山塘坝体管理范围按照坝体管理范围相关规定，明确具体范围后勾绘，蓄水区管理范围线与临水线重合（图 2.1－24）。

图 2.1－23　水库管理范围线划定示例

图 2.1－24　山塘坝体管理范围线示例

5. 蓄滞洪区

根据地方实际情况和相关划界成果，划定水域管理范围线。

6. 人工水道

人工水道管理范围线参考有岸线河道管理范围线划定。

7. 其他水域

无工程的其他水域管理范围线与临水线重合，有工程的部分按相应工程管理范围划定。

2.1.3.3 控制点标绘

对边界线的起点、终点、拐点和重要节点进行标绘。确定好各类水域的临水线、管理范围线之后，提取对应的起点、终点、拐点和重要节点的坐标信息。拐点主要指河道流向发生较大变化的点，重要节点主要指重要水利或涉水工程所在的点（图 2.1-25）。

图 2.1-25　临水线控制点标绘示例

2.2　典型案例剖析

以上介绍了水域边界的确定以及边界线的划定方法，临水线、管理范围线以及控制点均在影像图上进行标绘，本节特选取不同类型典型水域，对照现场照片更直观地表述边界线是如何划定的（黄色为临水线，红色为管理范围线）。

2.2.1　有堤防河道

（1）典型堤防。在河道沿岸或分洪区周边修建的挡水建筑物，有明显的迎水侧和背水侧护坡，临水线取迎水侧堤顶边线，管理范围线为背水坡脚线外延一定距离得到（图 2.2-1）。

（2）路堤结合的堤防。此类堤防堤顶为道路，无背水侧坡脚线，临水线取迎水侧堤顶边线，管理范围线可参照本地区类似标准堤防结构断面确定背水坡脚线再外延一定距离得到（图 2.2-2）。

图 2.2-1　典型堤防示例

图 2.2-2　路堤结合的堤防示例

（3）堤防内有慢行道。此类情况下，很容易将慢行道的迎水侧岸线划为临水线，而正确的是取迎水侧堤顶边线作为临水线，管理范围线根据图 2.2-1 和图 2.2-2 不同情况而定（图 2.2-3）。

图 2.2-3　堤防内有慢行道示例

2.2.2 无堤防有岸线河道

（1）自然岸线。一般情况下，河道长期受水流冲刷，会形成明显的凹地及岸坡，此类河道，临水线取迎水侧岸顶线，管理范围线由临水线外延一定距离得到（图 2.2-4）。

图 2.2-4 自然岸线示例

（2）已整治河道。此类河道均有设计断面，但需要注意的是，为了满足亲水要求，河埠头等会建在常水位的位置，容易将临水线画错。图 2.2-5 为直立式浆砌石、纯植物护坡，临水线取迎水侧岸顶线，管理范围线由临水线外延一定距离得到；而图 2.2-6 为堆石、临屋而建的护岸，临水线取迎水侧岸顶线，岸顶以下的堆石、埠头要划入，管理范围线由临水线外延一定距离得到。

图 2.2-5（一） 已整治护岸示例（浆砌石、纯植物）

图 2.2-5（二）　已整治护岸示例（浆砌石、纯植物）

图 2.2-6　已整治护岸示例（堆石、临屋）

2.2.3　无岸线河道

山区无岸线河道，按照 2.1.3 节相应的方法进行划定，临水线取设计洪水位或最高历史洪水位与岸边交界线，管理范围线与临水线重合（图 2.2-7）。

2.2.4　人工水道

人工水道参照有岸线河道，临水线取迎水侧岸边，管理范围线由临水线外延一定距离得到（图 2.2-8）。

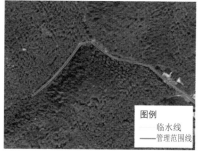

图 2.2-7　山区无岸线河道示例（右边图管理线与临水线重合）

图 2.2-8　人工水道示例

2.2.5　水库（山塘）

水库（山塘）坝体侧和库区（蓄水区）边界线划定有所不同。①临水线：坝体侧采用迎水侧坝顶线，库区采用移民水位或设计洪水位对应的等高线；②管理范围线：坝体按照工程的管理范围规定进行划定，水库库区采用移民水位或校核洪水位对应的等高线，山塘蓄水区管理范围线与临水线重合（图 2.2-9）。

（a）山塘　　　　　　　　　　　　　　　（b）水库

图 2.2-9　水库（山塘）示例

2.3　瑞安市水域空间微观管控案例

2.3.1　概况

（1）地理地貌。瑞安市位于浙江东部沿海地区，海岸线长 20.36km，陆域面积 1350.01km²。瑞安市地形属东南沿海丘陵地区，七山二水一分田，南部低山丘陵为主，东部沿海为冲积平原和海涂，地势平坦。

（2）主要任务。全面调查摸清瑞安市河道、水库、山塘、人工水道等水域基础信息、空间信息及工程信息，建立瑞安市水域空间数据库。

（3）基准年。2018 年。

2.3.2　资料基础

2.3.2.1　地理空间基础资料

（1）全市范围的基础测绘图及卫星影像图。瑞安全市范围的分幅基础测绘地形图（CAD 图）成图时间为 2014 年 1 月，比例尺为 1/2000，坐标系为 CGCS 2000 国家坐标系，高程系统为 1985 国家高程基准（二期）。

瑞安市 2017 年分辨率 0.2m 的卫星影像图，影像图投影方式为高斯-克吕格投影，3°分带，中央子午线为东经 120°。

（2）国土三调的水域成果。本次调查使用的是 2019 年 11 月国土三调成果，包括 DLTB（仅限于水域图斑）、XZQ（行政区界，主要是乡镇界）、CJDCQ（村界）。

2.3.2.2　相关成果资料

（1）县级及以上河道名录。本次调查收集了 2018 年省、市、县陆续公布的省、市、县级河道名录信息。

（2）划界成果。

1）河道划界成果。收集了瑞安市 55 条县级及以上河道划界文本和 CAD 图，包括省级河道飞云江、市级河道温瑞塘河和瑞平塘河、52 条县级河道。地形图年份为 2017—2019 年，高程基准均为 1985 国家高程基准（二期），但坐标系不统一。CAD 划界成果采用多种不同颜色标记"四线"——河道中心线、堤线（或河道岸线）、管理线、保护线（有堤防河段），河道中心线为黄色、堤线（或河道岸线）为蓝色、管理线为红色、保护线为绿色。同时，在 CAD 图中也标记了界址点位置。

2）水库划界成果。瑞安市境内 28 座水库已全部完成划界工作，包括水库管理范围和保护范围。CAD 成果图为 2018 年的比例尺为 1/500 或 1/2000 的块状地形图实测成果，坐标系为 1980 西安坐标系，高程系统为 1985 国家高程基准（二期）。在划界 CAD 图中，以不同的颜色标记管理范围线和保护范围线（管理线为红色、保护线为蓝色），并设置了界桩。

3）山塘划界成果。2017—2018 年瑞安市在水利工程标准化创建中完成了全市 9 座山塘（许岙、山开岩、清凉、创业、利民、罗溪、芦浦、上洞山、潘山）划界工作。

资料包括 9 座山塘划界文本和 CAD 图，坝体部分为实测的 1/500 地形图，库区部分为实测 1/2000 地形图。地形图坐标系为 1980 西安坐标系，高程系统为 1985 国家高程基准（二期）。

（3）山塘清查成果。瑞安市根据浙江省水利厅要求，于 2018 年开展境内的山塘信息清查与注册登记工作，并于 2018 年 12 月完成全部清查工作。资料包括山塘清查报告、山塘清查表（157 座山塘基本信息）。

（4）水利普查成果。根据浙江省水利厅的统一部署，瑞安市于 2010—2012 年开展全市第一次水利普查，普查的时点为 2011 年 12 月 31 日 24 点，时期为 2011 年度。水利普查的内容包括河流湖泊基本情况、水利工程基本情况、经济社会用水情况、河流湖泊治理保护情况、水土保持情况、水利行业能力建设情况、滩涂及围垦情况。普查成果中的水利工程基本情况经复核后可作为本次水域调查的参考资料。

（5）水利工程标准化成果。根据浙江省水利厅关于《全面推进水利工程标准化管理实施方案》统一要求，瑞安市在 2016—2020 年需完成共计 78 项水利工程实施水利工程标准化建设，具体包括水库 28 座（中型水库 1 座，小型水库 27 座）、山塘 15 座、堤防 5 段 17.52km、海塘 10 段 58.86km，水闸工程 3 座（浦底水闸、丁山二期一号闸、丁山二期二号闸）等。收集以上信息并经复核后作为水域调查工程信息录入。

（6）水库注册列表。目前瑞安市 28 座水库已全部完成注册，在各水库的注册列表中提取了所涉及的相关参数，包括集雨面积、坝高、设计水位等资料。所有资料经复核后作为水域调查的水库基础信息。

2.3.2.3 其他资料

（1）河湖长制成果。河道名称及对应河长部分参考温州市河湖长制管理平台的相关成果。

（2）河道相关规划及设计资料。收集了环城河、潘岱长河等 35 条 97km 的河道堤防的设计文本及瑞平塘河、温瑞塘河等相关规划等，从文本中摘录所需的信息，如堤防位置、起始点高程、设计标准、规划河宽等信息。

2.3.3 划定方法

2.3.3.1 已有成果的复核采纳

对以上三类成果进行复核，一是，满足相关要求的直接采用；二是，对高程和坐标系统不统一的，统一转换为 CGCS 2000 国家坐标系和 1985 国家高程基准（二期）；三是，对于信息不准确或有误的，修正后采用。

2.3.3.2 地形图解析及判绘

1. 地形图解析对象和内容

（1）地形图解析与影像图判绘的对象。本次地形图解析与判绘的对象为乡级河道、人工水道、水库、其他水域，以及桥梁、拦水坝（堰）等水利工程。

（2）地形图解析与影像图判绘的内容。①乡级河道：起止位置、临水线、管理范围线、长度、水域面积；②人工水道：同乡级河道；③水库：临水线、水域面积；④其他水域：临水线、水域面积；⑤桥梁、拦水坝（堰）：空间位置。

2．地形图解析与影像图判绘的方法

本次利用 2014 年 1/2000 的地形图采集水域和桥梁、拦水坝的各类边界线，在此基础上结合上轮水域调查成果、国土"三调"成果，确定瑞安市水域对象合集，然后利用 2017 年分辨率为 0.2m 的卫星影像图进行判绘。

（1）乡级河道。

1）河道的起止点解析与判绘。平原区河道以在影像图中可识别宽度所在河段作为起点，山区、丘陵河道以上游集雨面积不小于 0.5km^2 作为起点，同时根据实际细分为以下几种情况（图 2.3－1）：①上游有山塘、水库等蓄水工程的，以溢洪道末端作为河道起点；②上游无蓄水工程的，从第一个流经村口或支沟汇入口起算。

河道终点也分两种情况确定：①汇入口或河海分界线；②汇入蓄水工程的，以蓄水工程临水线作为河道终点。

（a）以溢洪道末端作为起点　　　　　　　　（b）以村庄作为起点

（c）以两河交接处作为起点　　　　　　　　（d）以测绘源头作为起点

图 2.3－1　河道源头确定示例

2）河道临水线的判绘。首先利用 2014 年 1/2000 的地形图采集河道的临水线，采集方式示意见图 2.3－2。对于无岸线的山区河道，通过调查历史最高洪痕，然后结合地形图、影像图进行判定。河道临水线绘制完成后，结合影像图的现势性更新，利用 2017 年分辨率为 0.2m 的卫星影像图对临水线修正，示意图见图 2.3－3。同时对于在图上难以识别、在乡镇（街道）复核中难以确定的 24 条 142km 乡级河道进行临水线实测。

3）河道管理线的判绘。根据国家及省市法律法规，以及瑞安市河道管理范围划界的

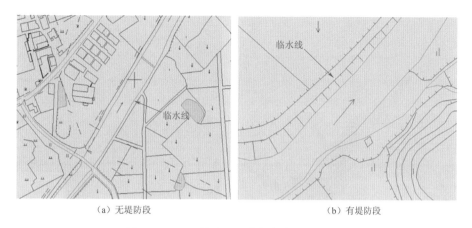

(a) 无堤防段　　　　　　　　　　(b) 有堤防段

图 2.3-2　地形图上河道临水线的绘制示例

规章及规划，确定本次瑞安市乡级河道管理范围划定标准如下：①乡级有堤防河道管理范围为堤防背水坡坡脚线外 5m 护堤地；②平原区无堤防河道管理范围线为自护岸迎水侧顶部向陆域延伸 5m；山区流经人口聚集区河段自护岸迎水侧顶部向陆域延伸 2m，其他山区河道（段）与临水线重合。

（2）人工水道。同县级以下河道的判绘方法。

（3）水库。本次在地形图中仅需绘制水库的临水线，其中 24 座水库管理线经复核后无误，采用划界成果；长白桥水库、黄林水库、永安水库 3 座水库划界成果管理范围线与实际情况有所矛盾，本次调查予以重新划定；赵山渡水库管理范围线未获取，考虑到属中型水库，需市级协调，暂缓划定。

图例
—— 调整前的临水线
—— 调整后的临水线

图 2.3-3　通过影像图对河道临水线进行调整示例

采用"浙江省水域调查作业平台"进行水库临水线的判绘，将水库库区的管理范围线作为内插的等高线上边界线，将地形图中小于设计水位的测绘等高线作为内插的等高线下边界线，内插后将大坝处的临水线按照迎水侧坝顶线进行裁剪，库区的临水线保持不变，线条合并后得到水库的临水线（图 2.3-4）。长白桥水库、黄林水库、永安水库 3 座水库管理范围线判绘方式与临水线判别方式相一致，以校核水位进行判绘。

（4）山塘。瑞安共 157 座山塘属本次调查范围。9 座山塘已划定管理范围线，经复核无误直接采纳；143 座山塘需补充划定临水线、管理范围线（与临水线重合），许岙、山开岩、清凉、创业、利民 5 座山塘原有划界资料是以坝顶高程划定管理范围线，因此按最新技术要求需按设计水位重新绘制临水线。具体绘制方式与水库一致，如图 2.3-5 所示。

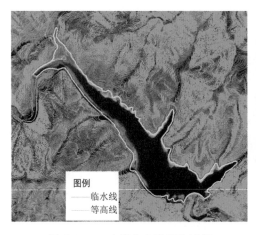

图 2.3-4　水库临水线判绘示例

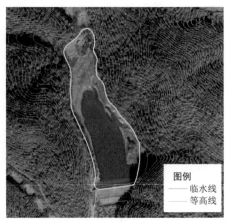

图 2.3-5　山塘临水线判绘示例

（5）其他水域。本次调查在地形图中仅需绘制其他水域的临水线。

根据《浙江省水域调查技术导则（修订）》规定，其他水域的临水线判绘方法参照平原有岸线河道进行判绘（图 2.3-6）。本次调查利用 2014 年 1/2000 的地形图采集其他水域的边界线，然后利用 2017 年分辨率为 0.2m 的卫星影像图进行临水线修正。然后，与国土三调成果中的坑塘水面（不含即可恢复和工程恢复的水域，下同）进行对比，补充有遗漏的池塘（影像图中已消失的不纳入）。对于本次调查发现但不在"国土三调"中的其他水域，若该土地性质不是农田，则仍然保留。

图 2.3-6　池塘临水线判绘示例

2.3.3.3　实地调查

（1）实地调查对象及内容。根据《浙江省水域调查技术导则（修订）》的要求，结合瑞安已有的成果，确定本次实地调查的对象为乡级河道、人工水道、其他水域以及水闸、泵站、拦水坝（堰）、堤防。具体调查内容见表 2.3-1。

表 2.3-1　　　　　　　　　　　　实 地 调 查 内 容

序号	分类	调 研 内 容
1	河道	名称、起止位置、走向（是否与图上一致）、功能
2	人工水道	起止位置、走向（是否与图上一致）
3	其他水域	名称、水深（示例 0.5m/1.0m/1.5m/2.0m/2.5m）、现状情况（是否已消失或边界线有调整）
4	水利工程	堤防：名称、起止位置、设计标准；其他：名称、位置

（2）调查过程。本次调查分一次复核、实地调查及二次复核 3 个流程，调查工作历时

5 周。

1）一次复核。与各乡镇（街道）和相关水利负责人逐一对辖区内河道、山塘、水库、其他水域及水利工程进行逐一核对，明确各水域对象名称、起止位置、走向以及堤防等水利工程的名称、位置等信息，重点了解 2017—2019 年期间发生过调整的水域信息。

2）实地调查。乡镇（街道）复核后，对有异议或有调整的水域进行现场踏勘及实测。踏勘包括以下几个方面：有变化的水域临水线、堤防的起止位置、暗河的走向等。

3）二次复核。为保证成果质量，在按一次复核、外业调查实测成果对水域空间数据库进行修正后，开展与水利局及乡镇（街道）二次复核工作，充分保证成果准确性和时效性。

2.3.3.4 外业测量

（1）测量内容及要求。为确保调查成果的准确性，在对重要水域开展测量的基础上，还开展了以下测量工作：①所有县级河道的临水线、断面测量工作；②在一次复核中无法确认的乡级河道（24 条 142km）；③46 座高程有误、地形图及影像图难以精准识别的山塘。主要的外业测量内容及要求见表 2.3 - 2。

表 2.3 - 2　　　　　　　　　　外业测量内容及要求

水域类型	工作内容	测 量 要 求	备 注
河道	图根控制点	按照 2～4km 间隔布置一级 GNSS 控制点	
	河道临水线	临水线按照 20～40m 间隔布置测量点，曲线段适当加密	包括重要水域河道临水线测量以及一般水域临水线补测复核
	河道断面	测点分布应能代表断面水下部分和滩面部分的轮廓，测量比例尺为 1：200，测量范围应该包含临水线	河道断面以收集为主，对未能收到的进行实测
水库	图根控制点	每个水库布置至少三个一级 GNSS 控制点	
	坝体临水线	临水线采用迎水侧坝顶线	
山塘	坝体临水线	临水线采用迎水侧坝顶线	

（2）外业测量实施。

1）图根控制测量。按照《浙江省水域调查技术导则（修订）》要求间隔布置图根点，图根点埋石采用现场灌注混凝土埋设标志。平面控制网布设遵循从整体到局部、从高等级到低等级的布网原则，此图根控制测量采用一级 GNSS 控制测量。①一级 GNSS 控制网的设计、选埋、测算均按照相关技术规范和规定执行。②一等 GNSS RTK 点采用印有"浙江省水利河口研究院"字样的测量标志。③重要水域河道按照 2～4km 间隔布置一级 GNSS RTK 点，然后结合河道走势综合布置使得 GNSS RTK 点控制整个测区，水库坝体附近按照每座水库不少于 3 个进行埋设。④控制点埋设利用电钻在固定地方钻孔，将标志紧紧地嵌入钻孔中，并利用水泥进行浇筑。

2）临水线测量。河道临水线按照 20～40m 间隔布置测量点，曲线段适当加密。水库山塘则按照 20m 布置临水线点。

外业开展前在测区附近的已布置控制点进行比测验证。比测时在已知点上架设三脚架精确对中、整平，每个点至少测量 3 次，每次测量时间不少于 3min（不少于 180 个历元），取各次测量的中数作为最终结果，确保测量数据的可靠性。

临水线测量一般采用 ZJCORS 网络 RTK 技术结合全站仪进行数据采集，在地形比较开阔、卫星信号比较好的地方采用基于 ZJCORS 网络 RTK 技术施测；在部分植被覆盖比较深、房屋密集或人工难以到达的地方及卫星信号比较差的区域，辅以全站仪进行施测。

3）河道断面测量。瑞安市近些年的清淤工程以及河道治理工程的开展，积累了大量的断面数据成果，共收集 290km 河道的断面成果，经校核可以利用，对未收集到断面资料的进行实地测量。①陆域部分。断面的陆域部分与临水线测量方式一致，一般采用基于 ZJCORS 网络 RTK 技术结合全站仪施测。②水下部分。水下部分采用基于 ZJCORS 网络 RTK 技术集合回声测深仪进行。为了确保测深点的平面位置与该点测深同步，除将计算机时间、测深仪时间与 GPS 定位仪时间相统一外，同时将 GPS 的接收天线安装在测深仪换能器上方的同一铅垂线上，天线安装高度高于船体，并与金属体绝缘。水深测量采用回声测深仪进行测量，仪器具有热敏打印记录或者电子模拟打印记录装置和水深数字化输出接口。

表 2.3 - 3　　　　　　　网络 RTK 成果与已知成果比对表

比测点名	差　值		
	$\Delta X/\mathrm{m}$	$\Delta Y/\mathrm{m}$	$\Delta H/\mathrm{m}$
RS018	−0.013	−0.025	−0.031
	−0.002	−0.028	−0.032
	−0.007	−0.035	−0.023
	−0.008	−0.031	−0.026
	−0.015	−0.024	−0.021
绝对值最大值	0.015	0.035	0.032
绝对值最小值	0.002	0.024	0.021
绝对值平均值	0.009	0.029	0.027

（3）内业处理。将测量的数据进行整理，得到断面上各个测量点的坐标（X、Y、Z），根据似大地水准面精化模型或者高程异常拟合模型将大地高程转化为国家 1985 高程。①将采集的各个数据按照规则连接得到临水线图，后续供入库使用。②利用上一步骤（资料整理）中计算的高程值成果，依据断面绘制要求采用专业制图软件南方 Cass 绘制断面图。采用专门断面数据处理程序计算断面里程，并输出与南方 Cass 软件格式一致的里程数据格式，数据处理完全实现自动化、一体化（图 2.3 - 7）。③利用得到的断面图，使用断面法计算重要水域河道的容积。

2.3.4　划定成果汇总

瑞安市共有五种水域类别，分别为河道、水库、山塘、人工水道和其他水域，本次调查完成了所有水域的双线划定，包括 2675 条河道、27 座水库、157 座山塘、3 条人工水道、285 个其他水域。成果最终形式为地理空间数据交换格式，为 File Geodatabase.gdb 数据库。

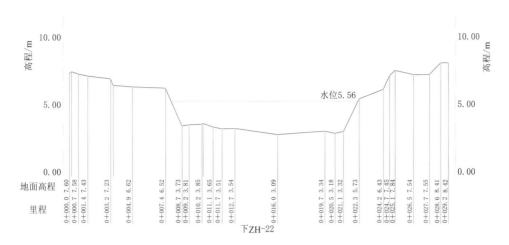

图 2.3－7　河道横向断面图

第 3 章　水域空间数据库建设

水域空间数据库是水域空间管理的数据基础，是数字化监控的根本要求，因此，浙江省第二轮水域调查形成的成果将全部形成地理空间数据交换格式，为 File Geodatabase.gdb 数据库。

3.1　空间数据库结构及总体要求

3.1.1　数据库结构

为便于读取，地理空间数据交换格式为 File Geodatabase.gdb 数据库包括九大类图层：河道、湖泊、水库、山塘、人工水道、蓄滞洪区、其他水域、工程、行政界线，见图 3.1-1。每类图层又分有几类子图层，见图 3.1-2。

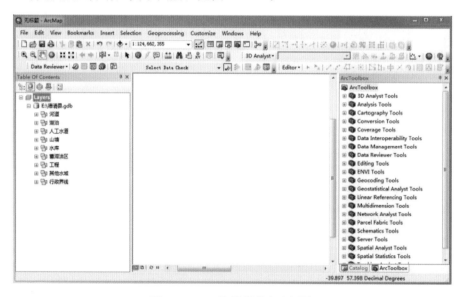

图 3.1-1　gdb 数据的九大图层

3.1.2　一般技术要求

（1）高程基准。高程基准采用 1985 国家高程基准（二期）。

（2）地理坐标系。采用 2000 国家大地坐标系（CGCS 2000）。

（3）作业底图要求。

1）采用国家基础测绘基本比例尺地形图及其对应的基础地理信息数据库作为基础底

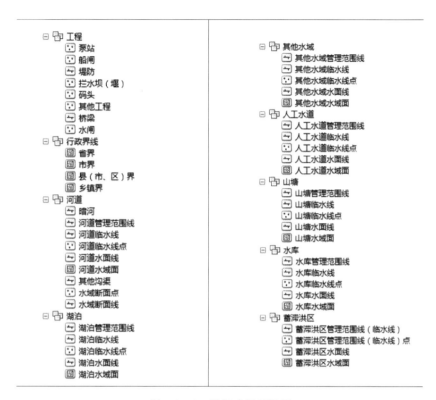

图 3.1-2 数据成果子图层

图,现势性不超过 3 年。①地形图建议(市、区)采用 1:2000 比例尺,鼓励采用更大比例尺。上游山区若缺乏 1:2000 地形图,可采用 1:10000 比例尺的地形图。②采用的地形图至少要包括水系要素(点、线、面)、居民地及设施要素(点、线、面)、境界与政区要素(点、线、面)及相应图层等。

2)建议采用优于 0.2m 分辨率的航拍影像资料(缺少的,采用优于 0.5m 分辨率的卫星影像资料)进行校核。航拍影像资料现势性不超过 3 年,卫星影像资料现势性不超过 1 年。

3)全国国土调查成果,可作为地形图、基础地理信息数据库以及遥感影像资料的有益补充。

3.1.3 作业流程及方式

3.1.3.1 作业流程

作业主要流程如图 3.1-3 所示。

3.1.3.2 作业方式

(1)采用内业、外业相结合的作业方式。

(2)内业调查优先采用地形图、航拍影像图、卫星影像图以及现有成果资料,通过判读的方法,提取各类调查信息;判读过程中存在疑义的,通过现场校核或复核的方式获取

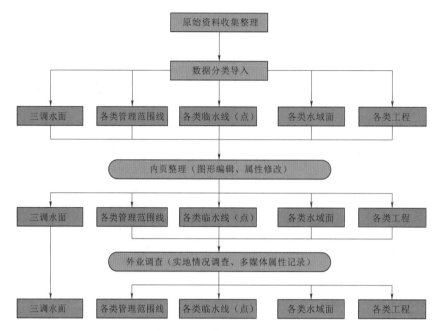

图 3.1-3　作业主要流程图

相关信息。

（3）对于内业调查不能满足监管要求的，应开展外业实地调查和测量。

3.1.4　数据入库方法

数据处理与入库主要是将原始数据经过转换、检查等处理后导入数据库。数据入库与更新按数据入库的流程分为数据配准、数据转换、坐标转换、数据检查和数据入库。其中数据配准是为了纸质地图保存扫描后将其纠正到地理坐标系或投影坐标系等参考系中，数据转换是因为入库数据来源的多样性，坐标转换是为了解决不同坐标系统的数据的相互转换，数据检查是为了保证入库数据的正确性。入库技术流程如图 3.1-4 所示。

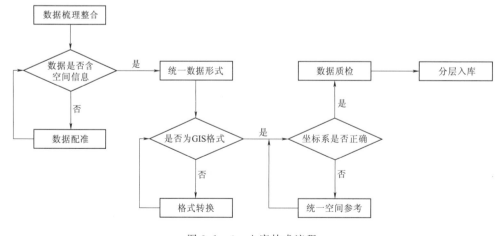

图 3.1-4　入库技术流程

3.2 测绘地形数据加载

3.2.1 格式转换

原始测绘地形图为 $1km^2$ 一张图，数量较多，可采用 fme 软件进行批量处理，将 dwg 格式的数据转换为 shp 格式数据，然后再导入 arcgis，如图 3.2-1 和图 3.2-2 所示。

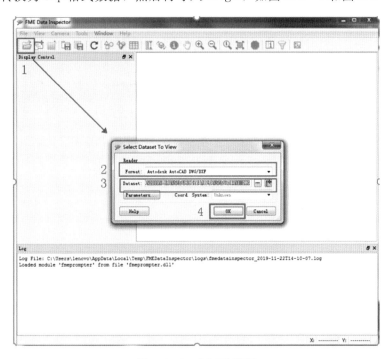

图 3.2-1　打开地形图

提示：测绘地形图数量较多，不能一次全部导入，建议一次性进行 100~150 张的数据转换。

3.2.2 赋予投影坐标系

转换后的数据是没有坐标系，在 arcgis 里加载后，可以赋予投影坐标系（图 3.2-3）。赋予的坐标系必须与地形图里的坐标系保持一致。地形图里的坐标系为国家大地 2000 坐标系，gis 里赋予的投影坐标系应为 CGCS2000_Degree_GK_Zone_40（图 3.2-4）。

3.2.3 地形数据提取与整理

地形图中需要提取的数据有 SXSS（水系设施，河流边线、水涯线、池塘、沟渠、水闸、流向等）、DM_A（高程点，或 GCD）、DM_P（等高线，或 DGX），DLSS（道路设施，或 JT_A，JT_L）。SXSS 用于提取水域临水线；DGD 和 DM_P 用于山区水域临水线的绘制以及临水线点高程值的赋予；DLSS 可放在水域图中，作为水系校对的参照物。

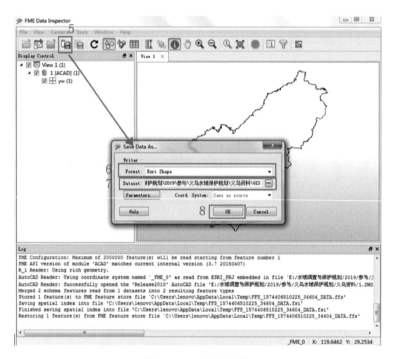

图 3.2-2　格式转换

图 3.2-3　选择【定义投影】

操作时，若地图太大，可将其分成多份，后期使用时若有需要，再进行拼接。其中，道路、高程点，等高线，建议合并成一张图，可以将相同属性的图层如线图层，合并成一个图层（图3.2-5）。

图 3.2-4　选择相应坐标系

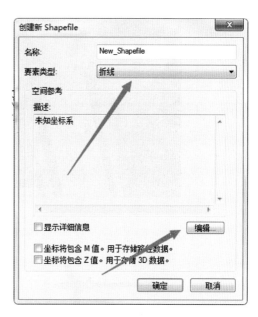

图 3.2-5　新建线图层（以 SXSS 为例）

3.3　水域空间数据采集

3.3.1　空间数据采集标准

3.3.1.1　线状水域

（1）总体要求。河道临水线必须从上游到下游的方向顺序采集坐标点。采集时应保证节点拓扑和顺序正确，采集线段连续不间断，且临水线、管理范围线之间相对位置保持一致。

临水线折点应是临水线上的节点。

T字交叉河道，为保持两条河道的连通性，延伸汇入河道中心线使其中心线连通，如图 3.3-1 所示。

（2）河道特殊情况处理。

1）河道交汇。遇河道交汇情况，按以下原则进行处理：

河道长度：河道中心线在交汇处交汇，这两条河道的长度均包括交汇处范围。

水域面积：为避免重复计算，在勾画河道水域面时，将该水域纳入其中等级较高或宽度较大的河道，另一河道在交汇处断开，即交汇处水域面积仅被计入其中一条河道，另一河道不包括交汇处的水域面积，见图 3.3-2，东坝斗仅计算图中黄色区域面积。

图 3.3-1　T 字交叉河道

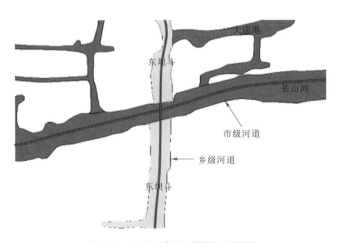

图 3.3-2　河道交汇情况示意图

2）交界河道。分上下游交界和左右岸交界两种，按以下原则进行处理：

上下游交界：以行政区界线为界，分别计算不同行政区内的河道长度、水域面积。

左右岸交界：水域面积以行政区界线为界进行计算；河道长度，各行政区域均需计算其交界部分长度，但为避免重复统计，应在数据库及汇总表中对左右岸交界长度进行备注，见图 3.3-3。

3）河道与其他水域交汇。当河道与其他类型水域交汇时，如果交汇处的水域属于某个独立的水域类别（如湖泊或水库等），按以下原则进行处理：

河道长度：河道中心线在交汇处交汇，河道长度包括交汇处范围。

水域面积：为避免重复计算，河道于独立水域交汇处断开，即河道的水域面积不包括交汇处的面积，见图 3.3-4 示例，蔡家漾周边河道的水域面积均只计算图中黄色区域面积。

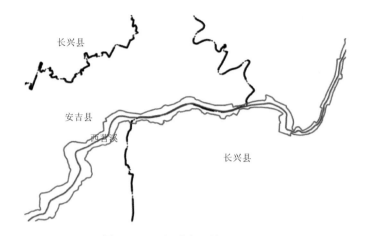

图 3.3 - 3　河道交界情况示意图

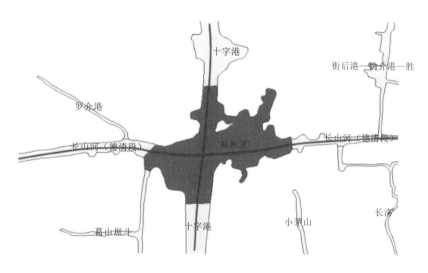

图 3.3 - 4　河道与其他水域交汇示意图

4）滩地。对于河道滩地是否属于水域，按以下进行判定：

建有设防标准的堤防或有设防对象的，其堤防或规划堤线内区域不作为水域，见图 3.3 - 5。

其他的滩地，应划入水域范围，见图 3.3 - 6。

3.3.1.2　面状水域

临水线和水域管理范围线采集时应保证节点拓扑和顺序正确，采集线段连续不间断，且三线之间相对位置保持一致。

临水线能完全套合水域面。水域面图层采集时，图层内部不能产生面自重叠现象，即面与面之间不能互相重叠。

临水线折点应为临水线上的节点。

图 3.3-5　滩地水域判定示意图一

（红色江心洲内有堤防和设防对象，不划为水域。）

图 3.3-6　滩地水域判定示意图二

（红色江心洲内无堤防无设防对象，划为水域。）

3.3.2　临水线勾绘

3.3.2.1　底图提取并校正

河道、湖泊等水域，可以地形图为底图，结合影像图校正。一般来讲，测绘图的成图年份较早，而卫星影像图每年都会拍摄一次，因此，可利用影像图对临水线进行校正。

一是打开【编辑】，选择要修改的图层，选中该条河道，采用【编辑折点】工具，手动移动折点，至符合影像图（图 3.3-7）；二是先采用【裁剪面工具】，将不符合现状的河道裁剪出删掉，然后使用【创建要素】工具，选择该河道所在的图层，选择【面】，参照影像图勾绘河道边线，然后采用【合并】工具，将两条河道合并到一起（图 3.3-8）。

图 3.3-7　河道边界线的调整方法一

图 3.3-8　河道边界线的调整方法二

3.3.2.2　设计洪水位勾绘

水库、山塘等水利工程，可根据设计洪水位线勾绘，采用基于 arcgis 开发的软件进行勾绘。绘制过程如下：在水库 cad 图里提取设计水位上下的两条等高线，上边线可采用管理范围线（若没有，则采用大于设计水位的等高线），下边线采用小于设计水位的等高线（图 3.3 - 9）。

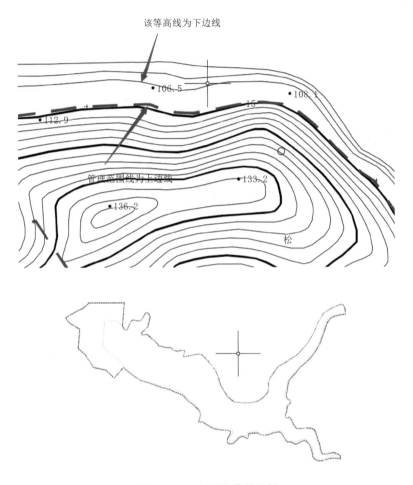

图 3.3 - 9　上下边线的选择

提示：下边线坝体侧采用坝体迎水面最高处的线条。

在基于 arcgis 开发的软件上，将等高线导入，依次点击【水域调查图斑】→【属性编辑】，选择等高线，右键选择【等高线赋值】，输入高程值。两条线均要赋予高程值（图 3.3 - 10）。

选中 2 条等高线，点击【等高线插值】，输入高程值，得到所需设计水位线（图 3.3 - 11）。

等高线内插时，将坝体处也进行了内插。临水线在坝体侧应采用坝体迎水面的最高线，因此，坝体处临水线必须进行调整。选中得到的等高线，采用【画线分割】在坝体处打断，水域部分采用内插得到的线；坝体侧采用坝体迎水面最高处的线，然后点击【要素合并】，得到所需临水线（图 3.3 - 12）。

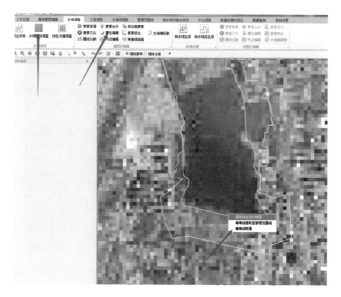

图 3.3-10　赋予高程值

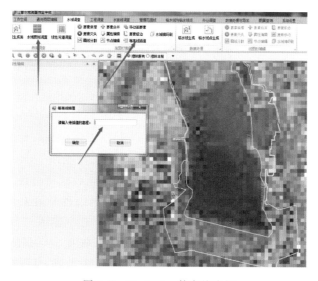

图 3.3-11（一）　等高线内插

图 3.3 - 11（二）　等高线内插

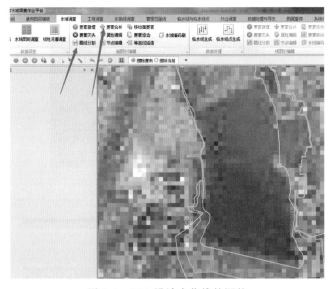

图 3.3 - 12　设计水位线的调整

3.3.3　管理范围线勾绘

3.3.3.1　批量生成

管理范围线的批量生成只针对河道、人工水道、其他水域和山塘，水库的管理范围线根据对应的水位参照临水线的勾绘方法。在基于 arcgis 开发的软件上，加载完所有水域面图层，然后点击【管理范围线】→【管理范围线生成】，逐个输入"河道水域面"等不同图层，每次只能生成一个水域面的管理线，【缓冲距离】根据实际需要设置，对于其他水域和山塘，【缓冲距离】可以设置为"0"，对于河道和人工水道，【缓冲距离】根据相关文件规定的管理范围设置。按此步骤生成所有水域的管理线（图 3.3 - 13）。

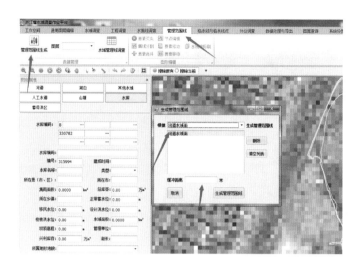

图 3.3－13 批量生成管理线

3.3.3.2 编辑调整

对于其他水域和山塘，因管理范围线与临水线重合不需要调整，河道和人工水道的管理范围线需要调整。

以河道为例进行说明：在【编辑】状态下，选中【河道管理线】图层，点击【打断相交点】，按照默认的容差，点击【确定】，这样河道相交处的线已全部打断，然后人工逐个删除（图 3.3－14）。

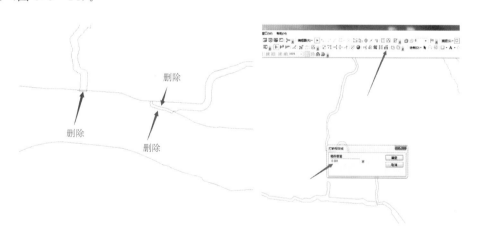

图 3.3－14 管理范围线的打断

然后加载堤防信息，对于无堤防河段，管理范围线不变。对于有堤防段，通过【分割】工具，将管理范围线在堤防两端处打断，然后结合影像图或者堤防设计文本，绘制堤防背水坡脚线，然后采用【缓冲区】工具，将背水坡脚线向外缓冲一定距离，得到该河段的管理范围线。然后采用【合并】工具，将管理范围线合并（图 3.3－15）。

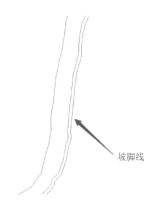

坡脚线

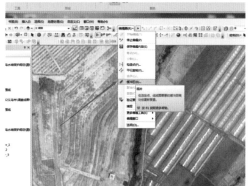

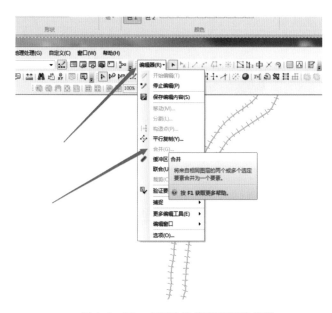

图 3.3-15　有堤防段管理范围线编辑

3.3.4　控制点标绘

在基于 arcgis 开发的软件上，加载完所有水域面图层，然后点击【水域调查】→【临水线点生成】，逐个生成所有水域的临水线（图 3.3 - 16）。每一种水域提取参数不同，此处建议河道/人工水道临水线点间隔设置 100～200m，水库/山塘间隔设置 50～100m，其他水域间隔设置 20～50m。在此基础上，调整个别控制点，使得重要节点和拐点均标绘控制点。管理范围线控制点标绘方法同临水线。

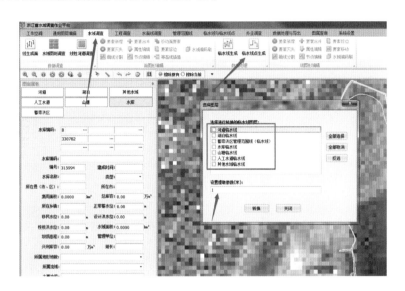

图 3.3 - 16　控制点的批量生成

3.4　水域属性信息入库

3.4.1　水域面创建

水域面图层必须从临水线的"线"图层转为"面"图层。新建"河道水域面"图层，将临水线通过【Data Management Tools】→【要素】→【线转面】导入水域面图层（图 3.4 - 1）。注意，临水线必须闭合才能线转面。

3.4.2　属性信息录入

水域属性信息都是保存在水域面图层中的，如水域编码、名称、等级、长度等均需要录入，并基于此水域面计算水域面积和水域容积。各图层的属性字段及属性填写按附录 1 中附录 B 要求。

（1）水域编码：根据各类水域编码规则进行编码。水域编码应注意上下游、干支流之间的衔接。

（2）河道起止点：起止点坐标通过 GIS 平台直接提取。

图 3.4-1　线转面

（3）河道、人工水道长度：在地理信息平台中，参照河道和人工水道两侧的临水线或者水域面勾绘河道、人工水道中心线，量算后获取。

（4）设计洪水位：通过相关成果获取，若无成果，通过典型调查法来获取历史最高洪水位代替。

（5）水域面积：在 GIS 软件中，量算临水线内的面积获取，即直接计算河道、湖泊、蓄滞洪区、人工水道对应的水域面的面积。

（6）水域容积：湖泊、蓄滞洪区等面状水域，结合设计参数、高程数据获取。河道、人工水道等线状水域利用断面法计算水域容积。

（7）水域功能：是水域的社会属性，主要功能包括行洪排涝、灌溉供水、交通航运、生态环境、景观娱乐、文化传承等功能。可参照防洪排涝规划、河道整治规划、水功能区和水环境功能区划方案等确定。

（8）水域名称：有名称的河道沿用已有名称；无名称的，通过实地调查获取；无法获取的，可以根据河道的重要节点或河道汇合口处的重要村庄来命名。

3.5　数据库成果复核检查

采用质检软件和人工复核相结合、内业复核和外业抽检相结合的方式，对数据库成果进行复核检查。先使用质检软件对水域空间数据库进行全面扫检，针对扫检中发现的问题或无法扫检的，采取人工复核的方式进行复核。内业复核中存在疑义的要进行外业实地校核，校核成果是否符合实际情况。

3.5.1 逻辑一致性

要素点、线、面等表示方式及关系应正确；面要素应闭合且具有唯一性；要素的重合部分无缝隙或重叠现象；线段相交或相接，无悬挂或过头现象；连续地物保持连续，无错误的伪节点现象。逻辑一致性检查示例如图3.5-1所示。

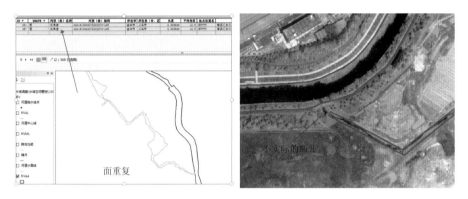

图3.5-1 逻辑一致性检查示例

3.5.2 拓扑关系

对于共边的相邻多边形，组成公共边的坐标点在两个多边形中记录的坐标值必须相同，确保相邻多边形之间不存在大于0.01m的重叠、缝隙、打折等拓扑错误；保证节点拓扑和顺序正确，采集线段连续不间断，三线相对位置保持一致；河道交汇处理合理、交界河道处理正确。数据检查示例如图3.5-2所示。

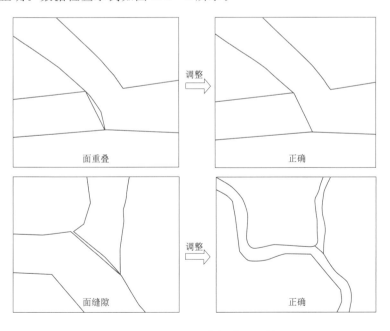

图3.5 2（一） 数据检查示例

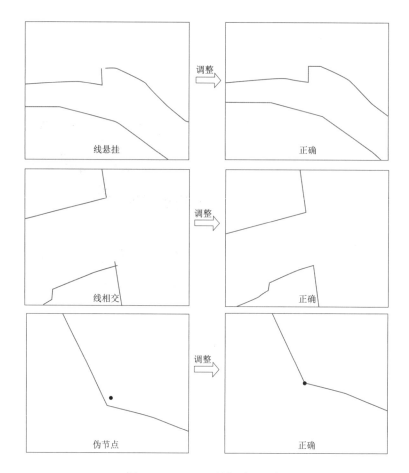

图 3.5 - 2（二）　数据检查示例

3.5.3　空间关系

一般情况下，临水线范围要小于或等于水域管理范围线范围，涉水工程位置要在水域范围附近。水库"两线"和"国土三调"的水面线位置示例如图 3.5 - 3 所示。

3.5.4　准确性检查

（1）属性检查：按照附录 1 中附录 B 规定，复核图层各要素及内容是否表达正确、准确，即字段表述是否正确，格式是否符合规定，如河道起止点的表述是否准确等（图 3.5 - 4）。

（2）内业复核：可选择典型水域（覆盖所有水域类型和等级），结合底图判析、内业计算、外业测量数据，复核成果是否准确。

（3）外业抽检：内业复核中存在疑义的要进行外业实地校核，校核调查成果是否符合现场实际情况。

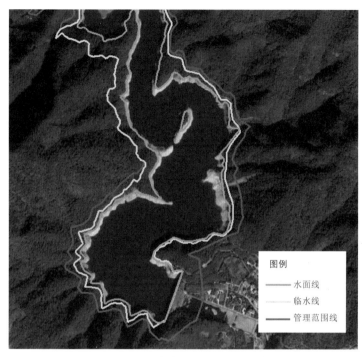

图 3.5-3 水库"三线"位置示例

图 3.5-4 属性检查

3.6 水域空间数据库成果案例

3.6.1 数据库总体情况介绍

以浙江省德清县为例,德清县位于浙江省北部杭嘉湖平原西部,总面积为 $938km^2$。

本次根据《浙江省水域调查技术导则（修订）》要求，基于 2018 年 1/2000 地形图和 2018 年分辨率 0.2m 的遥感影像图进行作业，其中，重要水域全部进行实地测量。从调查结果的数据库来看，德清县共有 6 种水域类型和 7 种水利工程，水域为河道、湖泊、水库、山塘、人工水道、其他水域；水利工程为堤防、水闸、泵站、拦水坝（堰）、桥梁、码头、船闸。从图层来看，共有"点"图层 13 个共计 61744 个图斑，"线"图层 23 个共计 6057 个图斑，"面"图层 6 个共计 1346 个图斑。数据库成果示例如图 3.6-1 所示，德清县水域数据库成果统计见表 3.6-1。

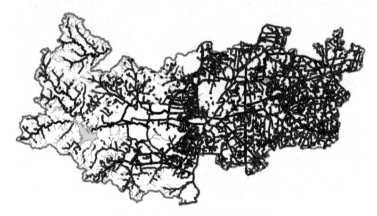

图 3.6-1　数据库成果示例图

表 3.6-1　　　　　　　　　　　　　　德清县水域数据库成果统计

水域分类	图层名	名称	类型	要素数量/个
河道（RV）	RVAA	河道水域面	面	1054
	RVAL	河道临水线	线	2060
	RVWL	河道水面线	线	879
	RVML	河道管理范围线	线	1054
	RVAP	河道临水线点	点	47000
	RVUL	暗河	线	0
	RVOL	其他渠道	线	427
湖泊（LK）	LKAA	湖泊水域面	面	43
	LKAL	湖泊临水线	线	43
	LKWL	湖泊水面线	线	43
	LKML	湖泊管理范围线	线	43
	LKAP	湖泊临水线点	点	5287
水库（RS）	RSAA	水库水域面	面	18
	RSAL	水库临水线	线	18
	RSWL	水库水面线	线	18
	RSML	水库管理范围线	线	18
	RSAP	水库临水线点	点	18

水域分类	图层名	名称	类型	要素数量/个
山塘（HP）	HPAA	山塘水域面	面	213
	HPAL	山塘临水线	线	213
	HPWL	山塘水面线	线	213
	HPML	山塘管理范围线	线	213
	HPAP	山塘临水线点	点	3810
人工水道（AC）	ACAA	人工水道水域面	面	5
	ACAL	人工水道临水线	线	5
人工水道（AC）	ACWL	人工水道水面线	线	5
	ACML	人工水道管理范围线	线	5
	ACAP	人工水道临水线点	点	654
其他水域（OW）	OWAA	其他水域水域面	面	13
	OWAL	其他水域临水线	线	13
	OWWL	其他水域水面线	线	13
	OWML	其他水域管理范围线	线	13
	OWAP	其他水域临水线点	点	1215
水利工程（P）	PDKL	堤防	线	43
	PSLP	水闸	点	279
	PPSP	泵站	点	525
	PDMP	拦水坝（堰）	点	233
	PBRL	桥梁	线	655
	PWHP	码头	点	22
	PLKP	船闸	点	1
	POPP	其他工程	点	0
水域断面（SEC）	SECP	水域断面点	点	2700
	SECL	水域断面线	线	63

3.6.2 水域数据库介绍

该县共有6类水域，分类介绍如下：

（1）河道。河道的成果包括水域面、临水线、水面线、管理范围线、临水线点、暗河、其他渠道7个图层，每个图层坐标系均为CGCS2000_3_Degree_GK_Zone_40。调查结果显示，该县共有河道1054条，河道数据库成果示例如图3.6-2所示，其他沟渠示例如图3.6-3所示。

河道水域面含有23个属性，以东苕溪为例，具体描述见表3.6-2。

表3.6-2 河道水域面数据库属性示例

属性字段	描述	内容
NAME	河道（段）名称	东苕溪
CODE	河道（段）编码	AFJ4300633052110001-A3F

属性字段	描 述	内 容
CITY	所在市	湖州市
COUNTY	所在县（市、区）	德清县
LENGTH	长度/km	18.80
WIDTH	平均宽度/m	149.6
SNAME	起点位置名称	下渚湖街道与乾元镇余杭区交界处
ENAME	终点位置名称	洛舍镇张陆湾村坝里
GRADE	等级	省级
MNTRB	干支流	
TRNTYPE	跨界类型	跨省
TOWN	流经乡镇（街道）	洛舍镇、乾元镇、康乾街道、下渚湖街道
BAS	所属流域	苕溪
LANDFORM	所属地形地貌	杭嘉湖平原
FUNCTION	主要功能	行洪排涝、灌溉供水、交通航运
AREA	水域面积/km²	2.83
VOL	水域容积/万 m³	1763
MU	管理单位	德清县水利局
IMP	是否重要水域	A4
SDL	起点设计水位	
EDL	终点设计水位	
RCHIEF	河长	
REMARK	备注	

图 3.6－2 河道数据库成果示例图

图 3.6-3 其他沟渠示例

（2）水库。水库共有水域面、临水线、水面线、管理范围线、临水线点 5 个图层，每个图层坐标系均为 CGCS2000_3_Degree_GK_Zone_40。调查结果显示，该县共有水库 18 座，水库数据库成果示例如图 3.6-4 所示。

图 3.6-4 水库数据库成果示例图

水库水域面含有 23 个属性，以长春水库为例，具体描述见表 3.6-3。

表 3.6-3　　　　　　　　　　水库水域面数据库属性示例

属性字段	描　　述	内　　容
NAME	水库名称	长春水库
CODE	水库编码	BFJ43A0633052150001-Z9R
CITY	所在市	湖州市
COUNTY	所在县（市、区）	德清县
TYPE	类型	小（2）型
RCAREA	集雨面积/km^2	3.2
TCR	总库容/万 m^3	34
UCR	兴利库容/万 m^3	22.7
NPL	正常蓄水位/m	10
IML	移民水位/m	
DFL	设计洪水位/m	11.36
MFL	校核洪水位/m	11.99
BAS	所属流域	苕溪
LANDFORM	所属地形地貌	浙西丘陵
AREA	水域面积/km^2	0.06
CE	坝顶高程/m	12.3
FUNCTION	主要功能	灌溉供水
IMP	是否重要水域	C5
BLDTM	建成时间	1965 年
MU	管理单位	德清县武康镇长春村村民委员会
TOWN	所在乡镇（街道）	舞阳街道
LCHIEF	湖长	
REMARK	备注	

（3）湖泊。水库共有水域面、临水线、水面线、管理范围线、临水线点 5 个图层，每个图层坐标系均为 CGCS2000_3_Degree_GK_Zone_40。调查结果显示，该县共有湖泊 43 座，湖泊数据库成果示例如图 3.6-5 所示。

湖泊水域面含有 17 个属性，以小山漾为例，具体描述见表 3.6-4。

表 3.6-4　　　　　　　　　　湖泊水域面数据库属性示例

属性字段	描　　述	内　　容
NAME	湖泊名称	小山漾
CODE	湖泊编码	GFJ4300633052130041-A3L
CITY	所在市	湖州市
COUNTY	所在县（市、区）	德清县

续表

属性字段	描　述	内　容
MASL	最高允许蓄水位/m	1.8
MU	管理单位	阜溪街道办事处、洛舍镇人民政府
TOWN	所在乡镇（街道）	阜溪街道、洛舍镇
TRNTYPE	跨界类型	县界内
BAS	所属流域	苕溪
LANDFORM	所属地形地貌	杭嘉湖平原
AREA	水域面积/km²	0.19
AVERDEP	平均水深/m	2.5
VOL	水域容积/万 m³	48.56
FUNCTION	主要功能	灌溉供水
IMP	是否重要水域	否
LCHIEF	湖长	
REMARK	备注	

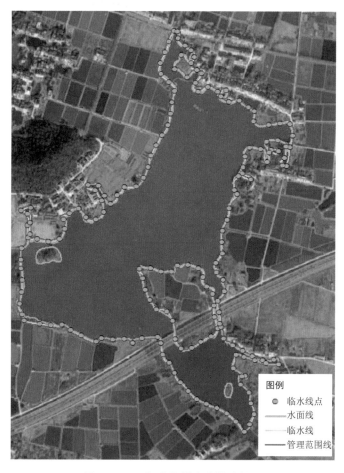

图 3.6-5　湖泊数据库成果示例图

（4）山塘。山塘共有水域面、临水线、水面线、管理范围线、临水线点 5 个图层，每个图层坐标系均为 CGCS2000_3_Degree_GK_Zone_40。调查结果显示，该县共有山塘 213 座，山塘数据库成果示例如图 3.6 - 6 所示。

图 3.6 - 6　山塘数据库成果示例图

山塘水域面含有 19 个属性，以西坞冲山塘为例，具体描述见表 3.6 - 5。

表 3.6 - 5　　　　　　　　　水库水域面数据库属性示例

属性字段	描　　述	内　　容
NAME	山塘名称	西坞冲
CODE	山塘编码	BFJ43006330521P0074 - A4L
CITY	所在市	湖州市
COUNTY	所在县（市、区）	德清县
DMH	坝高/m	7.56
RCAREA	集雨面积/km²	0.17
BAS	所属流域	苕溪
LANDFORM	所属地形地貌	浙西丘陵
TOWN	所在乡镇（街道）	阜溪街道
RNVTM	整治时间	2015 年
TCR	总容积/万 m³	2
TYPE	类型	普通山塘
CE	坝顶高程/m	17

续表

属性字段	描 述	内 容
DFL	设计洪水位/m	16.12
NPL	正常蓄水位/m	15.4
AREA	水域面积/km²	0.004
VOL	水域容积/万 m³	2
FUNCTION	主要功能	灌溉供水
REMARK	备注	

（5）人工水道。水库共有水域面、临水线、水面线、管理范围线、临水线点 5 个图层，每个图层坐标系均为 CGCS2000_3_Degree_GK_Zone_40。调查结果显示，该县共有人工水道 5 条，人工水道数据库成果示例如图 3.6－7 所示。

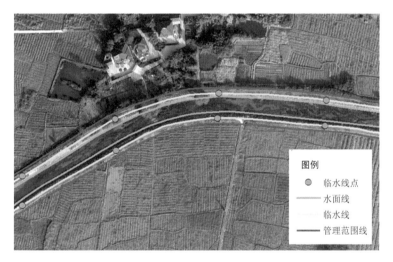

图 3.6－7 人工水道数据库成果示例图

人工水道水域面含有 15 个属性，以南干一渠为例，具体描述见表 3.6－6。

表 3.6－6 人工水道面数据库属性示例

属性字段	描 述	内 容
NAME	人工水道名称	南干一渠
CODE	人工水道编码	VFJ43A0633052150001－Z3F
CITY	所在市	湖州市
COUNTY	所在县（市、区）	德清县
SNAME	起点位置名称	武康街道城西村七都闸
ENMAE	终点位置名称	下渚湖街道八字桥村新陡门
LENGTH	长度/km	26.45
WIDTH	宽度/m	10.4

属性字段	描　　述	内　　容
AREA	水域面积/km²	0.27
VOL	水域容积/万 m³	22.08
LANDFORM	所属地形地貌	杭嘉湖平原
TOWN	所在乡镇（街道）	武康街道、舞阳街道、下渚湖街道
IA	所属灌区	湘溪中型灌区
TYPE	类别	引水渠道
REMARK	备注	

（6）其他水域。其他水域共有水域面、临水线、水面线、管理范围线、临水线点 5 个图层，每个图层坐标系均为 CGCS2000_3_Degree_GK_Zone_40。调查结果显示，该县共有其他水域 13 座，其他水域数据库成果示例见图 3.6 - 8。

图 3.6 - 8　其他水域数据库成果示例图

其他水域水域面含有 13 个属性，以仪家洋为例，具体描述见表 3.6 - 7。

表 3.6 - 7　　　　　　　　其他水域水域面数据库属性示例

属性字段	描　　述	内　　容
NAME	其他水域名称	仪家洋
CODE	其他水域编码	QFJ43A0633052110001 - A3L
CITY	所在市	湖州市
COUNTY	所在县（市、区）	德清县

属性字段	描 述	内 容
TOWN	所在乡镇（街道）	下渚湖街道
TRNTYPE	跨界类型	县界内
BAS	所属流域	苕溪
LANDFORM	所属地形地貌	杭嘉湖平原
AREA	水域面积/km²	0.044
AVERDEP	平均水深/m	2.35
VOL	水域容积/万 m³	10.57
TYPE	类型	1
REMARK	备注	

3.6.3 水利工程数据库介绍

根据调查结果，该县共有 7 类水利工程，分别为堤防、水闸、泵站、拦水坝（堰）、桥梁、码头、船闸。7 类水利工程可分为 2 类，为 2 个线图层和 5 个点图层。

（1）线图层——堤防和桥梁。该县共有 43 段堤防和 655 座桥。示例如图 3.6-9 和图 3.6-10 所示，字段属性示例见表 3.6-8 和表 3.6-9。

图 3.6-9 堤防示例图

表 3.6-8 堤 防 属 性 示 例

属性字段	描 述	内 容
NAME	堤防名称	盐官下河右岸提防
WNAME	所在水域名称	盐官下河
WCODE	所在水域编码	AFJ12F0633052120004 - A3F

续表

属性字段	描　　述	内　　容
CITY	所在市	湖州市
COUNTY	所在县（市、区）	德清县
TOWN	所在乡镇（街道）	乾元镇、新安镇、禹越镇
LENGTH	长度/km	21.65
SELEV	起点高程/m	5.7
EELEV	终点高程/m	3.7
TYPE	类型	河堤
DS	设计标准	20 年一遇
SLON	起点经度/(°)	120.186414
SLAT	起点纬度/(°)	30.554145
ELON	终点经度/(°)	120.186748
ELAT	终点纬度/(°)	30.554118

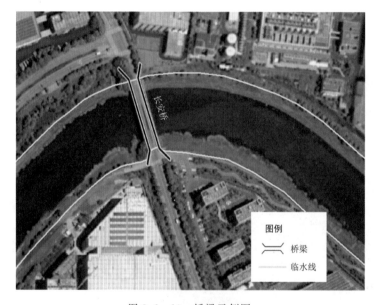

图 3.6-10　桥梁示例图

表 3.6-9　　　　　　　　桥　梁　属　性　示　例

属性字段	描　　述	内　　容
NAME	桥梁名称	铁路桥
WNAME	所在水域名称	阜溪（县级）
WCODE	所在水域编码	AFJ4300633052130030-A3L
CITY	所在市	湖州市
COUNTY	所在县（市、区）	德清县
TOWN	所在乡镇（街道）	阜溪街道

续表

属性字段	描 述	内 容
LON	经度/(°)	119.959581
LAT	纬度/(°)	30.569695

（2）点图层——水闸、泵站、拦水坝（堰）、码头、船闸。该县共有水闸307个，泵站529座，码头22座、拦水坝236个，船闸1个。示例如图3.6-11～图3.6-15所示。码头属性见表3.6-10，其余点图层的属性与码头类似，此处不重复示例。

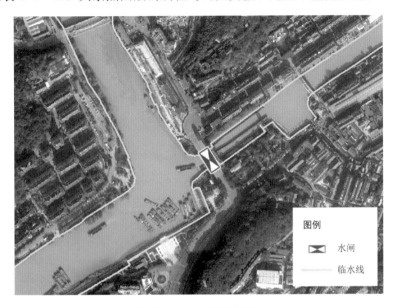

图 3.6-11 水闸示意图

图 3.6-12 泵站示意图

图 3.6 - 13　码头示意图

图 3.6 - 14　堰坝示意图

表 3.6 - 10　　　　　　　　　码　头　属　性　示　例

属性字段	描　　述	内　　容
NAME	码头名称	湖州新天纸业有限公司自备码头
WNAME	所在水域名称	杭州港
WCODE	所在水域编码	AFJ4410633052140605 - Z4L
CITY	所在市	湖州市
COUNTY	所在县（市、区）	德清县

续表

属性字段	描　述	内　容
TOWN	所在乡镇（街道）	钟管镇
LON	经度/(°)	120.150963
LAT	纬度/(°)	30.649019

图 3.6-15　船闸示意图

第4章 水域空间宏观管控

本研究的水域空间宏观管控主要内容包括两个方面：一方面，以行政、流域等为单位的区域水面率控制；另一方面，以岸线带为单元的岸线功能分区控制。

4.1 水面率管控

4.1.1 水面率管控要素

4.1.1.1 基本水面率界定

水面率是指区域内的水域面积与区域总面积的比值，用百分数表示。

现状水面率是指区域内现状水域面积与区域总面积的比值。

基本水面率是指一定区域范围内，按照以不减少现状水域面积为基础，同时满足经济社会发展对水域行洪排涝、灌溉供水、交通航运、生态环境、景观文化等多种功能需求和技术标准要求，确定的水域面积占国土面积的最小比例。

4.1.1.2 基本水面率内涵

从上述基本水面率界定分析，基本水面率包含如下内涵：

（1）计算基本水面率的对象是发挥水域功能作用的水体容纳范围。

（2）基本水面率需满足的功能既包括现状功能，也包括未来规划期具有的功能。

（3）基本水面率大小取决于水域功能。水域功能不同，其需要的水面率亦不同。同时同一功能，由于经济社会发展引起水域功能变化导致其水面率也存在一定差异。

（4）基本水面率的合理性体现在水面率与水域功能关系上。水域功能包括行洪排涝、提供可利用水源、调蓄区域水资源、降解污染物和吸纳营养物质、保护生物多样性、休闲旅游、航运、调节气候等功能。受现阶段认识水平和认识能力的限制，水面率与其中部分功能的关系可以量化分析，部分功能难以量化分析，本研究以现阶段可以量化的水域功能为基础开展研究，因此基本水面率在科学合理性方面具有阶段性和相对性。

（5）基本水面率与现状水面率不同。基本水面率既考虑现状水域功能，也考虑未来发展需要；现状水面率仅仅是现状水域面积率，从水域保护和管理出发，基本水面率应不小于现状水面率。

4.1.1.3 基本水面率影响因素

（1）自然条件。首先，水面率与水资源禀赋条件有关。王超等调查统计表明：从城市宏观尺度上，水面率主要与水资源的多少有关。水资源丰富地区，其水面率较大；水资源短缺地区其水面率较小。我国南方地区城市的水面率一般为 $10\%\sim25\%$，而我国中部地区城市的水面率为 $2\%\sim5\%$，山东省大多数城市的水面率只有 $0.5\%\sim1\%$。其次，水面率与地理位置有关。例如，地理纬度基本一致的武汉、南京、无锡和上海的现状水面率相差较大。武汉市为 25.1%，南京市和无锡市为 15%，上海市为 5.9%。这些地区降水量很接近（武汉为 1300mm，南京和无锡为 1150mm，上海为 1100mm），其水面率相差较大原因之一是地理位置不同导致的水域边界差异。最后，水面率与地形地貌因素有关。山丘区地处河流的上游或中游，地面坡度大，水流更顺畅，其区域内水面率相对较低；平原地区处于河流的中下游，地面坡度平缓，产汇流历时较长，又经常受外水顶托，水流相对不顺畅，其相应的水面率较大。浙江省历史水域资料分析表明：地势低平的北部平原地区其水面率将近 10%；地势较高的浙西南山区其水面率不足 5%。因此，水资源、地理位置、地形地貌等自然条件对基本水面率有较大影响。

（2）经济社会发展水平。随着区域经济社会发展，水域的防洪、排涝、兴利等标准不断提高，尽管其功能相同，但由于其标准提高导致其水面率需求提高。同时，经济社会发展水平提高，水域在满足生活、生产、生态用水的基础上，还要满足涉水景观、旅游、休闲等精神文化方面的需求，对城镇水面率有一定影响。以荷兰为例，为满足经济社会发展对防洪的需要，实施了给河流以空间的"大河三角洲计划"；根据该计划，莱茵河流域下游段防洪标准由百年一遇提高到 1250 年一遇；莱茵河支流默兹河的防洪标准由 50 年一遇提高到 250 年一遇。

（3）现状水利工程综合能力。水域的各种功能不仅与水面率有关，还与现有水利工程综合能力有关。例如在行洪排涝方面，水面率和现状水利工程行洪排涝能力具有互补关系，即现状水利工程行洪排涝能力越大，水面率越小；现状水利工程行洪排涝能力越小，水面率越大。

（4）人们对水域资源的认知程度。水域作为一种自然资源，它不仅具有行洪排涝、水资源利用等功能，还有景观、旅游等精神文化功能。以前，人类关心关注的重点是前者，而在建设生态文明、美丽中国背景下，水域精神文化功能同样重要。随着我国社会经济的发展和人民物质生活水平的提高，水作为人类观赏的"自然环境"的"灵魂"，其休闲娱乐和美学享受的功能是巨大的。城镇化、工业化的迅速发展，隔离了人类与大自然最初形成的密切关系，生活在建筑林立的城镇都市的人们渴望重回大自然的怀抱，与自然和谐相处，享受自然赐予人类的各种休闲娱乐活动和美感体现。近年来，以城镇水景观为主要内容的房地产开发呈现出广阔的前景。

（5）生物多样性。水域（尤其是湿地自然保护区）是众多生物栖息和繁衍的场所，在保护生物多样性方面具有重要价值。据有关资料，我国湿地面积占国土面积的 2.6%，约有 50% 的珍稀鸟类以湿地为支撑；美国湿地面积占国土面积 5%，维系着 43% 的受威胁和濒危物种。

（6）相关规范和标准。水域在满足行洪排涝和水资源利用功能方面，与现行有效的规范和标准有关。现行有效的规范和标准是与我国现阶段经济发展水平和经济承受能力相适应的。随着我国经济的发展和经济承受能力的提高，规范和标准也要随之变化，其相应的水面率和水利工程综合能力也要与之相适应。

综上所述，基本水面率的影响因素较多。为确定基本水面率，应研究以上因素与水面率的定量关系，进而确定区域基本水面率。但是，现阶段限于研究基础、认识水平和能力，对水面率与其中部分影响因素之间还无法建立定量关系，如人类认知程度、生物多样性对水面率的影响，这在一定程度上限制了基本水面率的研究。事实上，资源与环境管理中的很多情况都具有复杂性和不确定性特征，而且正是这些复杂性和不确定性的存在，导致了资源环境问题的管理方案往往缺乏对自然和社会系统的充分认识。

为开展研究工作，从水域的社会功能和自然功能出发，根据现行有效的规范和标准，借鉴发达国家的经验，在研究区域水系特点和天然情势及水利工程的基础上，以各类水域为研究对象，综合考虑行洪排涝、水资源利用、水环境、水景观功能需求，结合水域调查和相关规划，提出基本水面率确定的基本思路和基本方法。

4.1.2 水面率分区控制

4.1.2.1 分区依据

《浙江省河道管理条例》规定，河道管理范围由县（市、区）人民政府根据规定标准和要求划定并公布。其中，省级河道的管理范围在公布前应当报省水行政主管部门同意；市级河道的管理范围在公布前应当报设区的市水行政主管部门同意。《浙江省水域保护办法》要求，县级以上人民政府水行政主管部门应当编制区域的水域保护规划，水域保护规划应当确定本行政区域和区域内不同分区的基本水面率。这些规定表明，在水域保护与管理上，实行分区分级控制。

4.1.2.2 水域保护规划分区方法

在水域保护管理中，可结合各地水域管理实际情况进行合理分区。一般情况下，有以下几种分区方法：

（1）以行政分区（县级水域保护规划以乡镇或街道）为单元进行规划分区。

（2）不同流域应划分为不同分区。

（3）根据地形地貌可划为不同分区。一般可划分为：平原、丘陵、山地、盆地、滨海岛屿等。

（4）现状水面率有显著差异的，划为不同分区。

（5）规划城区或开发区、围垦区作为一个单独分区。

（6）对某区块水面率有特殊要求的，作为一个单独分区。如城市建成区、经济技术开发区、高新技术园区、旅游度假区、特色小镇、工业园区等。

4.1.3 基本水面率确定方法

（1）水域功能特性。水域功能是指水域满足自然和经济社会发展需要的属性，分析水域自身发展规律和经济社会发展需求，水域功能特性表现为如下几个方面：

1）动态性。水域系统是一个处于动态变化过程中的系统。由于受到人类与自然因素既相互联系又相互作用的干预，通过各种运动形式之间的物质、能量、信息的传递交换，使系统的结构和功能发生频繁变化。水域系统在不同时间尺度和空间尺度的表现形式有所差异，其分布是与地域分异组合特征紧密联系的。水域系统是个开放系统，它不断与外界环境交换物质和能量，进而影响系统的稳定和变化程度。水域功能需求与经济社会发展阶段有关，不同阶段功能需求呈动态变化。

2）整体性。水域功能的整体性表现为两个层面。首先，水域功能是水域系统各组成要素综合作用的结果，其中每一要素都具有其他部分不具有的质的规定性，它在整体中的地位和作用是不可能被其他部分完整代替的。该系统中任何一个要素出现"故障"，都会导致系统整体某些功能的降低或丧失。其次，水域系统功能需求在空间上和时间上表现为相对连续性特征，在一定历史时期内一定空间内呈连续性变化。水域系统现状是其过去状态的延续，水域系统未来是现在状态的发展。

3）复杂性。水域系统由同类水域或不同类水域按照一定规律组成，其中每个水域的不同变化都不同程度地影响系统功能的发展变化。水域系统的耦合关系强，不同水域不同组合方式形成的水域系统的功能差异显著；水域系统的非线性特征表现在其组成部分或层次之间的相互作用是非线性的；经济社会发展对水域功能需求具有复杂性。

因此，水域功能在较长的历史时期内是一个动态变化的过程，而在某一历史时段内相对稳定，在这一相对稳定的历史时段内为研究创造了条件。同时，水域功能的发挥既与水域的宏观参数——水面率有关，也与水域的微观内部结构有关。本项目研究过程中假定水域内部结构不变，重点研究水面率与水域功能的关系。

（2）水域功能衡量指标。水域功能众多，本研究水域功能包括水域的行洪排涝、水资源利用、水环境、水景观功能。选定水域这些功能的衡量指标见表4.1-1。

表 4.1-1　　　　　　　　　　水 域 功 能 衡 量 指 标

序号	水域功能	衡 量 指 标
1	行洪排涝	防洪标准、排涝标准
2	水资源利用	生活、生产（包括工业、农业、第三产业）用水保证率
3	水环境	水环境容量
4	水景观	单位土地面积开发收益与利润

（3）水面率与水域功能的关系。对于特定区域（或流域），从宏观总量尺度上分析，水面率与水域功能关系密切。就同一类型区域而言，区域的水面率越高，其行洪排涝、水资源利用、水环境功能越大（或强），反之则越小（或弱）。而城镇水域的水景观功能与此不同，城镇水面率越大，越能提升城镇品位，单位土地面积开发收益和利润越高；但是随着水面率的增加，单位面积内可利用土地面积减少、开发成本升高，导致土地利用价值降低，功能下降。

水面率与行洪排涝、水资源利用、水环境、水景观功能的相互关系可以描述为图4.1-1和图4.1-2所示。

由图4.1-1和图4.1-2可知，水面率与其行洪排涝、水资源利用、水环境功能的关系属于发散关系。经济社会越发展，生活水平越提高，对水域的这些功能要求越高，水面率越高。而城镇水景观功能与水面率关系曲线存在极值，可以通过相应的数学方法来分析求解。

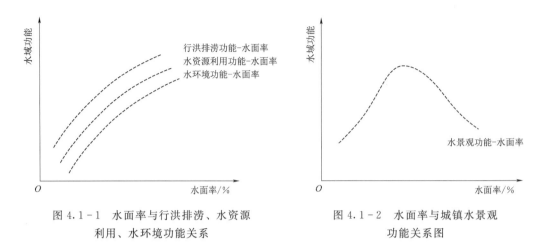

图 4.1-1　水面率与行洪排涝、水资源　　　　图 4.1-2　水面率与城镇水景观
利用、水环境功能关系　　　　　　　　　　　　功能关系图

（4）基本水面率确定基本思路。基本水面率确定基本思路为：以经济社会和水域自身发展需要为基础，确定水域系统内各水域功能。根据现行和将来的规范和标准，在分析研究区域水域特点和天然情势及水利工程的基础上，以水域承载的行洪排涝、水资源利用、水环境、水景观功能为切入点，以流域（山丘区）或区域（平原区）为单元，在水域内部结构一定的前提下，采用多种方法分析计算满足这些功能要求的水面率，进而确定该流域（或区域）的基本水面率。基本水面率确定的逻辑框图如图 4.1-3 所示。

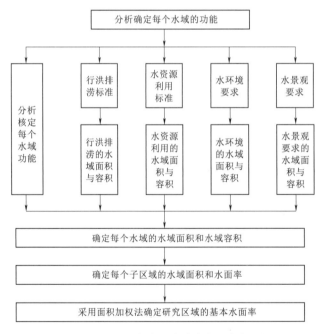

图 4.1-3　基本水面率确定的逻辑框图

图 4.1-3 表明：①基本水面率应分区计算，并以流域（或区域）为计算单元。②水域某一功能的发挥是以流域为单元，是流域内相关水域综合作用的结果，因此在区分水域

功能计算需要的水域面积和水域容积时，应将相关水域联合分析计算。③每个水域的水域面积和水域容积应取为不同水域功能要求的面积和容积的外包线（或并集）。

4.2　河湖岸线分区管控

4.2.1　河湖水域岸线分区管控的由来

河湖水域岸线分区管控的任务可以分为两个阶段：第一阶段是 2007 年，针对全国重要流域的河段的岸线分区管控；第二阶段是 2016 年，中共中央办公厅、国务院办公厅印发《关于全面推行河长制的意见》，要求加强河湖水域岸线管理保护，严格水域岸线等水生态空间管控。

（1）第一阶段。为了加强对河道岸线的管理和保护，指导河道岸线的合理利用，确保防洪安全、河势稳定和水生态环境安全，2007 年 2 月 25 日，水利部以水建管〔2007〕67 号文正式启动了全国河道（湖泊）岸线利用管理规划工作，并明确了全国各大流域重点规划河段。2007 年 9 月 11 日，水利部水利水电规划设计总院（简称水规总院）以水总研〔2007〕522 号文印发了《全国河道（湖泊）岸线利用管理规划工作大纲》。全国正式开展各大流域的重点河段的岸线规划编制与管控任务。

（2）第二阶段。党的十八届三中全会指出，要"健全自然资源资产产权制度和用途管制制度"，"建立空间规划体系，划定生产、生活、生态空间开发管制界限，落实用途管制。健全能源、水、土地节约集约使用制度"。2016 年 11 月 28 日，中共中央办公厅、国务院办公厅印发《关于全面推行河长制的意见》，再次强调要"加强河湖水域岸线管理保护，严格水域岸线等水生态空间管控，依法划定河湖管理范围"。2019 年水利部办公厅印发了《河湖岸线保护与利用规划编制指南（试行）》，全面开展河湖岸线规划与管控工作。浙江省水利厅在 2016 年开展了《浙江省河湖水域岸线管理保护规划技术导则》的编制工作，同年年底完成技术导则的验收。2017—2018 年在全省 20 多个县（市、区）选择不同类型的河道（段）开展岸线规划编制的试点工作。

4.2.2　河湖水域岸线分区管控技术

本节主要介绍在 2016—2019 年浙江省河湖水域岸线保护中关于分区管控技术的相关研究。其中，关于部分临水控制线的划定方法与后出台的《浙江省水域调查技术导则（试行）》有一定出入。

4.2.2.1　岸线控制线及岸线分区定义

（1）岸线控制线。岸线控制线是指为加强岸线资源的保护和合理开发利用，而沿河道水流方向或湖泊沿岸周边划定的管理和保护的控制线。岸线控制线分为临水控制线和外缘控制线。

1）临水控制线是指为稳定河势、保障河道行洪安全和维护河流生态健康的基本要求，在河岸的临水一侧顺水流方向或湖泊沿岸周边临水一侧划定的管理控制线。在此线的临水一侧禁止有碍防洪和破坏河流生态健康的行为。

2）外缘控制线是指为保护和管理岸线资源，维护河湖基本功能而划定的岸线外边界控制线，分为外缘管理控制线和外缘生态控制线。外缘管理控制线应以河道管理范围线或水库（河道型）管理范围线作为外缘管理控制线。外缘生态控制线是外缘管理控制线以外一定距离的范围线，是保障生态功能正常发挥的控制线。

（2）岸线功能区。河湖水域岸线功能区是根据河湖水域岸线资源的自然条件和经济社会功能属性，以及不同河段的功能特点与经济社会发展需要，将岸线划分为不同类型的功能区。分为岸线保护区、岸线保留区和岸线控制利用区。

1）岸线保护区是指对流域防洪安全、水资源保护、水生态环境保护、珍稀濒危物种保护及独特的自然人文景观保护等至关重要而禁止开发利用的岸线区。

2）岸线保留区是指规划期内暂时不开发利用或者尚不具备开发利用条件的岸线区。

3）岸线控制利用区是指因开发利用岸线资源对防洪安全、河流生态保护存在一定风险，或开发利用程度已较高，进一步开发利用对防洪、供水和河流生态安全等造成一定影响，而需要控制开发利用程度的岸线区段。

4.2.2.2 岸线控制线及岸线分区划定方法

（1）岸线控制线划定方法。

1）临水控制线划定：①有堤防河道临水控制线采用设计洪水位与堤防工程的交线划定。②对于无堤防的山区、丘陵区河道，按设计洪水位来确定。③对平原区河道可采用常水位与岸边的交界线作为临水控制线；对未确定常水位的平原区可采用多年平均水位与岸边的交界线作为临水控制线，或根据具体情况分析确定。④对湖泊临水控制线可采用正常蓄水位与岸边的交界线作为临水控制线；对未确定正常蓄水位的湖泊可采用多年平均湖水位与岸边的交界线作为临水控制线，或根据具体情况分析确定。⑤在已划定治导线的江河入海口区域采用治导线为临水控制线。在未划定治导线的河口区，根据防洪规划、海洋功能区划和地表水功能区划、滩涂开发规划、航运及港口码头规划等，综合分析确定。⑥对已规划确定河道整治或航道整治工程的岸线，应考虑规划方案实施的要求划定临水控制线。⑦临水控制线与河道水流流向应保持基本平顺。⑧乡镇级以下的河道可不划定临水控制线。

2）外缘管理控制线划定：①有堤防河道，一级堤防的外缘管理控制线为堤身和背水坡脚起 20～30m 内的护堤地处，二级、三级堤防的外缘管理控制线为堤身和背水坡脚起10～20m 内的护堤地处，四级、五级堤防的外缘管理控制线为堤身和背水坡脚起 5～10m 内的护堤地处（险工地段可以适当放宽）。②无堤防河道，平原地区无堤防县级以上河道外缘管理控制线为护岸迎水侧顶部向陆域延伸不少于 5m 处；其中重要的行洪排涝河道，护岸迎水侧顶部向陆域延伸部分不少于 7m 处。平原地区无堤防乡级河道外缘管理控制线为护岸迎水侧顶部向陆域延伸部分不少于 2m 处。其他地区无堤防河道外缘管理控制线根据历史最高洪水位或者设计洪水位外延一定距离确定。③河道型水库库区段，其外缘管理控制线为校核洪水位线或者库区移民线。④水闸，大型水闸外缘管理控制线为左右侧边墩翼墙外各 50～200m 处；中型水闸外缘管理控制线为左右侧边墩翼墙外各 25～100m 处。⑤水电站，外缘管理控制线为电站及其配套设施建筑物周边 20m 内处。⑥海塘，外缘管理控制线一至三级海塘为背水坡脚起向外延伸 30m；四至五级海塘为背水坡脚起向外延伸 20m；有护塘河的海塘应当将护塘河划入外缘管理控制线范围。⑦已规划建设防洪及河势控制工程、水资源利用与保护工程、生态环境保护工程的河段，根据工程建设规划要求，在预留工程建设用地的基础上，划定外缘控制线。

3) 外缘生态控制线划定：①岸线保护区外缘生态控制线划定，应体现"整体连续、宜宽则宽"的原则，并应与陆域生态用地相衔接。②岸线保留区外缘生态控制线划定，宜考虑保护区与控制开发区的自然衔接进行划定。③岸线控制开发区外缘生态控制线划定，宜与滨水绿化控制范围、滨水建筑控制范围等相结合进行划定。④外缘生态控制线划定综合考虑河道分级（省、市、县级）和岸线功能区进行划定（表 4.2-1）。

表 4.2-1 　　　　　　　　　　　外缘生态控制线划定范围建议表

岸线功能区	最小控制宽度/m		
	省级河道	市级河道	县级河道
保护区	100	50	30
保留区	80	30	20
控制利用区	30	20	10

注　1. 有水利工程的，外缘生态控制线范围应不小于水利工程保护范围。
　　2. 山区河道可以以山头、岗地脊线为界。

(2) 岸线功能区划定方法。河湖水域岸线功能区分为一级区和二级区。一级区包括岸线保护区、岸线保留区和岸线控制利用区。岸线控制利用区进一步划分为工业与城镇建设利用区、港口利用区、基础设施利用区、农渔业利用区、旅游休闲娱乐利用区、特殊利用区和综合利用区。一级区主要从宏观上协调岸线保护与开发利用的关系，二级区主要针对控制利用区，从开发利用的类型进行划分，主要协调岸线资源使用部门之间的关系。

1) 岸线一级区划定：①国家和省级人民政府批准的各类自然保护区（特殊特种自然保护区、重要湿地保护区、森林公园及风景名胜核心保护区、地质公园、自然文化遗产保护区、生物多样性保护区等）、重要水源地、水源涵养及生态保育等所在的河段，或因岸线开发利用对防洪和生态保护有重要影响的岸线区应划为保护区。地表水功能区划中已被划为保护区的或列入县域生态环境功能区规划禁止准入区名录的，原则上相应河段岸线划为保护区。除以上区域外，也可根据当地需求，划定保护区。②对河道尚处于演变过程中，河势不稳、河槽冲淤变化明显、主流摆动频繁的河段，或有一定的生态保护或特定功能要求，如防洪保留区、水资源保护区、供水水源地、河口围垦区的岸线等应划为保留区。③城镇区段岸线开发利用程度相对较高，工业和生活取水口、码头、跨河建筑物较多。根据防洪要求、河势稳定情况，在分析岸线资源开发利用潜力及对防洪及生态保护影响的基础上，可划为控制利用区。④河段的重要控制点、较大支流汇入的河口可作为不同岸线功能区之间的分界。⑤为便于岸线利用管理，市级行政区域界可作为河段划分节点，岸线功能区不能跨市级行政区。

2) 岸线二级区划分：①工业与城镇建设利用区指适于拓展工业与城镇发展空间，可供企业、工业园区和城镇建设的岸段区。②港口利用区指适于开发利用港口航运资源，可为港口建设提供支持的岸段区。③公共基础设施利用区指适于基础设施建设，可供道桥、过（沿）江管线等建设的岸段区。④农渔业利用区是指适于开发利用水生物资源，可供渔港和育苗场等渔业基础设施建设，为养殖、捕捞生产和重要渔业品种养护的提供岸线支持的岸段区以及农业示范区、园区等岸段区。⑤旅游休闲娱乐利用区指适于开发利用滨岸和水上旅游资源，可供旅游景区开发和水上文体娱乐活动场所建设的岸段区。⑥特殊利用区指供军事、取排水口及其他特殊用途排他使用的岸段区。⑦综合利用区指具有以上二级区两种及以上功能的岸段区。

4.2.2.3　岸线分区管理

（1）岸线保护区应结合不同岸线保护区的具体要求确定其保护目标，有针对性地提出岸线保护区的管理意见，确保实现岸线保护区的保护目标。保护区内一律不得建设非公共基础设施项目，保护区内原则上也不应建设公共基础设施项目，确需建设的，应按照有关法律法规要求，经充分论证评价，并报有关部门审查批准后方可实施。

（2）岸线保留区内应重视是否具备岸线开发利用条件以及对生态环境的影响等内容，规划保留区在规划期内原则上不应实施岸线利用建设项目和开发利用活动。确需启用规划保留区的，应充分论证，并要事先征得水行政主管部门同意，按基本建设程序报批。

（3）岸线控制利用区内建设的岸线利用项目，应符合规划二级分区利用要求，注重岸线利用的指导与控制。在符合国家和浙江省有关法律法规以及相关规划的基础上，协调岸线保护要求和沿江地区经济社会发展的需要，在不影响防洪、航运安全、河势稳定、水生态环境的情况下，应依法依规履行相关手续后，科学合理地开发利用，以实现岸线的可持续利用。

4.3　水面率管控案例

4.3.1　基本水面率确定案例

研究团队在 2008 年选取宁波市镇海区作为研究对象，从行洪排涝、水资源利用、水环境、城镇水景观四个功能需求方面，利用数学模型等分析手段，提出了研究区域在多种功能需求之下的基本水面率。

4.3.1.1　镇海区概况

（1）自然地理。镇海区位于浙江省的东北部，中国海岸线中段，东经 121°27′～121°46′，北纬 29°63′～30°06′。镇海区境域总面积为 383.64km²，其中陆域面积为 232.42km²，海域面积为 151.22km²，海岸线长 21.8km。

镇海属亚热带季风气候，四季分明，气候宜人。年平均气温为 16.3℃，极端最高气温为 39.4℃，最低气温为－10℃，年均降雨量为 1361mm，常年平均风速为 6m/s；全年主导风向夏季为东南风，冬季为西北风。每年 7—9 月受热带风暴和台风影响，带来大风和暴雨。

镇海区属滨海平原，平原面积约为 167km²，地面高程为 1.8～2.4m（85 黄海高程，下同）。甬江属不规则半日潮汐江段，历年的最高潮位为 3.10m，最低潮位为－2.05m，100 年一遇最高潮位为 3.21m，50 年一遇最高潮位为 3.05m，10 年一遇最高潮位为

2.66m。内河常年水位为 0.94～1.20m，历年最高水位为 2.41m。中大河最高水位重现期 100 年一遇为 2.89m，50 年一遇为 2.72m，10 年一遇为 2.32m。镇海区平原区现状水面率为 6%（含甬江、岚山水库的水面面积 6.78km²）。

（2）社会经济。镇海区下辖澥浦、九龙湖两个镇和招宝山、蛟川、骆驼、庄市四个街道，共有 18 个社区，66 个行政村，户籍总人口 21.67 万人，常住总人口 33.87 万人，是宁波市的六个市辖区之一。镇海拥有港口、侨乡、"大工程"特色和滩涂资源优势。镇海港是宁波港的重要组成部分，现有万吨级泊位 7 个、3000t 级以上泊位 4 个，港口年吞吐能力 1200 万 t，并拥有我国最大的 5 万 t 级液体化工专用泊位。

（3）水域情况。根据镇海区 2005 年水域调查成果，全区小（2）型以上水库 6 座，水域面积为 530 万 m²，总库容为 4981 万 m³；山塘有 59 座，水域面积为 11.9 万 m²，总库容为 36.7 万 m³；河道（网）总长度为 325km，水域面积为 413.2 万 m²，常水位河网蓄量库容为 410 万 m³。

4.3.1.2 行洪排涝水面率研究

（1）防洪排涝标准确定。现状防洪排涝标准是根据《防洪标准》（GB 50201—94）和《灌溉与排水工程设计规范》（GB 50288—99）中规定，确定镇海区现状防洪排涝标准为 20 年一遇，暴雨历时为 1d，农田涝水排除时间为 1d 暴雨 3d 排至耐淹水深，城镇和乡村排水标准为 24h 暴雨 24h 排除。

其他防洪排涝标准：①暴雨重现期为 50 年一遇，暴雨历时为 1d，农田涝水排除时间为 1d 暴雨 3d 排至耐淹水深，城镇和乡村排水标准为 24h 暴雨 24h 排除。②暴雨重现期为 100 年一遇，暴雨历时为 1d，农田涝水排除时间为 1d 暴雨 3d 排至耐淹水深，城镇和乡村排水标准为 24h 暴雨 24h 排除。

（2）基础参数分析计算。

1）设计暴雨及时程分布。利用镇海区境内及其邻近区域骆驼桥、镇海、姚江大闸和慈城四个雨量站 1962—2003 年资料，采用泰森多边形法计算镇海区长系列暴雨量，在根据 1962—2003 年历年最大面暴雨量进行频率分析计算，并采用 P-Ⅲ型曲线进行适线分析，求得设计暴雨的计算成果见表 4.3-1。采用"浙江省短历时暴雨"中推荐模式进行雨量时程分配，成果见表 4.3-2。

表 4.3-1　　　　　设计暴雨计算成果

时段	均值/mm	C_v	设计雨量/mm		
			1%	2%	5%
24h	118	0.47	322	282	230

表 4.3-2　　　　不同频率 24h 暴雨量时程分布成果

时段	逐时暴雨量/mm			时段	逐时暴雨量/mm		
	1%	2%	5%		1%	2%	5%
1	4.0	3.5	2.8	4	4.4	3.9	3.1
2	4.1	3.6	2.9	5	4.5	3.9	3.2
3	4.2	3.7	3.0	6	4.7	4.1	3.4

时段	逐时暴雨量/mm			时段	逐时暴雨量/mm		
	1%	2%	5%		1%	2%	5%
7	4.9	4.3	3.5	16	20.4	17.9	14.4
8	5.1	4.5	3.7	17	29.7	26.0	20.8
9	5.3	4.6	3.8	18	130.2	114.1	89.5
10	5.6	4.9	4.0	19	16	14.0	11.3
11	6.2	5.4	4.5	20	11.6	10.2	8.2
12	7.0	6.1	5.0	21	8.9	7.8	6.4
13	8.2	7.2	5.9	22	7.5	6.6	5.4
14	3.7	3.2	7.0	23	6.6	5.8	4.7
15	13.4	11.7	9.5	24	5.9	5.2	4.2

2) 设计暴雨产汇流计算。根据镇海区及其上游的地形地貌和产汇流特性，将整个集雨区域划分为 2 个平原产流区、7 个山丘区汇流区，分区的流域面积见表 4.3-3，产汇流各分区位置图如图 4.3-1 所示。

表 4.3-3　　　　　　　　　各产汇流分区特性

序号	产汇流分区	分区属性	流域面积/km²
1	镇海区	平原	166.3
2	江北区	平原	176
3	河头断面	山丘区	3.75
4	十字路水库	山丘区	10.5
5	郎家坪水库	山丘区	7.13
6	山下陈水库	山丘区	3.31
7	三圣殿水库	山丘区	8.42
8	毛力水库	山丘区	5.69
9	英雄水库	山丘区	15.39

平原地区采用蓄满产流方法进行产流计算，采用平均排除法进行汇流计算，计算过程如下：

a) 产流过程。采用超蓄产流方式计算产流量，其计算公式为

$$R = P - (I_m - P_a) \tag{4.3-1}$$

式中：R 为净雨深，mm；P 为降雨深，mm；I_m 为田间最大缺水深，mm；P_a 为前期影响雨深，mm。

b) 汇流过程。采用平均排除法进行汇流计算，其排涝模数计算公式为

$$q = \frac{R}{86.4T} \tag{4.3-2}$$

式中：q 为排涝模数，m³/(s·km²)；T 为排涝历时，d。

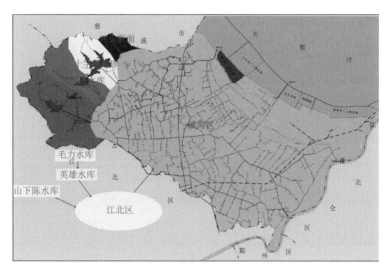

图 4.3-1 镇海区产汇流分区图

c）区域综合排涝模数计算公式：

$$q_p = \frac{q_d A_d + q_w A_w}{A_d + A_w} \qquad (4.3-3)$$

式中：q_p 为综合排涝模数，$m^3/(s \cdot km^2)$；q_w 为水田设计排涝模数，$m^3/(s \cdot km^2)$；q_d 为除水田面积外其他地区的排涝模数，$m^3/(s \cdot km^2)$；A_w 为水田面积，km^2；A_d 为除水田面积外其他地区面积，km^2。

山丘区采用浙江省推理公式法进行产汇流计算。经分析计算，得出各山丘区不同频率的洪峰流量成果见表 4.3-4。

表 4.3-4　　　　　　　　各山丘区不同频率的洪峰流量成果

分区编号	产汇流区名称	洪峰流量/（m³/s）		
		1%	2%	5%
3	河头断面	45	39	30
4	十字路水库	118	101	80
5	郎家坪水库	86	73	58
6	山下陈水库	40	34	27
7	三圣殿水库	98	84	66
8	毛力水库	68	59	46
9	英雄水库	173	148	117

3）设计下边界（潮型）。镇海区的洪涝水主要通过沿江和沿海各闸外排，当外江潮位高于内河水位时关闸停排，因此潮型的选取合理与否将关系到排涝时间与排涝流量，也直接影响着区域内水域的滞蓄能力和水面率的大小。

镇海区在洪涝水和潮汐遭遇方面不存在明显的规律，它们两者之间没有相关性，相互独立。研究选用"19890802"潮位过程这一平均偏不利的潮位过程作为设计潮型。镇海站

"19890802" 潮位过程见表4.3-5。

表 4.3-5　　　　　　　　　　镇海站"19890802"潮位过程

时间	潮位/m	时间	潮位/m	时间	潮位/m
0：00	-0.37	9：00	2.19	17：00	0.90
1：00	-0.54	10：00	1.69	18：00	1.19
2：00	-0.24	11：00	1.40	19：00	1.29
3：00	0.46	12：00	0.90	20：00	1.45
4：00	1.15	13：00	0.36	21：00	1.29
5：00	1.63	14：00	0.00	22：00	0.90
6：00	1.99	15：00	0.05	23：00	0.43
8：00	2.43	16：00	0.48	24：00	0.08

（3）行洪排涝系统概化图。镇海河道呈网状分布，大小河道四通八达，组成纵横交错的河网水系，是典型的江南滨海平原河网水系。河道水流方向为北至南，西至东，河道格局从排涝角度看，在平面分布上主要呈现三纵三横的格局，其中南北向骨干河道自西向东分别为英雄河—庄桥河、西大河、万弓塘河，东西向骨干河道为沿山大河、浜子港、中大河；镇海的洪涝水主要通过沿海和沿江瀽浦大闸、新泓口闸、张鉴碶闸、清水浦闸外排，镇海区排水系统概化图如图4.3-2所示。

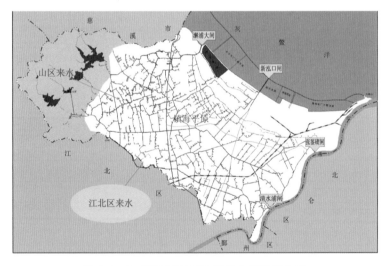

图 4.3-2　镇海区平原地区排水系统概化图

（4）行洪排涝水面率确定结构模型。对于承担行洪排涝的水域，在防洪标准、设计洪水、排涝流量和设计外边界条件确定的情况下，区域内部水域的滞蓄能力和外排能力是排除特定洪涝水量的控制因素。概化行洪排涝的合理水面率确定方法结构模型如图4.3-3所示。

（5）行洪排涝水面率研究经济模型。建立经济模型的目的是分析在满足防洪排涝标准要求的情况下，增加外排能力和增加内部滞蓄能力哪一个更经济。

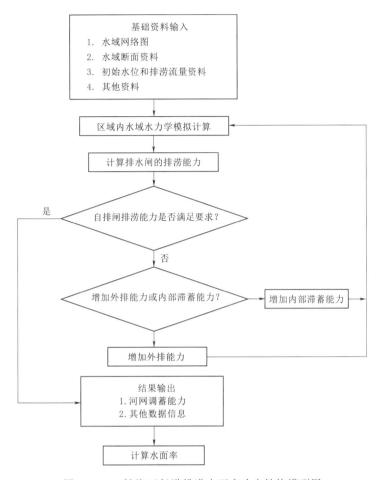

图 4.3-3　镇海区行洪排涝水面率确定结构模型图

1）增加外排能力的经济模型。外排能力增加的途径只有增加排涝闸的过流能力来实现。其相应的费用包括排涝闸工程费用、排水闸配套工程费用、与排水闸能力相配套的河道疏浚拓宽或建设工程费用、疏浚拓宽或建设工程占用土地的费用等。增加外排闸的总费用按下式计算：

$$C_{\text{out}} = C_{\text{sluice}} + C_{\text{project1}} + C_{\text{land1}} \tag{4.3-4}$$

式中：C_{out} 为增加外排闸的总费用，万元；C_{sluice} 为排水闸工程及其配套工程费用，万元；C_{project1} 为水域的疏浚拓宽或建设工程费用，万元；C_{land1} 为疏浚拓宽或建设工程占用土地的费用，万元。

因排涝闸的外排能力随外海潮位的周期性变化而变化，故本项目采用 24h 的总泄流量作为排涝站的排涝能力控制指标，进而计算单位外排能力的费用。模拟计算过程分析表明：骨干排水河道的排涝能力对排涝闸的能力发挥影响较大，其他河道的影响较小，因此经济模型构建时，疏浚拓宽或建设工程费用仅考虑与排涝闸相对应的骨干河道的疏浚拓宽费用，其他河道的费用略去。

2）增加内部滞蓄能力的经济模型。内部滞涝能力增加的途径就是增加水面率，从而增加水域的容积，增加水域的调蓄能力并减小排涝流量，满足排涝要求。其相应的工程费用包括水域滞蓄能力增加的疏浚拓宽或建设工程费用、疏浚拓宽或建设工程占用土地的费用等。

$$C_{in} = C_{project2} + C_{land2} \qquad (4.3-5)$$

式中：C_{in} 为增加内部滞蓄的总费用，万元；$C_{project2}$ 为水域的疏浚拓宽或建设工程费用；C_{land2} 为疏浚拓宽或建设工程占用土地的费用。

经分析计算，在不考虑水域承载的其他功能的情况下，从行洪排涝的角度，镇海区增加外排能力比增加内部滞蓄能力更经济。因此，从行洪排涝的角度，区域水面率的合理确定取决于区域外排涝水时河道的过流能力。

（6）行洪排涝系统模拟模型。采用 DHI 的 Mike11 建立河网一维非恒定流水流数学模型。其数学模型如下。

连续性方程：

$$\frac{\partial Z}{\partial t} + \frac{1}{B}\frac{\partial Q}{\partial x} = q \qquad (4.3-6)$$

运动方程：

$$\frac{\partial Q}{\partial t} + 2\mu\frac{\partial Q}{\partial x} + Ag\frac{\partial Z}{\partial x} = U^2\frac{\partial A}{\partial x} - g\frac{Q|Q|}{C^2 R} \qquad (4.3-7)$$

式中：$Z(x, t)$ 为断面平均水位，m；$Q(x, t)$ 为断面平均流量，$\mathrm{m^3/s}$；$A(x, t)$ 为断面面积，$\mathrm{m^2}$；$U(x, t)$ 为断面平均流速，m/s；C 为谢才系数；g 为重力加速度，$\mathrm{m/s^2}$；B 为断面平均河宽，m。

为了验证计算方法的可靠性和合理确定计算模型中的有关参数，必须对数学模型进行验证计算。本次验证的实测资料为 1984 年 6 月 12—15 日的暴雨和水位资料，这场暴雨是比较大的一场暴雨，相当于 10 年一遇。

降雨和潮位过程都采用实测过程，闸门开启根据闸门调度原则运行。经过计算，骆驼水位 6 月 14 日最大值为 2.32m，平均为 2.22m，实测最大为 2.29m，实测平均为 2.24m。

通过对模型计算结果和实测数据的分析、对照、比较可知，模拟模型的计算结果与实测结果基本一致，该模拟模型可以用于方案比较。

（7）行洪排涝水面率确定。按照上述模型，分别分析计算满足 1%、2%、5% 频率行洪排涝要求的镇海区河道外排能力和区域内部滞蓄能力，其结果见表 4.3-6。根据镇海区的平原河网的水位-水面-容积关系、不同暴雨频率的合理内部滞蓄能力估算平原河网地区的水域面积、水面率，成果见表 4.3-7。本研究推荐以 100 年一遇标准作为确定区域行洪排涝水面率的依据，因此镇海平原区行洪排涝要求水面率为 5.2%。

表 4.3-6　镇海区不同频率暴雨的外排能力和内部滞蓄能力计算成果

暴雨频率	1%	2%	5%	备注
河道外排能力/万 $\mathrm{m^3}$	5305	4438	4155	
河道滞蓄能力/万 $\mathrm{m^3}$	263	220	173	

表 4.3-7   镇海区行洪排涝河道水域的水域面积和水面率成果

暴雨频率	1%	2%	5%	备 注
河道水域面积/万 m²	868	785	650	不包括其他水域的水域面
河道水面率/%	5.2	4.7	3.9	积 6.78km²

4.3.1.3 水资源利用水面率研究

1. 兴利标准确定

（1）现行有效标准。根据镇海区生活、生产用水（含工业、农业和第三产业）的实际情况，选取镇海区城乡生活供水保证率为95%，工业用水和第三产业保证率为90%，农业灌溉用水保证率为80%。

（2）用水量零增长条件。马静、陈涛等研究发达国家用水量变化特点表明，用水量的增长具有一定的阶段性，且与社会经济发展水平、产业结构、科学技术水平密切相关。当国家或地区完成工业化任务进入后工业化阶段，产业结构已进行了重大调整，驱动经济发展的主导产业向第三产业转移时，国民经济用水进入稳定期，即进入"零增长"或"负增长"阶段。按照国际通行标准，一个国家是否实现了工业化，主要看是否达到了三个重要指标：一是农业产值占国民生产总值的比重降到15%以下，二是农业就业人数占全部就业人数的比重降到20%以下，三是城镇人口占总人口的比重上升到60%以上。

贾绍凤等研究发达国家经验表明，较高的环境保护要求是工业用水减少的宏观社会背景，产业结构升级则是工业用水实现零增长的直接原因。第二产业所占的GDP比重和就业比重的开始降低是工业用水减少的前奏，第二产业比重的明显降低——其实质是高耗水的重化工行业规模的绝对萎缩——几乎是工业用水停止增长的充分条件。根据发达国家的资料统计，工业用水减少时第二产业的GDP比重范围为30%～45%，第二产业的就业比重范围为28%～38%。

镇海区2005年三个产业结构为2.3：53.8：43.9，三个产业从业人员结构为7.3：57.3：35.4，规模以上工业的霍夫曼系数为0.532，城镇人口比例为63%。根据镇海区国民经济社会现状和未来发展规划以及国家环境保护要求，预测镇海区将在2020—2030年实现用水量零增长。

2. 计算分区

根据《浙江省水功能区、水环境功能区划分方案》（2005年4月）成果，镇海区分为十字路水库饮用水水源区、景观娱乐用水区、郎家坪水库饮用水水源区、三圣殿水库饮用水水源区、骆驼镇329国道以西镇海区河流农业及工业用水区、骆驼镇329国道以东镇海区河流农业及工业用水区等水功能区。由于十字路水库、郎家坪水库和三圣殿水库已实现联网供水，按统一单元对其需水量进行预测，包括蛟川街道、澥浦镇和九龙湖镇的生活、第三产业用水量（骆驼街道、庄市街道和招宝山街道相应的用水量由宁波管网供应）；骆驼镇329国道以西镇海区河流农业、工业用水区需水量包括对应的九龙湖镇、骆驼镇和澥浦镇的工业、农业及生态用水量；骆驼镇329国道以东镇海区河流农业、工业用水区的需水量包括对应的招宝山街道、蛟川街道、庄市街道、骆驼镇和澥浦镇的工业、农业及生态用水量。镇海区水功能区划、水环境功能区成果如图4.3-4所示。

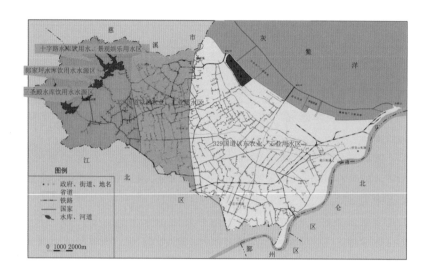

图 4.3 - 4　镇海区水功能区、水环境功能区划图

3. 基础参数分析计算

（1）平原河网水域分析统计。镇海区内河道呈网状分布，大小河道四通八达，组成纵横交错的河网水系，是典型的江南平原河网水系。全区共计 171 条大小河道，总长度为 325km，这些河道承担着行洪排涝、蓄水抗旱的任务，并且在供水、灌溉等方面起着不可替代的作用。

根据镇海区河网资料统计，镇海区 329 国道以西用水区河网正常水位为 1.06m、相应的库容为 99.52 万 m^3，汛限水位为 1.43m、相应的库容为 135.32 万 m^3；329 国道以东用水区河网正常水位 1.06m、相应的库容为 310.48 万 m^3，汛限水位为 1.43m、相应的库容为 422.18 万 m^3。不同水功能区水位-面积、水位-库容关系图如图 4.3 - 5～图 4.3 - 8 所示。

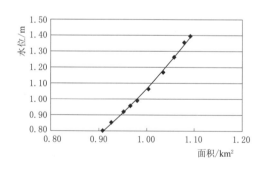

图 4.3 - 5　329 国道以西河网水位-面积关系图

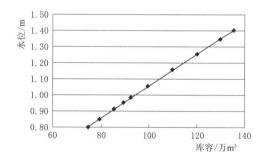

图 4.3 - 6　329 国道以西河网水位-库容关系图

（2）水资源调查评价。根据镇海区的自然地理条件、河网水系及水资源利用等情况，与需水预测分区相对应，本研究以十字路水库用水区、329 国道以西用水区和 329 国道以东用水区为基本单元进行水资源调查评价。

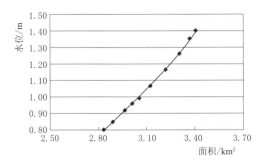

图 4.3-7 329 国道以东河网水位-面积关系图

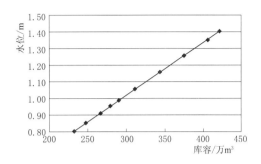

图 4.3-8 329 国道以东河网水位-库容关系图

各水功能分区的面雨量采用泰森多边形法计算,采用 1960—2000 年资料系列,得各水功能分区不同保证率的降水量成果、径流深以及地下水资源量,成果见表 4.3-8。

表 4.3-8 各水功能区不同频率降水量

水功能区	十字路水库区			329 国道以西区			329 国道以东区		
	50%	75%	90%	50%	75%	90%	50%	75%	90%
降水量/mm	1480	1370	1260	1520	1350	1220	1490	1320	1200
径流深/mm	670	540	430	672	545	423	665	543	421
地下水/万 m³	262			1891			2840		

(3)需水预测成果。现状年为 2003 年,从本项目研究目标出发,水平年选为 2020 年和 2030 年。

以生活、生产和生态用水的划分方法进行用水预测,其中农业灌溉需水量采用长系列法进行调节计算,其他需水量采用定额法进行预测,镇海区不同水平年各分区需水量预测成果见表 4.3-9。

表 4.3-9 不同水平年各分区需水量预测成果

预测分区	水平年	需水类型/万 m³			合计/万 m³
		生活用水	生产用水	生态用水	
十字路用水区	2020	1569	572	257	2398
	2030	2081	665	360	3106
329 国道以西用水区	2020	0	3132	75	3207
	2030	0	3145	102	3247
329 国道以东用水区	2020	0	4742	188	4930
	2030	0	4883	254	5137

(4)水资源利用水面率确定结构模型。概化水资源利用水面率确定结构模型如图 4.3-9 所示。

(5)水资源利用水面率模拟计算。

1)水资源系统结构图。镇海区水资源供需系统的总体情况为:十字路水库等生活用水区供水由十字路水库、郎家坪水库和三圣殿水库通过供水管网直接供给;329 国道以西

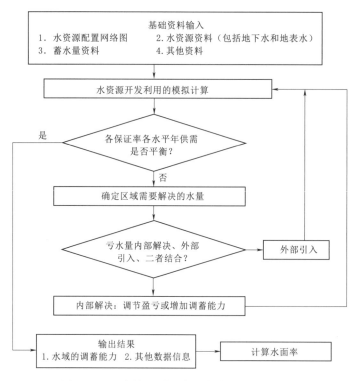

图 4.3 - 9　水资源利用水面率确定结构模型图

用水区和 329 国道以东用水区由内部河网供给,缺水时通过翻水站从姚江提水补给;其他
用水户(骆驼水厂、省部署企业等用水户)由外部引水解决。镇海区水资源开发利用网络
概化图如图 4.3 - 10 所示。

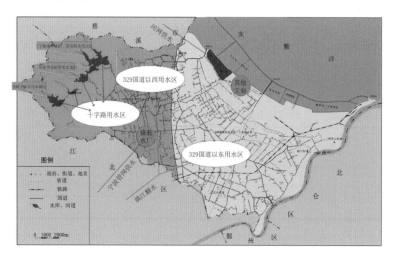

图 4.3 - 10　镇海区水资源开发利用网络概化图

2)模拟计算过程说明:第一,水资源供需平衡分析计算采用长系列(1960—2000
年)逐月供需平衡。第二,各类水源工程的调度运行方案按照现状经批准的调度运行规则

运行。第三，各类用水户的用水优先顺序为：生活用水、生产用水、生态用水。第四，计算过程中按照有关规范考虑水库及平原河网的蒸发和渗漏水量损失。

3）现状水面率情况下的模拟计算。采用 DHI 的 Mike Basin 水资源优化配置软件模拟系统的水资源运行。根据镇海区供水情况，将十字路水库等生活用水功能区的需水量概化为一个取水口（watersupply）；将另外两个用水区中的农业需水量和生态需水量概化为一个取水口（irrigation），工业需水量概化为另一取水口（watersupply）。概化后水资源网络图如图 4.3-11 所示。

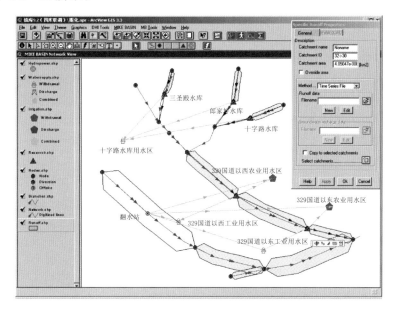

图 4.3-11 镇海区 Mike Basin 水资源网络概化图

模拟计算的调度方案为：329 国道以西、329 国道以东两个水功能区的用水次序是本功能区的现状河网水、临近功能区的现状河网水，不引外区域的水资源。将镇海区现状水面率条件下的相关资料输入软件模型，模拟系统运行，可以获得系统不同水平年的运行结果。

计算结果表明，镇海区现状年，除十字路水库生活用水功能区水资源供需平衡外，2020 年、2030 年十字路水库生活用水功能区和其他功能区各水平年水资源供需都不平衡，缺水程度有所不同。

4）各水平年缺水量的解决途径分析。解决开发区域内水资源各水功能区缺水的途径有：①开发区域内水资源增加区域内部调蓄能力或各水功能区之间水量互相调剂，即所谓内部解决；②从区域外部调水就是从整个研究区域之外引入，即所谓外部引入；③内部解决与外部引入两种方式结合。

根据《宁波市水资源综合规划》《实施引水工程解决镇海水资源短缺问题研究》和镇海区可供选用的水资源情况，经综合分析，十字路水库等生活用水功能区各水平年缺水量的解决途径为：优先考虑采用小洞岙水库的水来解决，不足部分通过宁波自来水公司供水管网延伸来解决。329 国道以西用水区和 329 国道以东用水区的缺水量解决方案：方案一，实施外区域引水，抽引姚江的水资源补充缺水量（现状调度方式）；方案二，通过增加区域内部水面率来增加河网的调蓄能力。

5）解决方案及其模拟计算结果。

方案一：十字路水库生活用水功能区，增加小洞岙水库供水后，十字路水库用水区 2020 年供水保证率为 26.8％，2030 年供水保证率更低。可以看出，增加小洞岙水库供水后，未能达到标准规定的供水保证要求，需从宁波自来水管网引水解决缺水问题，2020 年需引水 720 万 m³，2030 年需引水 1330 万 m³。329 国道以西用水区（现状调度方式），实施外区域引水，年均抽引姚江的水资源量为 400 万 m³，相应的水面率为 3.44％。329 国道以东用水区（现状调度方式），实时外区域引水，年均抽引姚江的水资源量为 350 万 m³，相应的水面率为 3.31％。

方案二：如果 329 国道以西区工业和农业缺水量完全由本区域河网解决，则本区域河网容积需从原来的 135 万 m³ 提高到 1623 万 m³，相应的水面率为 41.28％。如果 329 国道以东区工业和农业缺水量完全由本区域河网解决，则本区域河网容积需从原来的 422.18 万 m³ 提高到 2533 万 m³，相应的水面率为 19.86％。

由分析结果可以看出：方案二明显不可行。

（6）水资源利用水面率确定。根据 329 国道以西功能区和 329 国道以东功能区的水资源调度运行方式及现有工程情况，以现状调度运行方式作为确定其水面率的依据。因此，329 国道以西水功能区的水面率为 3.44％，329 国道以东水功能区的水面率为 3.31％。

4.3.1.4　水环境功能区水面率研究

理论上分析，水环境容量大小与河网水面率存在特定的联系，但由于河道水域面积分布、水面率大小等因素对河道水质参数的影响，使得水环境容量与水面率两者之间的关系十分复杂。本研究在其他条件不变、不考虑水质参数随水面率变化的情况下，探讨水环境容量与水域面积的关系。

1. 水功能和水环境功能区划

根据《浙江省水功能区、水环境功能区划分方案》（2005 年 4 月）成果，镇海区平原河网水质控制目标为Ⅲ～Ⅳ类水体，详见表 4.3-10。

表 4.3-10　　　　　　　　镇海区水功能和水环境区划

序号	水功能区名称	水环境功能区名称	范围		控制目标
			起始断面	终止断面	
1	中大河镇海工业、农业用水区	Ⅲ类水质多功能区	十字路水库大坝	骆驼镇	Ⅲ
2	中大河镇海工业、农业用水区	Ⅳ类水质多功能区	骆驼镇	甬江入口	Ⅳ
3	后大河镇海工业、农业用水区	Ⅳ类水质多功能区	河头	镇海城关	Ⅳ
4	骆驼镇 329 国道以西镇海区河流农业、工业用水区	Ⅲ类水质多功能区	骆驼镇 329 国道以西镇海区河流		Ⅲ
5	骆驼镇 329 国道以东镇海区河流农业、工业用水区	Ⅳ类水质多功能区	骆驼镇 329 国道以东镇海区河流		Ⅳ
6	十字路水库镇海区饮用水水源、景观娱乐用水区	Ⅱ类水质集中式生活饮用水水源一级保护区	十字路水库		Ⅱ

2.污染源及水质现状

镇海区河网水质总体较差，主要是富营养化严重。污染源主要来自农业污染、城镇生活和工业三个方面。农业污染以禽畜养殖业、化肥与农药流失为主。生活污染主要是由于环境基础设施建设滞后，生活污水处理设施缺乏（城关镇除外），近三分之二的生活污水直接排入了附近内河，造成河道污染。工业污染方面，尽管通过加强工业污染源的综合治理，污染物排放量已大幅度下降（大部分工业废水经处理后排入海域和甬江，排入内河的工业废水仅占总量的15%），但工业污染源因其面广、成分复杂，对局部水环境仍有一定影响。

根据镇海区河道实际情况，有关部门在控制性河道上进行了水环境监测，监测站名称、断面位置、所在河流及水功能区等见表4.3-11。

表 4.3-11　　　　　　　　　　　　水 质 断 面 监 测

序号	名称	位置	所 在 功 能 区
1	马家桥	沿山大河	骆驼镇329国道以西镇海区河流农业、工业用水区
2	俞范水厂	澥浦大河	骆驼镇329国道以西镇海区河流农业、工业用水区
3	汶溪	中大河	中大河镇海工业、农业用水区
4	贵驷	中大河	中大河镇海工业、农业用水区
5	张鉴碶	中大河	骆驼镇329国道以东镇海区河流农业、工业用水区

评价标准采用《地表水环境质量标准》（GB 3838—2002），其部分指标取值见表 4.3-12。

表 4.3-12　　　《地表水环境质量标准》（GB 3838—2002）基本项目标准限值　　　单位：mg/L

序号	项目	分 类				
		Ⅰ类	Ⅱ类	Ⅲ类	Ⅳ类	Ⅴ类
1	pH	6～9				
2	DO	7.5	6	5	3	2
3	高锰酸盐指数	2	4	6	10	15
4	COD	15	15	20	30	40
5	BOD$_5$	3	3	4	6	10
6	NH$_3$-N	0.15	0.5	1.0	1.5	2.0
7	总 N	0.2	0.5	1.0	1.5	2.0
8	总 P	0.02	0.1	0.2	0.3	0.4
9	砷	0.05	0.05	0.05	0.1	0.1
10	汞	0.00005	0.00005	0.0001	0.001	0.001
11	六价铬	0.01	0.05	0.05	0.05	0.1
12	石油类	0.05	0.05	0.05	0.5	1.0

评价方法：采用单指标评价法（最差的项目赋全权，又称一票否决法）确定水质类别。即将所评价河流断面的实测浓度值与《地表水环境质量标准》（GB 3838—2002）中Ⅰ～Ⅴ类标准相比较，低于或等于某类标准值时，即确定为该类标准，超过Ⅴ类用劣Ⅴ类表示，并以断面污染最严重因子的类别，作为该断面水质的综合类别。

根据镇海区 2000—2002 年各监测断面主要污染物监测结果（表 4.3－13～表 4.3－15）对水质进行评价，结果表明：5 个监测断面水质达标率为 0。在时间分布上，枯水季节水质较差。在空间分布上，上游监测断面的水质好于下游监测断面的水质。

表 4.3－13　2000 年河流地表水水质监测结果统计　　　　单位：mg/L

河流	测站	DO	高锰酸盐指数	BOD$_5$	氨氮	挥发酚	总氰化物	总砷	总汞	六价铬	总磷	评价结果
中大河	汶溪	6.14	5.29	4.41	1.52	0.001	0.002	0	0	0.002	0.1	V
		I	III	IV	V	I	I	I	I	I	II	
中大河	贵驷	4.39	9.67	6.73	3.787	0.002	0.002	0	0	0.002	0.324	劣 V
		III	IV	V	劣 V	I	I	I	I	I	V	
中大河	张鉴碶	6.04	10.81	5.18	3.423	0.001	0.002	0	0	0.002	0.243	劣 V
		I	V	IV	劣 V	I	I	I	I	I	IV	
沿山大河	马家桥	5.23	11.69	8.06	1.877	0.002	0.002	0	0	0.002	0.118	V
		II	V	V	V	III	I	I	I	I	III	
澥浦大河	俞范水厂	6.38	9.42	4.68	2.49	0.004	0.002	0	0	0.002	0.166	劣 V
		I	IV	IV	劣 V	III	I	I	I	I	III	

表 4.3－14　2001 年河流地表水水质监测结果统计　　　　单位：mg/L

河流	测站	DO	高锰酸盐指数	BOD$_5$	氨氮	挥发酚	总氰化物	总砷	总汞	六价铬	总磷	评价结果
中大河	汶溪	6.38	4.66	3.69	0.49	0.001	0.003	0	0.00002	0.005	0.122	IV
		I	III	III	II	I	I	I	I	I	III	
中大河	贵驷	5.68	9.14	6.23	2.24	0.002	0.005	0	0.00002	0.007	0.338	劣 V
		II	IV	V	劣 V	I	I	I	I	I	V	
中大河	张鉴碶	9.37	8.88	6.37	4.495	0.002	0.006	0	0.00002	0.018	0.317	劣 V
		I	IV	V	劣 V	I	II	I	I	II	V	
沿山大河	马家桥	4.35	7.27	5.85	1.797	0.001	0.002	0	0.00002	0.004	0.15	V
		III	IV	IV	V	I	I	I	I	I	III	
澥浦大河	俞范水厂	7.63	7.52	4.31	1.265	0.002	0.002	0	0.00002	0.004	0.166	IV
		I	IV	IV	IV	I	I	I	I	I	III	

表 4.3－15　2002 年河流地表水水质监测结果统计　　　　单位：mg/L

河流	测站	DO	高锰酸盐指数	BOD$_5$	氨氮	挥发酚	总氰化物	总砷	总汞	六价铬	总磷	评价结果
中大河	汶溪	6.28	4.17	2.6	0.73	0.001	0.002	0	<0.00005	<0.004	0.132	III
		I	III	I	III	I	I	I	I	I	III	
中大河	贵驷	3.1	9.24	5.79	4.353	0.002	0.003	0	<0.00005	<0.004	0.413	劣 V
		III	IV	IV	劣 V	I	I	I	I	I	劣 V	

河流	测站	DO	高锰酸盐指数	BOD₅	氨氮	挥发酚	总氰化物	总砷	总汞	六价铬	总磷	评价结果
中大河	张鉴碶	4.63	8.44	4.01	5.157	0.001	0.004	0	<0.00005	<0.004	0.473	劣Ⅴ
		Ⅲ	Ⅳ	Ⅳ	劣Ⅴ	Ⅰ	Ⅰ	Ⅰ	Ⅰ	Ⅰ	劣Ⅴ	
沿山大河	马家桥	2.23	11.05	14.52	2.828	0.001	0.002	0	<0.00005	<0.004	0.286	劣Ⅴ
		Ⅳ	Ⅴ	劣Ⅴ	劣Ⅴ	Ⅰ	Ⅰ	Ⅰ	Ⅰ	Ⅰ	Ⅳ	
澥浦大河	俞范水厂	5.75	8.01	5.25	2.525	0.001	0.002	0	<0.00005	<0.004	0.272	劣Ⅴ
		Ⅱ	Ⅳ	Ⅳ	劣Ⅴ	Ⅰ	Ⅰ	Ⅰ	Ⅰ	Ⅰ	Ⅳ	

3. 水环境容量与水面率

要使河道水质达到水功能和水环境区划要求,可以通过多种途径改善水质,其中包括引水、截污和增加河网容积等,本次主要讨论在现有排污条件下增加河网容积对水质的影响,据此推荐相应的水面率。

(1) 计算方法。根据研究区的特点,本研究采用箱子模型分析镇海区的水环境容量。箱子模型原理是将镇海整个河网或者将整个河网按照水功能区划的要求分成几个区块,整个河网或者每个区块箱体当作混合均匀的箱体,考虑污水的输入、降雨、相邻水域的来水作为输入量,而在内河总容积 V 的混合及降解以后输出,即得到物质守恒的方程:

$$Q_{in}C_{in} + PC_P - KVC - Q_{out}C_{out} = \frac{d(VC)}{dt} \tag{4.3-8}$$

式中:K 为降解系数;P 为降雨量;C_P 为降雨有机物浓度;C_{in} 为入流浓度;Q_{in} 为入流流量;C_{out} 为出流浓度;Q_{out} 为出流流量;C 为任一时刻充分混合的物质浓度;V 为河网或者箱体容积。

箱体模型原理示意图如图 4.3-12 所示。

(2) 模型验证。采用 2002 年 1—4 月、11—12 月等 6 个枯水月份的水文、水质资

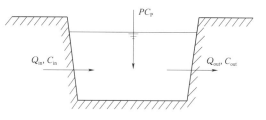

图 4.3-12 箱体模型原理示意图

料率定水质参数,以高锰酸盐指数为指标。经过分析计算,综合降解系数 k 取值为 0.05/d。计算结果与实测值(同期 5 个监测断面平均值)比较见表 4.3-16,结果表明:模型计算结果与实测值吻合较好,除 1 月、2 月误差稍大以外,其余几个月较小,认为模型可以用于分析计算。

表 4.3-16   **模型验证计算值与实测值对比**

时间	降解系数 k /(1/d)	计算高锰酸盐指数值 /(mg/L)	实测高锰酸盐指数值 /(mg/L)	误差 /%
2002 年 1—2 月		12.98	14.93	13.1
2002 年 3—4 月	0.05	7.41	7.77	4.6
2002 年 11—12 月		8.33	8.32	0.1

（3）现状河道环境容量计算。在一定的环境目标下，河网所能承担外加的某种（类）污染物的最大允许负荷量，称为该污染物在这一河网的环境容量。计算公式为

$$R = 86.4 \left[Q(C_s - C_0) + qC_s + kVC_s \right] \qquad (4.3-9)$$

式中：R 为环境容量，kg/d；Q 为入流初始断面的流量，m^3/s；q 为河道旁侧入流流量，m^3/s；C_s 为功能区相应的水质目标值，mg/L；C_0 为入流初始断面的浓度，mg/L；V 为河道总容积，m^3；k 为综合降解系数，1/d。

计算时，按照水功能水环境功能区划，将镇海平原河网概化后，分为 329 国道以西和 329 国道以东两个区域。其中 Q 的取值：329 国道以西河网 Q 值为枯水期上游的山区和江北区来水流量，即为 0，329 国道以东河网 Q 值由于上游 329 国道以西河网通过以东河网排水，即为 329 国道以西河网的排水流量；q 的取值分别为各自区域降雨径流和污水的入河流量。分区域环境容量值见表 4.3-17。同时为了研究水面率与环境容量的关系，分别对两区域不同水面率下的环境容量值进行计算，绘成图如图 4.3-13 所示。

表 4.3-17　　　　　　　　　不同功能区环境容量值

水功能（水环境）区	现状水面率 /%	高锰酸盐指数环境容量 /(kg/d)	现状排放量 /(kg/d)	需削减量 /(kg/d)
329 国道以西	3.44	821	1359	538
329 国道以东	3.31	4505	4731	226

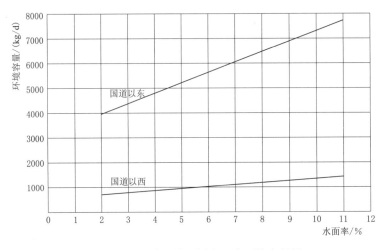

图 4.3-13　分区域不同水面率环境容量图

由图 4.3-13 可以看出：第一，两个区域对比分析，329 国道以西计算分区的水环境容量对水面率变化的敏感性相对较低，329 国道以东区域计算分区的水环境容量对水面率变化的敏感性相对较高。第二，从两个计算分区的水域、土地开发利用现状分析，研究区域内不可能为提高水环境容量而增加更多的水域面积，而应该在现状水环境容量情况下，控制点源和面源污染物入河量，从而使河道水质达到水环境功能区划的要求。

（4）现状排放条件下的水面率。①水文条件：根据镇海骆驼桥雨量站 1962—2002 年枯水期（即 11 月、12 月、1 月、2 月）降雨资料统计分析，枯水期月平均降雨量为

66mm；同时根据骆驼水位站水位资料，90%保证率镇海平原河网枯水位为0.96m。②污水量：统计2002年的排污资料，排入镇海河网内河的污水排放量为3.53万 m³/d，高锰酸盐指数排放量为6090kg/d，以下计算和分析均以该数据为基础。

根据水功能水环境功能区划，329国道以西河道和329国道以东河道水质高锰酸盐指数的控制目标分别为6.0mg/L和10.0mg/L，详见表4.3-18。

表4.3-18　　　　　　　　　不同功能区水质达标情况下的水面率

区域	分区域水面率 /%	河网水量 /万 m³	水功能水环境 功能区划目标	目标高锰酸盐指数值 /(mg/L)
329国道以西河道	10.20	272	Ⅲ	6.0
329国道以东河道	3.87	323	Ⅳ	10.0

根据表4.3-18分析可知，在现有排污条件下，要使河网水质高锰酸盐指数达到水功能区水环境功能区划目标要求，镇海平原疏浚整治后，329国道以西水面率应由3.44%扩大至10.20%，329国道以东水面率应由3.31%扩大至3.87%。

4. 水环境功能区水质达标优化方案

（1）水质达标结构模型。对于特定平原河网地区，在水功能区和水环境功能区目标一定的情况，水质达标结构模型如图4.3-14所示。

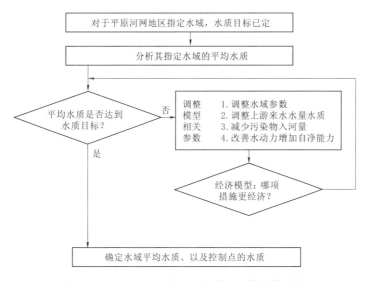

图4.3-14　平原河网地区水质达标结构模型图

（2）水质达标数学模型。以水功能区（水环境功能区）确定的水质目标为标准，以调整水面率、截污减少污染物入河量、调整上游来水水量水、改善水动力条件增加自净能力为措施，以经济投入最小化为目标，构建平原河网地区现状水域状况、现状污染物排放、水质达标条件下水质达标的数学模型和经济模型。其中有两个假设：①平原河网内水域的综合降解系数一致，不受时间、空间变化影响；②水环境容量资源均匀分布于水体中，不受时间、空间限制；③排污口沿河岸均匀分布，排污方式为连续排放，排放强度一致。

1）目标函数。将整个平原河网或将整个河网按照水功能区划的要求分成几个区块，整个河网或者每个区块当作混合均匀的箱体，考虑污水的输入、降雨、相邻水域的来水作为输入量，而在内河总容积 V 的混合及降解以后输出，则本研究数学模型目标函数是使河网或研究区块充分混合后的污染物浓度达到水质目标的系统经济投入最小，即

当 $C = \dfrac{Q_{in}C_{in} + q_d C_{qd} + q_m C_{qm} - Q_{out}C_{out}}{kV} = C_S$ 时，

$$\min F = \min f(Q_{in}、C_{in}、q_d、C_{qd}、q_m、C_{qm}、V) \qquad (4.3-10)$$

式中：C 为河网或研究区块充分混合后的污染物浓度；C_S 为水质标准；V 为水体体积；k 为综合降解系数；C_{in} 为河网或研究区块外进入该研究区域的入流浓度；Q_{in} 为河网或研究区块外进入该研究区域的入流流量；q_d 为河网或研究区块内点源的入流浓度；C_{qd} 为河网或研究区块内点源的入流流量；q_m 为河网或研究区块内面源的入流浓度；C_{qm} 为河网或研究区块内面源的入流流量；C_{out} 为从河网或研究区块流出的水体浓度；Q_{out} 为从河网或研究区块流出的水体流量；$f(Q_{in}、C_{in}、q_d、C_{qd}、q_m、C_{qm}、V)$ 为使河网或研究区块水质达标的经济投入。

2）约束条件。

约束 1：河网或研究区块外进入该研究区域的入流流量小于等于设计条件下最大可利用水体流量，即

$$Q_{in} \leqslant Q_{maxin}$$

式中：Q_{maxin} 为设计条件下最大可利用水体流量。

约束 2：河网或研究区块内点源的入流流量小于等于其最大入流流量，即

$$q_d \leqslant q_{maxd}$$

式中：q_{maxd} 为河网或研究区块内点源的最大入流流量。

约束 3：河网或研究区块内面源的入流流量小于等于其最大入流流量，即

$$q_m \leqslant q_{maxm}$$

式中：q_{maxm} 为河网或研究区块内面源的最大入流流量。

3）经济模型。

a）点污染源削减经济模型。点污染源削减工程相关费用包括污水收集工程费用、污水处理工程费用、污水处理运行费用、工业产业升级改造费用、其他费用等。

$$COST_d = C_{GW} + C_{WC} + C_{WY} + C_{GG} + C_{QT1} \qquad (4.3-11)$$

式中：$COST_d$ 为点污染源削减工程相关费用；C_{GW} 为污水收集工程费用；C_{WC} 为污水处理工程费用；C_{WY} 为污水处理运行费用；C_{GG} 为工业产业升级改造费用；C_{QT1} 为点污染源削减工程其他费用。

b）面污染源削减经济模型。面污染源削减工程相关费用包括清洁种植工程费用、养殖业废弃物资源化利用工程费用、水产清洁养殖工程费用、乡村清洁工程费用等。

$$COST_m = C_{QZ} + C_{YZ} + C_{SY} + C_{XQ} + C_{QT2} \qquad (4.3-12)$$

式中：$COST_m$ 为面污染源削减工程相关费用；C_{QZ} 为清洁种植工程费用；C_{YZ} 为养殖业废弃物资源化利用工程费用；C_{SY} 为水产清洁养殖工程费用；C_{XQ} 为乡村清洁工程费用；C_{Q12} 为面污染源削减工程其他费用。

c）增加蓄水能力经济模型。增加蓄水能力就是增加区域水域容积，同时也增加了水域面积。其相应工程费用包括水域疏浚拓宽与建设工程费用、工程占用土地费用等。

$$COST_{in} = C_{SY} + C_{LAND} + C_{QT3} \tag{4.3-13}$$

式中：$COST_{in}$ 为增加蓄水能力相关费用；C_{SY} 为水域的疏浚拓宽与建设工程费用；C_{LAND} 为疏浚拓宽或建设工程占用土地的费用；C_{QT3} 为增加蓄水能力工程其他费用。

d）外流域调水经济模型。外流域调水工程相关费用包括工程疏浚拓宽与建设工程费用、工程占用土地费用、工程运行管理费用等。

$$COST_{WD} = C_{TJ} + C_{LAND} + C_{GG} + C_{QT4} \tag{4.3-14}$$

式中：$COST_{WD}$ 为外流域调水工程相关费用；C_{TJ} 为工程疏浚拓宽与建设工程费用；C_{LAND} 为工程占用土地费用；C_{GG} 为工程运行管理费用；C_{QT4} 为外流域调水工程其他费用。

（3）水环境功能区水质达标方案。以镇海区水域现状和排污现状为基础，利用上述模型分析优化水质达标方案。根据中国国际工程咨询公司《太湖流域水环境综合整治总体方案》（征求意见稿）（2007 年 11 月），利用工业和城镇生活等点污染物预案、农村生活和农业面源等面污染物减排相关费用标准，经分析计算可以得出以下结论：①无论是治理指标高锰酸盐指数还是治理指标 NH_3-N，削减面污染源比削减点污染源更经济一些。②当征用土地价格较低（小于 20 万元/亩时），增加水域面积使水质达标比削减点、面污染源相对更经济。随着土地征用相关费用的增加，通过增加水域面积使水质达标越来越不经济，当土地征用相关费用达到 120 万元/亩时，削减点、面污染源相对更经济。③水质目标越高，总投入量越大。④在同样条件下，削减单位数量高锰酸盐指数的投入远小于削减单位数量 NH_3-N 的投入。

4.3.1.5　城镇水景观水面率研究

1. 城镇化进程对城镇水域的影响

城镇水域的类型主要有河流、湖泊、湿地等，它在城镇水生态系统中起着联结本系统和其他系统及联结水生态系统内部各成分的重要作用；城镇水域可以丰富城镇景观，并通过水汽平衡改善城镇周围局地气候，提高居民安逸舒适的感觉；湿地的景观旅游功能在城镇规划中日益得到重视。

在城镇化的进程中，两个方面的问题值得关注：一方面，通过填埋水域增加土地资源的现象在各地区不同程度地存在，导致水域功能降低甚至丧失，造成一系列的生态环境问题；另一方面，随着居民生活水平的提高，人们对改善居住环境，选择临水而居的要求和愿望越来越高，水景房的价格不断攀升。

这里重点研究探讨城镇化后如何协调居民对土地需求和对水域需求之间矛盾，提出城镇景观要求水面率。

2. 城镇居民对水景观（水域）需求的相关调查

本研究通过网络问卷调查以及实地问卷调查的方式，获取了城镇居民对水景观（水域）需求，特别是对居住小区的水景观休闲娱乐环境的需求状况。

（1）网络调查。实际参与调查的人数为 780 人，经数据整理后，得出如下结果：①居民购买房产的首要因素调查，居民在购房时对休闲环境考虑最多（占 29.49%），地段、交通因素紧随其后。②购房时休闲环境的首选因素调查，人们对休闲环境首选为水体景观和陆地景观，均占 29.49%。③城镇居民水景观价格差异承受程度调查，统计表明，人们在购房时可以承受同一房产小区因水景景观休闲娱乐环境的超出价格（超出平均价格）平均值为 9.68%，最大的为 30%，最小为 1%。可以看出，在高出普通房价的 10% 内，居民一般会选择邻水景的住房。④影响房产的价格因素调查，主要为土地价格，其他有房产公共配套设施、房产周边环境状况、房产质量、房产区域生活、人文环境等。⑤相同地段不同楼盘的房产价格影响因素调查，主要影响因素有 3 个，分别是户型结构、绿化率及小区景观规划。⑥同一楼盘房产价格的影响因素调查，对于相同地段不同楼盘房产价格的影响因素，选择户型结构的人数最多，而选择"与小区景观规划距离"的人数约占 17.88%。⑦小区景观对房产价格的影响调查，选绿地的占 44.37%，选水体的占 28.17%。⑧房产品质影响因素调查，选邻水景的 10%，邻绿地的 12.5%，邻景观的 8.61%。

（2）实地问卷调查。问卷调查在镇海区采取面晤的方式进行，调查对象主要是镇海招宝山街道、骆驼街道的具有固定收入的居民。共发放问卷调查表 42 份，返回率 100%。

统计结果表明：在所调查的人群中，36 人现有住房周围无水景；40 人希望住房周围有水体景观，占所调查人数的 95% 以上。这一调查结果与网络问卷调查所得结论基本一致，随着城镇居民生活水平的日益提高，人们对生活品质与生活环境的追求呈逐年上升的趋势。

在购房时考虑最多因素的选择上，20 人选择了休闲环境（水体、绿地）一项，占所调查的人数的 47.62%，其中：中老年人 11 人，选择率为 100%，说明中老年人在对住宅周边休闲环境的需求是最强烈的。11 人选择了地段，8 人选择了交通，3 人选择了其他因素，结果分析与网络调查所得结论也基本吻合，选择地段交通的人群多为 20～30 岁的上班族，出于生活和工作方便的考虑，希望住房位于交通便利的地段。

关于购买具有水景的房产愿意承受因水景而超出价格（平均价格）的比例一项，将调查数据进行统计分析。分析结果表明最大支付比例意愿（P）的中位数为小于 8%、均值为小于 7.5%、误差为小于 $\pm 2.3\%$。

分析个人因素对支付意愿的影响。个人因素包括性别、年龄、文化程度、收入和职业。通过相关性分析发现，个人因素与支付意愿的相关性系数都较小，个人因素对公众的支付意愿产生的影响不明显。

3. 房地产价格影响因素研究

影响房价的主要因素为土地价格，因此有必要对土地价格与房产价格关系进行分析。

（1）地价占房价的比例分析。据统计，我国各城市土地成本占房价的比例，在市中心地区，低的为 25%～30%，高的为 35%～50%，平均为 30%～40%。图 4.3-15❶ 显示了北京、上海、广州、杭州四大城市从 2001 年至 2004 年的地价占房价的比重趋势，从这些数据可以看出，地价占房价的比重是比较大的，地价的上涨不可避免地会影响到房价的

---

❶　数据来源于国土资源部《2003 年度我国重点地区和主要城市地价动态监测报告》和《2004 年度我国重点地区和主要城市地价动态监测报告》。

构成变化。

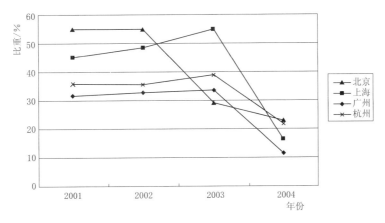

图 4.3-15 全国四大城市地价占房价比重图

（2）城镇水景观（水域）对土地价格的影响分析。本研究主要是关注水景观因素对地产价格的影响，选用的评价因素为用地性质、容积率、物价指数（拍卖时间）、离水景距离。研究中基于数据的可收集性和完整性，选择杭州市的部分地块和楼盘作为研究对象（因为镇海区数据太少无法分析其规律）。研究期间，收集了杭州市 2002 年度、2004年度基准地价标准和杭州市 2002—2005 年期间拍卖的土地资料统计数据❶。

1）地价影响因素相关性分析。对杭州市 2002—2005 年期间拍卖的土地资料统计数据进行筛选处理，以靠近钱塘江的住宅、商业地块为例，以单位土地交易价格为评价指标，对五个因素（交易时间、容积率、用地性质、土地等级、靠水距离）选用正交表进行方差分析。结果表明对地价有影响的主要为交易时间和用地性质。因此先排除这两个因素的影响。

调整筛选数据，交易时间选择 2004 年，用地性质选择住宅用地，继续对其他三因素选用正交表进行方差分析。结果表明：在交易年份、用地性质一定的条件下，土地等级对交易价格的影响最为显著，离水景距离远近对交易价格的影响较为显著。

再对现有数据进行调整，在保持交易年份用地性质一定的前提下，选择土地等级为Ⅵ的地块继续进行方差分析。结果表明：离水景观距离的远近对交易价格有显著的影响。在交易年份、用地性质、土地等级一定的前提下，离水景观越近，其交易的价格越高。

可见，水景观是影响土地价格重要因素之一。在一个给定的区块，同一年份交易情况下，离水景观的远近明显决定着价格的走势和人们购买的倾向。

2）水景观对地块价格的影响分析。为分析水景观因素对地价的影响指数需要排除时间因子、土地等级的作用和影响。为此选取 2004 年为基准年、Ⅳ类地为基准土地等级，将其他年份、其他等级的地价全部转化为 2004 年、Ⅳ类地的地价。表 4.3-19 列出了将各年的地价通过计算转化后的相关信息统计分析成果。

根据表 4.3-19 可得出图 4.3-16 和图 4.3-17。从图 4.3-16 可以看出土地价格与临水距离之间存在很明显的相关关系，图 4.3-17 表明地价随着临水距离增长总体趋势是下降的。

---

❶ 数据来源包括《杭州市统计年鉴》，杭州市国土资源局网（http://www.hzland.com）。

表 4.3-19　　　　　　　　临钱塘江地块相关信息统计分析成果

地块号	面积 /m²	成交价格 /万元	容积率	用地性质	等级	靠江距离 /m	基准地价 /(元/m²)	基准楼价 /(元/m²)
[2005] 6 号	86406	94000	2.8	住宅	Ⅵ	1550	9028	3224
[2005] 12 号	65996	78190	2.8	住宅	Ⅴ	560	9463	3380
[2004] 13 号	39631	25288	2.2	住宅	Ⅵ	1450	6381	2900
[2003] 52 号	107409	77335	3.0	住宅	Ⅵ	1270	8655	2885
[2003] 53 号	91172	59050	2.5	住宅	Ⅵ	1230	7785	3114
[2003] 39 号	55036	63888	3.0	住宅	Ⅳ	700	13141	4380
[2003] 14 号	69646	70168	3.0	住宅	Ⅳ	530	11405	3802
[2003] 18 号	90419	94888	2.5	住宅	Ⅳ	500	11880	4752
[2003] 21 号	59281	42800	2.8	住宅	Ⅵ	1270	8678	3099
[2003] 22 号	74722	53980	2.8	住宅	Ⅵ	1320	8683	3101
[2003] 23 号	86406	61800	2.8	住宅	Ⅵ	1380	8597	3070
[2003] 24 号	58688	63680	3.5	住宅	Ⅴ	300	13585	3881
[2003] 25 号	52300	50818	3.5	住宅	Ⅴ	400	12165	3476
[2003] 36 号	59152	52053	2.5	住宅	Ⅳ	530	11264	4506

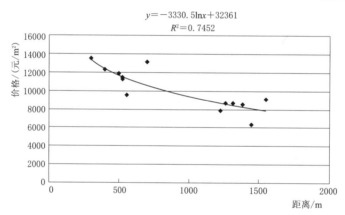

图 4.3-16　基准地价与临钱塘江距离关系图

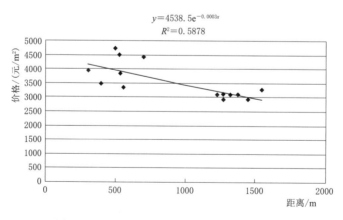

图 4.3-17　基准楼价与临钱塘江距离关系图

根据表 4.3-20 的数据，绘制基准地价、基准楼价与临水距离的关系图 4.3-18 和图 4.3-19。尽管图中数据比较散，但是可以大致看出随着距离的增长，土地和楼面价格下降的趋势。

表 4.3-20　　　　　　　　临小河地块相关信息统计分析

地块号	面积 /m²	成交价格 /万元	容积率	等级	靠水景观	距离	基准地价 /(元/m²)	基准楼价 /(元/m²)
[2005] 10 号	29617	29233	1.2	Ⅵ	小河	100	19049	15874
[2005] 11 号	34465	38089	2.2	Ⅴ	小河	150	12433	5651
[2005] 20 号	29823	27544	2.0	Ⅴ	小河	200	10390	5195
[2005] 21 号	33514	30953	2.0	Ⅴ	小河	100	10390	5195
[2005] 24 号	64228	112418	2.45	Ⅳ	小河	260	15462	6311
[2004] 64 号	5960	2728	1.5	Ⅵ	小河	350	10645	7096
[2004] 65 号	47905	28158	2.0	Ⅵ	小河	150	13670	6835
[2004] 49 号	20582	27190	2.35	Ⅳ	小河	550	13211	5622
[2004] 51 号	4323	3080	2.2	Ⅳ	小河	535	7125	3239
[2004] 32 号	78397	43266	2.3	Ⅳ	小河	260	5519	2399
[2003] 38 号	20833	19180	2.1	Ⅳ	小河	370	10422	4963
[2003] 17 号	44515	58070	2.5	Ⅲ	小河	480	10594	4238
[2003] 12 号	94446	105500	2.5	Ⅳ	小河	300	12645	5058
[2002] 19 号	17106	8501	1.6	Ⅳ	小河	370	6361	3976

$$y=-2384.4\ln x+17378$$
$$R^2=0.3119$$

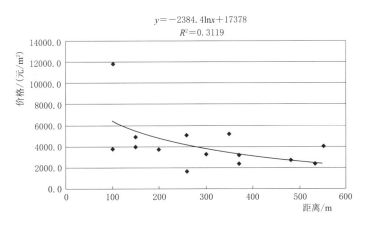

图 4.3-18　基准地价与临小河距离关系图

为分析不同水景观对土地价格的影响，根据杭州市近几年拍卖的住宅用地价格计算出不同水景观的土地平均价格进行比较。由单位地价可以看出：西湖作为杭州旅游的金字招牌，以其独特的文化底蕴吸引着全世界的人们，因此，它对其周边地价的抬升作用非常显著；钱塘江是浙江人民的母亲河，钱江沿岸的自然风光又是无比的秀丽，随着江景房的走俏，沿江地块的价格也就顺势上涨；至于临小河地块（表 4.3-20），由于水质水量等得

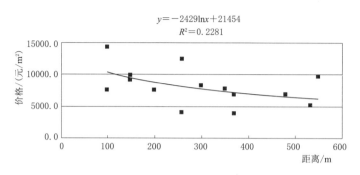

$$y=-2429\ln x+21454$$
$$R^2=0.2281$$

图 4.3-19　基准楼价与临小河距离关系图

不到充分的保证，水景观对地价的影响幅度相对较低。而楼面地价一列，钱塘江和小河的数据基本拉近，原因之一是容积率的影响，沿钱塘江两岸许多住宅楼都是高层建筑（平均容积率 2.63），而靠小河的住宅房以多层居多（平均容积率 2.05）。

（3）相关结论。通过对地价影响因素的主次分析，可以看出靠水景观类型对地价的影响比靠水距离的影响更显著，这也是人们对水景观消费意愿因水景而异的直接反映。水景观的知名度、水域面积、水系历史、水质水量等都不同程度地影响着人们的消费意向。

从钱塘江岸地块地价与临江距离 0.86 的相关系数到小河边地块与临水距离 0.56 的相关系数，说明地价与靠水景观、靠水景观距离有着密切关系，尤其大的水体景观对地价的抬升作用更是显著。这一点也可在随后的不同靠水景观土地均价分析中得到验证。就杭州市的土地均价比较来看，西湖对其周边房产地价的抬升作用最为显著，其次是钱塘江，再者是小河。

从数据分析结果来看，无论钱塘江岸地块，还是临小河地块，地价与靠水距离的相关系数都比楼价与靠水距离相关系数高。说明大的水系景观对土地价格的影响不能直接等同于对楼面价格的影响。水景观抬升的消费额度也会因开发容积率不同等原因而在最终房产成本结构中发生变化。

4. 水面率与土地开发收益关系分析

选择杭州市典型住宅楼盘进行房价和水面率资料收集，其中水面率数据资料来自实地调查和楼盘规划总图测量。由于楼盘地理位置不同、出售时间不同，不具备可比性。因此，需要对楼盘价格作时间和地理位置调整。

（1）时间调整。对于价格时间的调整，选定基准年为 2004 年，统一把各个楼盘数据调整到 2004 年，楼盘价格的年增长幅度按照新华网公布的 2004 年杭州住宅价格上涨幅度。

（2）地块级别调整。由于楼盘所在地块级别的不同，对楼盘价格影响加大，因此也需要统一标准。按照杭州市 2004 年市区住宅用地地价表，对楼盘价格进行调整。通过杭州市土地等级图，对比查询可得各个楼盘的地块等级。按Ⅳ类地块为基准，对各个楼盘的价格根据相关数据进行调整。

调整后得到的可比数据见表 4.3-21。

表 4.3-21   时间地块标准统一后杭州市典型住宅楼盘资料

楼盘	水面率/%	调后均价/(元/m²)	楼盘	水面率/%	调后均价/(元/m²)
秋水苑	4.11	8690	西鉴枫景	6.49	9090
山水人家	5.86	8990	国都·崇文公寓	0	7646
黄龙世纪苑	0.50	7672	景城花园	2.41	8060
西湖新城	1.45	8315	雅仕苑	1.07	8450
西溪,紫金庭园	3.13	8690	名仕家园	2.52	8830
世贸丽晶城	3.65	8355	黄龙雅苑	5.55	8815
城市心境	3.51	8790	兴财·名都苑	2.35	8520
天元·西溪锋尚	4.00	8462	华海园	2.48	8800

根据表 4.3-21,运用 Excel 软件做出散点图和趋势线,如图 4.3-20 所示。

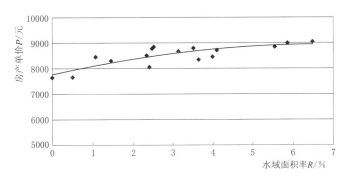

图 4.3-20   水面率 R 与房产单价 P 关系图

对散点做回归分析,选取多项式趋势线,可得出水面率 R 与房产单价 P 的关系式:

$$P = -259000R^2 + 34900R + 7770 \qquad (4.3-15)$$

该拟合方程复相关指数为 0.68,F 检验数为 13.99,显著性检验结果表明,相关关系为极显著。

扣除税收后,单位土地面积开发收益 P_S 为

$$P_S = PS_C(1-\delta) = (-259000R^2 + 34900R + 7770)S_C(1-\delta) \qquad (4.3-16)$$

则 $P_S = -489800R^2 + 66000R + 14680$,令 $\mathrm{d}P_S/\mathrm{d}R = 0$,那么 $R = 0.0674 = 6.74\%$。其中,P_S 为单位土地面积开发收益;S_C 为单位土地面积的房屋建筑面积,$S_C = AS_L$;S_L 为土地面积,本研究取单位土地面积,即 $S_L = 1$;A 为容积率;δ 为税收系数。

因此,当城镇建筑小区内水面率为 6.74% 时,水景观作用发挥充分,该建筑小区土地开发收益最大。

5. 水面率与土地开发利润关系分析

一般情况下,较大的水面率有较多的水景观,可以提高该土地的使用价值,而随着水景观面积的增加,水景观建设费用也会增加。由于土地的容积率要求,当水面率增加到一定程度时会导致建筑层数的增加,从而增加房屋建筑安装成本;同时水景观的建设费用也

不断增大。因此，研究探讨土地开发利润最大的水域面积率对土地开发利用来说更有实际意义。

（1）单位土地面积开发成本。土地开发成本包括土地价格 C_L、建安成本 C_J、借款利息成本 C_r、其他成本 C_0（包括配套费、勘查设计费、管理费、人防费、销售费用等），其计算方法这里从略。

经分析计算，单位土地面积总开发成本 C_T 为

$$C_T = C_L + C_J + C_r + C_0 = -10200R^2 + 1600R + 16113 \qquad (4.3-17)$$

（2）水面率与土地开发利润关系。单位土地面积开发利润等于其开发收益减去开发成本，即单位土地面积开发利润＝单位土地面积开发收益－单位土地面积开发成本，其计算公式为

$$P_f = P_S - C_T = -479600R^2 + 64400R - 1433 \qquad (4.3-18)$$

式中：P_f 为单位土地面积开发利润；其他符号意义同前。

根据式（4.3-18）绘制图 4.3-21。

求解方程

$$\frac{dP_f}{dR} = \frac{d(-479600R^2 + 64400R - 1433)}{dR} = 0 \qquad (4.3-19)$$

得出 $R = 0.0671 = 6.71\%$。

所以，当城镇建筑小区内水域面积率为 6.71% 时，水景观作用发挥充分，该土地开发利润最大。

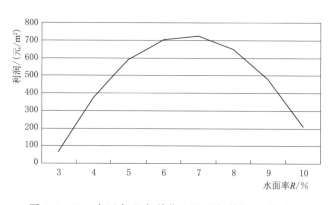

图 4.3-21　水面率 R 与单位土地开发利润 P_f 关系图

6. 城镇水景观水面率研究结论

调查统计表明，城镇内维持一定的水面率可以提高城镇的环境质量和品位，消费者在其承受程度范围内可以支付由此而增加的房价，从而提高该土地面积的开发收益和开发利润；当水域面积增加到一定程度时，继续增加水域面积，在土地容积率的控制下，会导致建筑层数的增加，从而增加建筑安装成本，同时水景观建设费用也会增加，进而导致该土地面积开发收益和开发利润的降低。从图 4.3-21 的曲线可以明显看出，当水面率较大或较小均不合适，它有一个适宜的取值范围。利用项目组取得的杭州市资料统计分析表明：当水面率为 6.74% 时，可以实现单位土地面积开发收益和利润的最大化。

由于本章研究采用调查统计方法，其研究结论与基础资料的关系密切，因此本研究的结论尚需在其他城镇验证检验。

4.3.1.6 基本水面率确定

1. 计算分区基本水面率确定

根据水域的行洪排涝、水资源利用、水环境、水景观功能要求水面率的外包线来确定区域的基本水面率。确定过程中要注意以下两个方面：

（1）城镇河道水域和农村河道水域承载的功能不同。城镇河道水域功能包括行洪排涝、水资源利用、水环境、水景观功能，其基本水面率由该四项功能水面率的并集求得；农村河道水域的功能包括行洪排涝、水资源利用、水环境功能，其基本水面率由该三项功能水面率的并集求得。

（2）从水环境容量的角度，在其他条件一定的情况下，水面率越大，水环境容量越大，对改善环境越有利。这里需要从两个方面考虑：对于污染源有外排条件的，其水环境要求的水面率仅作为一项参考指标；对于污染源无外排条件的，可以结合其他功能需求，通过适当增加水面率来提高环境容量，更主要的是通过削减污染物排放量的途径来解决。

计算如下：

$$R_{农村} = R_{行洪除涝} \bigcup R_{水资源利用} \qquad (4.3-20)$$

$$R_{城镇} = R_{行洪排涝} \bigcup R_{水资源利用} \bigcup R_{水景观} \qquad (4.3-21)$$

式中：$R_{农村}$ 为农村基本水面率；$R_{城镇}$ 为城镇基本水面率；$R_{行洪排涝}$ 为满足行洪排涝要求水面率；$R_{水资源利用}$ 为满足水资源利用要求水面率；$R_{水景观}$ 为满足水景观要求的水面率❶。

经上述分析，镇海区基本水面率计算成果见表 4.3-22。

表 4.3-22 计算分区基本水面率成果表

功能区名称	计算分区面积 /km²	基本水面率/%			备 注
		城镇	乡村	综合	
329 国道以西	40.3	6.74	5.20	5.70	城镇区域面积占 33%
329 国道以东	125.7	6.74	5.20	5.76	城镇区域面积占 37%

2. 研究区域基本水面率

根据各计算分区的基本水面率，采用面积加权平均方法，即可获得研究区域的基本水面率。相关公式如下：

$$R_{区域适宜} = \sum_{j=1}^{m} A_j R_{j适宜} / A_{总} \qquad (4.3-22)$$

式中：$R_{区域适宜}$ 为研究区域的基本水面率；$R_{j适宜}$ 为第 j 个计算分区基本水面率；A_j 为第 j 个计算分区的面积，km²；$A_{总}$ 为研究区域总面积，km²，$A_{总} = \sum_{j=1}^{m} A_j$；$m$ 为研究区域内计算分区个数。

---

❶ 受资料限制，本研究将镇海区水景观的水面率采用杭州市的相关数据的研究成果。

根据表 4.3 - 22 的数据计算镇海区平原区基本水面率为 5.75%。

4.3.2　基本水面率分区案例

（1）规划分区。规划分区通过两个层次确定，一个是行政分区，即根据水域保护与管理的需要，从便于分析和管理水域的角度确定规划分区的原则，以乡镇行政分区为单元进行规划分区；另一个是功能分区，根据浙江省《河道建设规范》（DB33/T 614—2016）对新建开发区（工业园区）或城市新区的水面率强制性要求，结合《某县域总体规划》（2006—2020 年），将某工业园作为分区进行单独考虑。综上所述，确定某县为 13 个规划分区（表 4.3 - 23）。

（2）基本水面率确定方法。基本水面率的确定主要考虑以下两个方面：

1）相关法律法规和标准规定要求。根据浙江省《河道建设规范》（DB33/T 614—2016），新建开发区（工业园区）或城市新区进行规划建设时，应先行或同步进行布局。没有圩区的河网地区规划控制水面率应达到 8% 以上，有圩区的河网地区规划控制水面率应达到 10% 以上，其他地区的规划控制水面率应达到 5% 以上。根据调查，某工业园内有圩区，因此，标准水面率为不小于 10%。

2）各水域功能需求。鉴于在实际规划工作中，部分功能需求水域规模相关规划已进行了明确，因此，在对相关规划水域规模合理性分析的基础上，确定基本水面率。浙江省大多数地区防洪、水资源方面均有专项规划，因此，行洪排涝、水资源功能所要求的水域规模一般均有成果支撑，而水环境与水景观所需求的水域规模多数地区尚无规划或相关成果支撑。

表 4.3 - 23　　　　　　　　　　　某县各分区基本水面率

分区类型	分区名称	分区面积/km²	水域面积/km²	水面率/%
行政分区	街道（镇）1	98.9	7.95	11.50
	街道（镇）2	51	13.12	14.14
	街道（镇）3	47.2	9.84	12.58
	街道（镇）4	185.9	6.02	12.76
	街道（镇）5	69.1	7.35	14.41
	街道（镇）6	60.9	5.54	14.14
	街道（镇）7	91.7	8.60	15.28
	街道（镇）8	66.8	3.37	1.81
	街道（镇）9	56.3	6.59	7.19
	街道（镇）10	92.8	2.18	3.26
	街道（镇）11	39.2	4.42	4.46
	街道（镇）12	78.2	5.90	9.69
合　计		938	80.88	8.62
功能分区	某工业园	41.62	4.60	11.05

4.4 开化县马金溪岸线分区管控案例

本节以 2018 年《浙江省河湖水域岸线管理保护规划技术导则》编制的《开化县马金溪岸线管理保护规划》的相关成果为例，介绍岸线分区管控的方法。

4.4.1 区域概况

（1）自然地理。开化县位于浙江省西部，衢州市西北部，钱江源头，是闽浙赣皖九方经济协作区县级城市之一，为浙皖赣三省交界处，县境总面积为 2236.61km²。开化多年平均降雨量为 1908.2mm，降水主要集中在 4—7 月，占全年总雨量的 60%。

（2）经济社会。开化共辖 8 个镇、6 个乡、1 个办事处。现状总人口为 359748 人，其中城镇人口 9.85 万人，乡村人口 261260 人。

（3）水系概况。开化县位于浙江省母亲河钱塘江的源头，县域内主要河流属钱塘江水系。有马金溪、池淮溪、龙山溪、马尪溪，四溪均在华埠镇汇合，入常山境。

马金溪为钱塘江南源，发源于安徽省休宁县坂仓青芝埂，经江田、浯田岭、南田、玉石潭、桃林，在西坑口由西北向东南注入齐溪水库，出库后经霞山、马金、底本、音坑、城关，至华埠和池淮溪汇合后称常山港。马金溪全长 102.2km，流域面积为 1011.3km²，河道比降为 7.1‰，自然落差为 1047m。流域内丛山连绵，山势陡峭，峡谷较多，至城关镇以下河谷地形渐趋开阔平缓。主要支流有何田溪、村头溪和中村溪。全县县级以上河道共 14 条，包括常山港（原为省级，现为市级）、马金溪（市级）、齐溪、何田溪、金村溪、张湾溪、池淮溪、村头溪、中村溪、塘坞溪、龙山溪、苏庄溪、马尪溪和余村溪。

4.4.2 规划总则

（1）规划范围。开化县境内马金溪自何田溪入流口至下界首共 48km 河道。其中何田溪入流口至池淮溪入流口段 40.9km 河道为马金溪段，池淮溪入流口至下界首 7.1km 河道为常山港段。

（2）水平年。现状水平年为 2017 年，近期规划水平年为 2022 年，远期规划水平年为2030 年。

4.4.3 岸线现状调查

4.4.3.1 岸线基本情况调查

本次规划范围内马金溪两岸河道岸线总长为 97km，其中左岸 48km，右岸 49km。自2013 年始，开化县大力开展"马金溪百里黄金水岸线"工程，在保障岸线防洪及水资源保护功能的同时，着力提升岸线的水生态修复、景观文化休闲等功能。基本情况主要如下：

（1）马金—音坑段。马金—音坑段位于马金溪的上游，自何田溪入流口（后山大桥）起至龙潭大坝。该段河道长度为 22.3km，岸线总长 42.8km，其中，左岸长 22.6km、右岸长 20.2km。该段河岸稳定，除临山体侧的河段，大多河段的堤防（护岸）均已建成，无堤防险工段及崩岸段。两岸堤防（护岸）总长 25.2km，其中，左岸 13.5km、右岸 11.7km，防洪标准为 5～20 年一遇。河道两侧岸线经生态化改造后，现多保持原有的自然形态，岸坡型式主要以斜坡式断面为主，山底段、姚家段、明廉电站段等部分河段为直立式断面。除防洪保障功能以外，由于马金—音坑段处开化县田园风光旅游带，该段岸线主要承担沿线河道水环境改善、水生态修复及景观休闲功能。

（2）芹华段。马金溪芹华段（含常山港）自龙潭大坝起至界首大桥。该段河道总长 25.7km，岸线总长 54.3km，其中，左岸长 27.0km，右岸长 27.3km。河道两侧河岸稳定，无堤防险工段及崩岸段。河道两侧堤防（护岸）共 48.5km，左岸为 22.3km，右岸为 23.5km，防洪标准均为 20 年一遇。沿线城东堤、华丰防洪堤、城南堤等中心城区段河道平面岸线形态多为硬质砌石驳岸，岸坡形式以直立式及复式形式为主；其余河段岸线在"百里黄金水岸线"项目实施中经生态化改造后，现状多为仿自然形态，岸坡形式以斜坡式断面为主。除防洪保障功能以外，沿线中心城区段河道岸线主要承担滨水生产及景观休闲功能，其余村镇、山体段河道主要承担水环境改善、水生态修复及景观休闲功能。

4.4.3.2　河道岸线利用情况调查

近些年来，开化县举全县之力，提出"一县一带"发展战略，着重打造马金溪"百里黄金水岸"，以"保障水安全、营造水景观、提升水环境、打造产业带"为目标，在马金镇石柱村至华埠镇界首村的百里水岸线上，坚持"水、滩、路、堤、景"综合治理，同步开展建设生态工程、景观工程和民生工程。截至目前，马金溪"百里黄金水岸线"建设工程已基本成型，沿马金溪已建成 20 多个滨水公园、15 个 3A 级景区村、1 个 4A 级乡镇。总体上看，马金溪河道岸线利用呈北疏南密的特征，且各区段利用特征明显，马金镇、音坑乡多为农村区块，岸线利用以田园风光为主，多为生态自然岸线；芹阳街道、华埠镇多为城镇区块，岸线利用以城市生活岸线为主。

考虑到马金溪岸线利用现状特征，本次从岸线利用的空间形态，分为"点线状"利用和"面状"利用两方面分析岸线利用现状。其中，"点线状"利用工程指岸线范围内水利工程（堤防、堰坝）、跨河桥梁、取排水口三类，主要分析其分布情况（位置、密度），"面状"利用工程指岸线范围内涉及的工业仓储用地、农林用地、城乡生活用地、旅游休闲、公路、其他用地共六类，主要评价其对岸线的占用面积情况。

（1）"点线"类岸线利用工程。据现场踏勘和调查收资，现有水利工程设施共 35 处，其中拦河坝、堰共 22 处，17 处处于龙潭大坝上游马金、音坑段；水文站 1 处，位于芹阳龙潭大坝；水电站 7 处，均匀分布在沿线各河段。涉及跨河公路桥共 23 处，主要集中在城华段。

根据初步的调查统计，马金溪规划范围内，从何田溪入流口上游至下界首，共有排污口 7 处，主要分布在城华段内。同时由于开化县旧城改造起步较晚，城镇雨污分流尚未全面覆盖，经统计，现状马金溪沿线尚有雨污混流排水（污）口 101 处，主要分布在芹阳街道及华埠镇段。

（2）"面"状岸线利用工程。本次岸线统计范围结合马金溪实际划分为两段，城关以上多为农村农田区域，按保留区控制宽度统计，城关以下为城镇区域，按控制开发利用区宽度统计，两段岸线统计范围分别至河道管理范围线外 30m 和 20m。经统计，马金溪岸线本次范围内现状农林用地占比为 67.78%，城镇建设用地占比为 13.10%，工业仓储占比为 5%，景观旅游用地占比为 3.49%，交通公路占比为 3.21%，其他用地占比 7.42%。从各河段用地现状来看，马金镇及音坑乡主要为农村地块，总体上农林用地占比相对较多；芹阳街道及华埠镇由于属开化县中心城区，同马金镇、音坑乡段相比，城镇建设用地占比相对较多。

4.4.3.3 河道岸线管理现状调查评价

（1）管理机构及人员设置。河道岸带涉及管理部门较多，包括水利、城建、交通、环保、农业、林业等。开化县水利局作为开化县人民政府的水行政主管部门，是本县域内河道的主管机关，负责区域内的河道监督管理。开化县水利局设有河道堤防管理所，负责全县涉河建设项目管理、河道相关水利工程运管等事项，现有工作人员 5 名。15 个乡镇（办事处）设有水利员，负责属地内河湖日常管护工作。

（2）河道岸线日常管护。各相关部门在自身管理职责范围内，对河道岸线所涉及的工程及区域进行行业管理，如交通部门负责路桥日常管护、城建部门负责公园绿地日常管护等。就河道管理范围而言，涉及的日常管护工作主要包括河湖保洁、河湖巡查、水利工程（设施）维修养护等方面。马金溪河道岸线保洁的责任主体按照属地管理与分级分部门相结合的原则，结合实际情况加以划分。

（3）河道及岸线执法监管。按照省"三改一拆""四边三化""五水共治"工作部署和浙江省水利厅"无违建河道"创建的要求，开化县积极探索，大胆实践"立体化""网格化""全方位"执法体系，构建了覆盖县、乡、村三级的河道管理网络，建立了执法快速反应机制和部门协同配合机制等，强势推进了河道及岸线执法监管。

（4）河道岸线管护经费。开化县地方经济并不发达，县级财政收入相对紧张。为保障河道岸线管护工作的正常运行和可持续发展，县政府相继出台了一系列政策，主要包括如下：一是重大维修工程积极向上争取项目资金，以开化县自身优势争取对口项目落地，保障重大维修项目顺利实施；二是积极整合，通过部门联动争取上级资金扶持；三是县级财政积极落实资金配套，多种途径解决管护资金问题。

4.4.4 岸线功能区划分

岸线功能区是根据河湖水域岸线资源的自然条件和经济社会功能属性，以及不同河段的功能特点与经济社会发展需要来划分。按协调的关系类型，又分为一级区和二级区。

4.4.4.1 岸线一级区划分

岸线一级区主要从宏观上协调岸线保护与开发利用的关系，包括保护区、保留区与控制开发区。

（1）划定方法。充分衔接开化的区域总体规划（生态功能区划）、空间规划、林地规划、水功能区划等具体要求进行划分。各规划功能分区与岸线分区对应见表 4.4-1。

（2）划定成果。根据实际情况，本次岸线一级区划分为保留区与控制利用区，划分情况与各规划分项对应情况及成果汇总见表 4.4-2 和表 4.4-3。

表 4.4-1　　　　　　　马金溪流域各规划功能分区与岸线分区对应

规　划　名　称	功能分区	岸线分区建议
区域总体规划（生态功能区划）	禁止准入区	保护区/保留区
	限制准入区、限建区	保留区
	优化准入区或重点准入区	控制利用区
空间规划	农业空间（基本农田）生态空间（重要保育、水源涵养）	保护区/保留区
	农业空间（一般农田）生态空间（一般生态保护）	保留区
	城镇空间	控制利用区
林地规划	禁止开发区	保护区/保留区
	限制开发区	保留区
	优化开发区或重点开发区	控制利用区
水功能区	保护区	保护区
	保留区、饮用水水源区	保留区
	农业、工业用水区	控制利用区

表 4.4-2　　　　　　　马金溪规划岸线一级区划分情况分项对应

规划名称	功能分区	所在区域	分　区　详　情	岸线分区
开化县总体规划	生态功能分区	马金	马金溪沿线岸线属限制准入区	保留区
		音坑	马金溪沿线岸线属限制准入区	保留区
		芹阳	龙潭大坝取水口上游地区属于禁止准入区	保留区
			其余为优化准入区或重点准入区	控制利用区
		华埠	优化准入区或重点准入区	控制利用区
开化县域空间规划	空间分区	马金	岸线沿线主要为农业空间，七里龙水电站至老桥为生态空间	保留区
		音坑	岸线沿线主要为农业空间，下淤坝至橡胶坝为生态空间	保留区
		芹阳	岸线沿线主要为城镇空间	控制利用区
		华埠	属城镇空间	控制利用区
开化县林地保护规划	主体功能区划	马金	七里龙桥以下为限制开发区，其余段无管控要求	保留区
		音坑	七里龙桥至老桥段为限制开发区，张家潭至高山村之间山体、密赛上游山体峡谷为禁止开发区	保留区
		芹阳	密赛至龙潭大坝为禁止开发区	保留区
			其余段为优化开发区或重点开发区	控制利用区
		华埠	重点开发区或优化开发区	控制利用区
浙江省水功能区、水环境功能区划	水功能区	密赛—龙潭大坝	马金溪开化饮用水源区	保留区
		其他段	农业或工业用水区	控制利用区

表 4.4 - 3 马金溪规划岸线一级区划分成果汇总

分 区		岸 别	起 止 点		长度 /m
			起点	终点	
保留区	马音段	全段	何田溪入流口	龙潭大坝	22302
	独山村段	左岸	下茨大桥	独山大桥	874
	下溪村段	左岸	下溪村头	下溪村尾	580
	金星村段	左岸	金星大桥	金星村尾	509
控制利用区	芹华段	全段（除独山、下溪、金星村三段保留区）	龙潭大坝	下界守大桥	25200

4.4.4.2 岸线二级区划分

岸线二级区主要针对控制利用区，从开发利用的类型进行划分，主要协调岸线资源使用部门之间的关系。二级区可以根据开发利用的空间占用形式，分为点线状分区和面状分区。其中，点线状分区包括公共基础设施利用区（路、桥、管线等）、特殊利用区（取排水口）；面状分区包括工业与城镇利用区、港口利用区、农渔业利用区、旅游休闲娱乐利用区。

（1）划定方法。由于岸线二级区主要协调岸线资源使用部门之间的关系，因此，岸线二级区的划定主要衔接各利用部门的相关规划及方案来划定。本次主要衔接了土地利用规划、沿线乡镇控规、交通规划、流域治理规划等。

各类规划用地类型与岸线二级区划对应见表 4.4 - 4。

表 4.4 - 4 马金溪流域各类规划用地类型与岸线二级区划分对应

序号	岸线用地类型	岸线二级区	序号	岸线用地类型	岸线二级区
1	城镇或村镇建设用地	工业与城镇利用区	5	一般农田、园地	农渔业利用区
2	工业用地	工业与城镇利用区	6	公路、桥梁	公共基础设施利用区
3	风景旅游用地	旅游休闲娱乐利用区	7	取水口	特殊利用区
4	公园、绿地	旅游休闲娱乐利用区	8	排污口	特殊利用区

（2）划定成果。本次二级区共分为农渔业利用区、工业与城镇利用区、旅游休闲娱乐利用区、公共基础设施利用区（路、桥、管线等）和特殊利用区（取水口、排污口）。二级区功能划分情况统计及成果汇总见表 4.4 - 5。

表 4.4 - 5 二级区功能划分情况统计及成果汇总

分 区	数量	岸线总长/m	分 区	数量	岸线总长/m
农渔业利用区	12	27482	公共基础设施利用区	1	2657
工业与城镇利用区	6	21441	特殊利用区	7	/
旅游休闲娱乐利用区	3	2845			

4.4.5 岸线控制线划定

河道水域岸线控制线的划定主要是为了加强岸线资源的保护和合理开发利用，从而沿河道水流方向沿岸周边划定的管理和保护的界线，分为临水控制线与外缘控制线。

4.4.5.1 划定方法

（1）临水控制线。本次根据规划岸段的实际情况，划定方法如下：①有较稳定的河滩地（边滩）和湿地的，滩槽明显且稳定的，以滩与主槽岸边线为临水控制线；②有堤防或护岸（含规划）的以设计洪水位与内堤岸的交线为临水控制线；③无堤防和护岸的，按常水位来确定。

（2）外缘控制线。外缘管理控制线与河道管理范围线一致，开化县水利局在 2017 年已划定了马金溪河道管理范围，本次将采用该划界成果。

本次采用《浙江省河湖水域岸线管理保护规划技术导则》的建议来确定保留区的外缘生态控制线，即马金溪作为市级河道，外缘生态控制线为管理控制线以外 30m 处。控制利用区考虑到该区域多以开发利用为主，在生态功能的保障上，该区体现的作用不大，因此，控制利用区生态控制线的划定主要从水利工程保护的角度来考虑，与水利工程保护范围线相衔接。

4.4.5.2 划定成果

临水控制线及外缘控制线的划定范围见表 4.4-6。

表 4.4-6　　　　　　　　临水控制线及外缘控制线的划定范围

岸线分区	临水控制线	外缘管理线	外缘生态线
保留区	①有较稳定的河滩地和湿地的，滩槽明显且稳定的，以滩与主槽岸边线为临水控制线；②有堤防或护岸（含规划）的以设计洪水位与内堤岸的交线为临水控制线；③无堤防和护岸的，按常水位来确定	①有规划堤防、现有堤防工程段，管理范围为背水坡脚 20m；②有规划护岸、现有护岸段，管理范围为背水坡脚起 15m	外缘管理线外 30m
控制利用区			①现有堤防或规划堤防段，保护范围为管理范围线外延 10m；②现有护岸或规划护岸段，保护范围为管理范围线向外偏移 5m

4.4.6 岸线功能区管理要求

（1）岸线保留区管理要求。规划岸线保留区在规划期内不应实施岸线利用建设项目和开发利用活动。确需启用规划保留区的，要事先征得水行政主管部门同意，并按基本建设程序报批。

张家潭—高山村段（左岸）、密赛上游山体峡谷段（两侧）为生态林地而划定的岸线保留区，除防洪、河势控制及水资源开发利用工程以外，原则上禁止其他工程建设。若确有需要，必须建设的重要跨（穿）江设施及为生态环境保护必要的基础设施，必须进行充分论证评价，经水行政主管部门、林业主管部门等相关部门审查批准后方可实施。

龙潭大坝取水口上游段（两侧）保护区段（两侧）为保护水资源而划分的岸线保留区。在该岸线功能区内经水行政主管部门审批后可建设水资源开发利用的取水口等，禁止新建排污口、城镇开发等。其他建设项目必须经过充分论证，在不影响水质的条件下，经水行政部门审批通过后，可有控制地适当建设。

对于属限制准入区或限建区的何田溪入流口至金溪电站段、高山村至密赛上游山体段、独山村（自然保护小区段）、下溪村段岸线，应以保护、控制为原则，严禁破坏自然风貌与人文景观的开发建设行为，对确需建设的地区提出相应的限制开发条件，建设开发应与自然景观资源相协调，并保持一定的生态原生性。开发建设不得影响区内主体功能，并应制定专门的规划，明确控制条件、指标、准则，指导区内的开发建设。

对于属永久基本农田的独山村、金星村段岸线，在规划期内必须得到严格保护，除法律规定的情形外，不得擅自占用和改变。原则上区域性基础设施建设不得占用，确需调整的须严格论证，报国家或省级国土部门审批允许占用，按照"占优补优、先补后占"的原则，通过补划以保障上级下达的永久基本农田保有量目标。

（2）岸线控制利用区管理要求。岸线控制利用区内建设的岸线利用项目，应符合规划确定二级分区功能利用要求，注重岸线利用的指导与控制。在符合国家和浙江省有关法律法规以及相关规划的基础上，协调岸线保护要求和区域经济社会发展的需要，在不影响防洪、航运安全、河势稳定、水生态环境的情况下，应依法依规履行相关手续后，科学合理地开发利用，以实现岸线的可持续利用。

4.4.7 岸线控制线管理要求

（1）临水控制线管理要求。临水控制线是为保障河流畅通、行洪安全、稳定河势和维护河流生态健康的基本要求而划定的，因此，对进入该范围的行为要严格加以限制。除防洪及河势控制工程，任何阻水的实体建筑物原则上不允许逾越临水控制线。非基础设施建设项目一律不允许逾越临水控制线，基础设施建设项目确需越过临水控制线的，必须充分论证项目其影响，提出穿越方案，并经相关水行政主管部门审查同意后方可实施。桥梁、码头、管线、渡口、取水、排水等基础设施需超越临水控制线的项目，超越临水控制线的部分应尽量采取架空、贴地或下沉等方式，尽量减小占用河道过流断面。

（2）外缘控制线管理要求。外缘控制线是岸线保护和管理的外缘边界线，进入外缘控制线的建设项目必须服从岸线利用管理规划的要求。

其中，河道两侧外缘管理控制线之间的范围为河道管理范围，应按照《浙江省河道管理条例》中河道管理范围的相关规定进行管控。

外缘生态控制线与水利工程保护范围相衔接的部分，应参照水利工程保护范围的相关管理规定执行，同时，该范围内的开发利用行为应符合本规划或相关规划的要求，禁止无规划依据的开发利用行为。

4.4.8 岸线工程整治与保护方案

本次根据现状调研以及相关规划资料，系统梳理了岸线防洪安全保障、水生态环境治理以及水景观水文化提升三个方面的工程措施，分述如下。

4.4.8.1　岸线防洪安全保障工程

防洪安全是建设"诗画金溪、最美开化"的基本保障。由于马金溪沿线流域情况复杂，溪口段、上湖田段、明廉电站段等河段堤防修建年代较早，堤防建设标准相对较低，堤身单薄，未进行有效防冲衬垫，抗冲能力弱，运行几十年来冲刷损坏严重。为进一步保障马金溪沿线群众生命财产安全，提升防洪保障能力，应针对马金溪冲刷损害严重河段堤防（护岸）开展综合整治工程。本次主要就溪口段、上湖田段、青山头段和上明廉段防洪薄弱环节按规划防洪标准 5 年一遇进行了防洪堤工程布置。

4.4.8.2　岸线水生态环境治理工程

水生态环境优良，是建设"诗画金溪、最美开化"的基本条件。马金溪水生态环境本底较好，各水功能区水质达标，沿线水生态风貌宜人。但部分滩地裸露杂乱、堤防堰坝硬化渠化、雨污混流入河排放等现象仍有存在。本次在现状基础上，拟开展滩地湿地修复、堤防、堰坝生态化改造及沿线雨污分流整治等工程。

（1）河滩湿地修复。根据现状调研及相关规划，开展马金溪沿线滩地修复 8 处共 14.84 万 m^2，主要分布在音坑段及华埠段。

（2）堤防（护岸）生态化建设与改造。本次针对原有年代较久、防洪标准不足、岸脚冲刷及局部有坍塌的护岸，结合防洪安全保障，进行生态化改造，长度共计 5325m。

（3）堰坝生态化改造。马金溪规划范围内共有堰坝 22 处，其中马金—音坑段 17 处，城华段共 9 处，原有堰坝多为混凝土一体式造型，且未设鱼道。本次规划 13 处堰坝开展生态化改造工程，规划改造的堰坝主要选用低矮的宽顶堰为主，并增设鱼道，使鱼类有上下行的通道。

（4）雨污混流口整治。马金溪规划范围内沿线 7 处主要排污口已备案，且已落实"身份证"式管理，但沿线仍有 101 处雨污混流口入河排放，沿线各乡镇亟须完善雨污分流排放系统。

4.4.8.3　岸线水景观文化提升工程

水景观文化提升，是建设"诗画金溪、最美开化"的核心任务。马金溪沿线水文化景观具有节点数量众多、景观类型丰富、自然人文兼备、人文积淀深厚的特点，但存在现状各节点较为分散，沿线景观文化资源未有效整合的问题。基于此，对沿线堤防、护岸、林地、滩地进行景观化改造，根据分段特点，融合现有景观资源，建设森林氧吧、度假休闲区、风情街等旅游景观聚集点。主要包括马金休闲氧吧段、音坑浪漫养生段、芹阳佛国禅韵段、华埠古韵商埠段等四段提升工程。

第5章 水域调整技术研究

5.1 水域调整技术方法

水域调整的对象主要有两个层面：一是，以区域为单元的区域水域调整；二是，以单个或几个确定的建设项目为单元的建设项目占用水域调整。

5.1.1 制度由来及释义

5.1.1.1 制度由来

水域调整本质上是水域占补平衡。占补平衡制度起源于土地管理，按照《土地管理法》国家实行占用耕地补偿制度，非农建设经批准占用耕地要按照"占多少，补多少"的原则，补充数量和质量相当的耕地，即耕地占补平衡制度。这项制度是坚守全国18亿亩耕地红线的重要举措。

《浙江省水域保护办法》对水域调整两个层面的对象均有所规定：

一是区域层面。分两种情形：①编制或者修改城乡建设、交通设施、土地利用等专项规划，涉及水域的，应当与水域保护规划相衔接。确需调整水域的，应当编制水域调整方案，进行科学论证，并征得有关水行政主管部门同意。②城市建成区改造和经济技术开发区、高新技术园区、旅游度假区、特色小镇、工业园区等建设，确需调整水域的，有关管理机构应当根据水域保护规划确定的控制指标与保护措施等要求，编制区域水域调整方案。区域水域调整方案应当进行科学论证，经设区的市或者县（市、区）水行政主管部门审核后，报本级人民政府批准。有关管理机构按照区域水域调整方案组织实施的，区域范围内的建设项目不再另行办理占用水域占补平衡等相关手续。

二是具体建设项目层面。建设项目占用水域的，应当符合水域保护规划和有关技术标准、技术规范，不得危害堤防安全、影响河势稳定、妨碍行洪畅通、损害生态环境。建设项目占用水域的，应当根据被占用水域的面积、容积和功能，采取功能补救措施或者建设等效替代水域工程。

5.1.1.2 制度释义

（1）水域占补平衡制度的基本要求。任何区域和建设项目调整（占用）水域必须履行水域占补平衡的义务，水域占补平衡工作的责任主体是有关管理机构、项目建设单位或个人。《浙江省水域保护办法》较《浙江省建设项目占用水域管理办法》（2006年实施，后由《浙江省水域保护办法》替代）增加了区域层面水域调整的规定事项，注重区域水域的统一规划和统一调整，也体现了"简政放权"的思想。

（2）水域占补平衡可以划分为三个层次，分别为面积平衡、容积平衡和功能平衡，在水域占补平衡分析时三个层次的平衡均应满足。

（3）就建设项目占用水域而言，补偿方式有两类，分别为建设替代水域工程和采取功能补救措施。无论采取哪种补偿方式均应实现水域面积与容积不减少、水域功能不减退。

5.1.2 水域调整的基本原则

（1）占补平衡原则。充分保证调整后水域面积与容积不减少、水域功能不减退。在以往水系规划和水域管理上，对水域调整、占补数量和位置提出要求，但一般没有对占补时序做出明确规定，导致一直以来建设项目占用水域以"先占后补"和"边占边补"方式为主，甚至个别建设项目占而不补、占多补少的问题经常发生，因此，应强化占用水域与补偿水域同步实施、同步竣工验收，鼓励"先补后占"。

（2）就近补偿原则。与其他自然资源相比，水域有其鲜明特点。水域空间在洪涝时期承担蓄滞或宣泄洪涝水功能，如果补偿水域位置偏远，排水区涝水很难及时有效排除，导致水域功能弱化；在枯水期和干旱年份，水域空间承担输配水任务，以满足供水、灌溉、养殖及航运等要求，如果补偿位置偏远，会影响这些功能的正常发挥。

（3）系统有序原则。前面已经叙及，由多个水域有机、有序组成的水域系统整体决定了其具有一种或多种功能，改变系统中的某种部分，有可能使系统功能发生巨变。这种巨变可能是正向的，也可能是负向的。在水域占补平衡中，要求补偿水域尽可能选择在水域整体系统的"瓶颈"环节，通过补偿水域可以显著提升或不减弱水域整体系统的功能。

（4）布局优化原则。在充分利用现有水域的基础上，根据区域建设开发、产业布局以及交通组织需要，按照水域功能的转化，合理适当地调整部分水域，优化完善区域的水域布局。如在一些平原河网地区，断头滨、坑塘水域较多，就区块的建设开发而言，在一定程度上降低了土地的集约利用，因此，在占补平衡的原则之下，调整断头浜、坑塘水域＋统筹优化水域空间的布局。

5.1.3 区域水域调整方案的编制内容

目前区域水域调整尚没有相关技术规定，本次根据实际工作案例，区域水域调整方案可包括以下内容：

（1）现状概况。简要介绍区域的自然地理及经济社会概况，介绍流域及区域水域情况、介绍区域开发建设及规划情况，分析存在的问题及水域调整的需求。

（2）总则。介绍指导思想、调整原则、方案范围、方案水平年及依据等。

（3）水域占补方案。介绍区域开发建设规划、区域控规、建设项目等情况，介绍相关水利专项规划情况。结合以上规划和区域开发建设情况，详细分析说明区域水域占补方案，明确区域水域平面格局、水域占用和补偿位置、水域控制规模等方案内容。

（4）水域占补平衡分析。根据水域占补方案，对水域面积及容积占补平衡，水域行洪排涝、水资源利用、景观生态、通航等功能进行分析，确定水域占补方案的合理性。

（5）水域保护及管理措施。针对重要水域、一般水域提出相应的保护措施。明确水行政主管部门、管理主体、建设单位相应的水域占补职责；明确水域占补的行政流程，事中事后的监管等；明确区域水域占补的负责清单、建设典型水利控制参数〔设计水位、地（路）面高程、桥梁设计参数等〕、建设时序等。

5.1.4 建设项目占用水域影响评价内容

根据《浙江省涉河涉堤建设项目占用水域影响评价报告编制导则（试行）》，建设项目占用水域影响评价包括以下主要内容：

（1）建设项目及其占用水域概况，包括建设项目基本情况和占用水域基本情况两个方面。

（2）占用水域影响分析及评价，包括对防洪排涝造成的影响分析、对水资源利用造成的影响分析、对水环境造成的影响分析、对水利工程和水文测报设施等造成的影响分析、对水域其他功能造成的影响分析和综合影响评价等。

（3）防治补救措施，包括综合防治措施、替代水域工程或功能补救措施等。

5.2 水域调整案例

5.2.1 玉环市城区有机更新区域水域调整案例

5.2.1.1 区域概况

玉环市位于浙江省东南沿海黄金海岸中段，瓯江口北侧，居台州市南端，与温州市隔海相望。东濒东海，南连洞头洋，西嵌乐清湾，北与温岭市接壤，是台州、温州的海上门户。区域水域调整的范围为玉环市主城区的玉坎河系，包括玉城街道和坎门街道的部分区域，位于玉环岛东北部。

玉坎河系为独流沿海河系，干流源自田螺山东，进入城南平原后称玉坎河，通过三个外排闸流向漩门三期围垦区。玉坎河系流域面积为 $38km^2$，共有河道 28 条，总长度为 50.59km，其中，县级河道有 6 条：玉坎河、三合潭河、天开河、城坎河、泰安河和解放塘河，乡镇级河道 12 条以及村级河道 10 条。玉坎河流域内有玉潭、双庙两座小（1）型水库，大坑里一座小（2）型水库，总库容为 279.4 万 m^3。

5.2.1.2 总则

1. 基本原则

基本原则如下：

（1）保护优先，统筹规划。与《玉环市河道水域控制规划》（2018 年）、《玉环市城市有机更新专项规划》、《玉环市国土空间规划》等相衔接，以保护合理的水域数量及空间布局、维护水域功能为前提，统筹考虑区域内河网水域调整，推进服务城市有机更新。

（2）尊重自然，优化布局。在充分利用现有河道的基础上，根据城镇有机更新建设和产业布局以及交通组织需要，按照河道功能的转化，合理适当地调整部分镇村级河道，优化完善区域河网布局。

（3）占补平衡，同步验收。严格按照《浙江省水域保护办法》的相关规定，功能补救措施或者建设等效替代水域工程与建设项目同步实施、同步验收，保证规划范围的水域面积与容积不减少，水域功能不减退。

（4）建管并重，依法管理。按照《中华人民共和国水法》《浙江省河道管理条例》《浙江省水域保护办法》等法律法规的要求，在对河道建设的同时，加强管理，做到依法护河，规范建设和管理。

2. 方案水平年

现状水平年为 2019 年；规划水平年为 2025 年。

5.2.1.3　水域调整方案

1. 调整分区

本次根据区域排涝特点，分为 5 个分区，如图 5.2-1 所示。

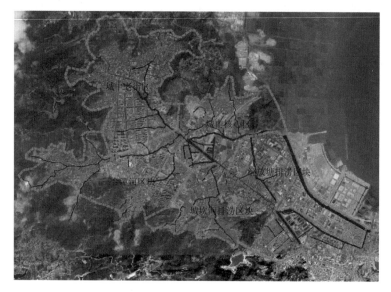

图 5.2-1　区域分区范围图

2. 水域调整方案

在充分对接玉环市城市有机更新的区域建设方案及交通规划方案的基础上，根据水域占补平衡和相关水利规划的要求，确定玉环市城市有机更新区域的水域调整方案。本次主要以调整较多的城南核心区为例。

城南核心区以榴岛大道与珠港大道交叉口为中心，南至下斗门橡皮坝，西至三合潭河流域，东接解放塘河。本区块是"挥师大城南"建设的核心，是玉环市的城市新区，是集行政、文化、商务、商业为一体的城市公共中心，其服务功能除满足本单元需求外，还要承担起服务整个城市的作用。综合路网规划、用地布局及水域占补平衡考虑，本区块水域调整方案如下：

（1）天开河。天开河为县级河道，目前部分河段已整治完成，现状长度为 0.99km，河宽为 19～59m。天开河规划控制河宽为 30～59m，下半段控制宽度大于 40m。根据城区有机更新用地方案，纬二路延伸段与珠港大道交汇处横跨天开河，与河道斜交，而且该段河道现状河宽较小不足 30m，布置跨河桥梁后，过流断面进一步减小，影响河道行洪能力。因此，本方案建议对天开河实施拓宽工程，确保天开河有效过水面积，本次控制天开河在纬二路延伸段与珠港大道交汇处拓宽段河段净宽不少于 40m，珠港大道至经十路河段拓宽至 48m。

（2）下斗门河。下斗门河为乡镇级河道，现状河道长度为 2.09km，宽度为 3~22m，河道呈网状分布，规划控制河道宽度为 3~22m，但对于主干河段要求不低于 20m。根据城区有机更新用地方案，下斗门河所在的榴岛大道与珠港大道交叉核心区块定位为商业商务主中心，但由下斗门河呈网络分布，对区块用地的分割较为严重，不利于土地的整体明智。因此，从土地集约利用的角度，建议填埋下斗门河东西向支汊，仅保留南北向主流，并按 20~38m 的控制河宽进行拓宽改道处理。由于《玉环市河道水域控制规划》已规划了下斗门河部分河段的占用在先行实施的天开河整治中予以了补偿，本方案仅考虑东西向河道填埋部分占补平衡。

（3）板桥河。板桥河为村级河道，现状长度为 1.66km，河宽为 3~22m，呈"Y"型分布。板桥河规划控制河宽为 15~22 m。根据城区有机更新用地方案，板桥河主流北侧为绿化用地，规划建设板桥河公园，西侧段规划建设玉兴西路与纬二路连通段，东侧段上接环东山塘。具体调整如下：①板桥河东侧段沿原有河道走势，按《玉环市河道水域控制规划》要求进行拓宽，控制河宽为 15m，长度为 561m。②板桥河西侧段是环形的断头河，不利于区块利用与道路布置，本次对原河道进行填埋，沿纬二路东侧新开河道，控制河宽为 15m，长度为 461m。③板桥河下游汇合段，原河道将与新建纬二路相交后再与内环西路相交，桥梁布设较多，本次原有河段全部调整，新河段沿纬二路东侧布置，与山脚下河交汇后入天开河，只需建设内环西路一座桥梁，而且河势更为顺直，利于行洪。④考虑利用板桥河公园部分面积补偿原草塘河占用面积，板桥河公园规划面积为 32013 m²，尚需补偿水域面积 22389 m²，建议该部分面积可以规划下凹式湿地或湖泊来进行补偿，具体建设形式在保证补偿面积的前提下，在景观设计时予以考虑。

（4）板桥河支河。板桥河支河为村级河道，根据现场调查该河道长度为 521m，河宽为 3~10m，现状水域面积为 1899m²。板桥河支河为断头浜，上游河段现状水质较差，与居住用地的定位已不相适应，因此，为增强区域水系连通性，加强水体自净能力，本次调整建议填埋板桥河支河上游河段，新开河道连通板桥河支河与板桥河，新开河道控制河宽为 10m，长度为 157m。

（5）山脚下河。山脚下河为乡镇级河道，目前部分河段已整治，现状长度为 1.16km，河宽为 4~15m，水域面积为 11931m²，规划控制河宽为 10~15m。根据城区有机更新用地方案，玉兴西路与纬二路连通段等多段规划道路横跨山脚下河，且山脚下河东西侧河道连通段较为曲折，与规划道路过于贴合，不利于交通组织以及区域的水系连通，因此考虑增强区域水系连通性，增强行洪排涝能力，便于交通组织建设，建议对纬二路西侧山脚下河段进行改道，控制河宽为 15m，河道走向沿规划道路垂直穿过纬二路，同时沿纬二路新开河道直接接入天开河，新开河段控制河宽为 25m，填埋纬二路东侧山脚下河河段。

（6）西坎河。西坎河为乡镇级河道，断头支汊较多，现状长度为 1.68km，现状河宽为 11~17m。规划河宽不小于 15m，水域面积为 20055m²。根据城区有机更新用地方案和道路规划，规划建设的内环西路与西坎河西侧断头支汊斜交，因此考虑增强交通组织的便利性以及区域水体的连通性，本方案建议，填埋西坎河西侧支汊上游段，新开弧形河道连通西侧支汊下游段与西坎河主流，并与内环西路正交，控制河宽为 18m，新开河长为 190m。

（7）塘里河。塘里河为乡镇级河道，现状长度为 1.77km，现状河宽为 5～16m；塘里河规划控制为不小于现状河宽，水域面积为 12965m²。为增强区域水系连通性，建议新开河道连通塘里河与西坎河，新开河道控制河宽为 16m，新开河长为 40m，同时拓宽塘里河与西坎河连接段，控制河宽为 20～40m。

（8）草塘河。草塘河为村级河道，该河道原为具有较大水面的水域，但由于淤积和被人为填埋，蓄水面积萎缩。草塘河控制河宽为 20～33m，水域面积为 74000m²。根据城区有机更新用地方案，草塘河西侧作为绿化用地规划建设公园。本次综合考虑水域占补平衡以及用地组织，建议该区块中间，按南北向布置草塘河，控制河宽为 25m，河长为 653m，利用原有桥涵与玉坎河相连，通过箱涵过规划纬二路与天开河相通，同时为补偿原草塘河占用面积，需要在规划建设草塘河西侧公园中补偿水域面积 37125 m²，建议将草塘河公园按湿地公园进行建设，补偿区域所减少的涝水调蓄功能。

综上，城南核心区具体调整方案见表 5.2－1。水域调整方案如图 5.2－2 所示。

表 5.2－1　　　　　　　　　　　城南核心区水域调整方案

序号	河道名称	河段	起点	终点	现状河长/m	现状河宽/m	调整后河长/m	调整后河宽/m	调整措施
1	天开河		玉坎河	山脚下河	990	19～59	990	40～59	拓宽纬二路沿线河道
2	下斗门河		天开河	玉坎河	2086	3～22	560	20～38	填埋河道
3	板桥河	板桥河汇合段	板桥河东侧段	山脚下河	1662	3～22	563	15～22	拓宽河道
		板桥河西侧段	密杏村	板桥河汇合段			561	15	河道改道
		板桥河东侧段	环东山塘	板桥河汇合段			461	15	拓宽河道
	板桥河公园								部分建设为下凹式湿地或湖泊
4	板桥河支河		后蛟村	天开河	521	3～5	527	5～10	填埋上游河道、新开河道连通板桥河
5	山脚下河		玉坎河	天开河	1155	4～15	688	15～20	新开河道连通天开河、填埋河道纬二路以东河段
6	西坎河		源头	玉坎河	1679	11～17	1519	15～18	填埋断头河道、新开河道
7	塘里河		源头	玉坎河	653	5～16	693	20～40	新开河道
8	草塘河		天开河	城坎河	453	20～33	653	25	填埋淤积河道 河道西侧绿地 河道改道布置
	草塘河公园								建设湿地公园

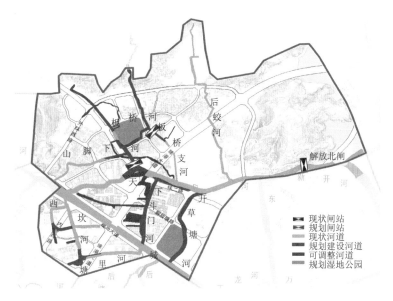

图 5.2-2　城南核心区水域调整方案图

5.2.1.4 水域面积及容积占补平衡分析

（1）水域面积及容积分析方法。根据《浙江省水域调查技术导则（修订）》，有堤防控制（或已经明确规划堤线）的水域面积是指迎水坡堤顶线（或规划线）控制范围内所形成的水面面积；对于无堤防控制的河道临水线一般情况下与水面线相重叠，其水域面积是指河岸线之间（或湖岸线所包围的）的区域所形成的水面面积。因此，本次水域面积按以上规定，通过现场调研及外业测量所得。水域容积是水域面积对应下的水体容积，从河网数学模型中提取所得。

（2）占补平衡分析。根据"水域占补平衡""就近补偿"的原则，对各分区的水域调整方案的水域占补平衡进行分析，本次以城南核心区为例。

城南核心区水域占用主要是河道改道中填埋水域。下斗门河、山脚下河、西坎河、草塘河进行的改道中均有填埋河道的措施，占用水域面积 73892m²。

水域补偿主要是河道改道中新开河道、拓宽河道以及新建湿地公园，其中塘里河、天开河、板桥河、板桥河支河改道等措施中，合计补偿水域面积为 14701m²；板桥河公园、草塘河公园等湿地公园建设中，合计补偿水域面积为 59514m²。

综上，水域调整后，城南核心区水域面积增加 323 m²，水域容积增加 985m³，满足水域占补平衡要求。占补平衡方案见表 5.2-2。

表 5.2-2　　　　　　　　　城南核心区水域占补平衡方案

调整方案	序号	名称	起点	终点	调整面积 /m²	调整容积 /m³	水域占补平衡说明
水域占用	1	下斗门河	天开河	玉坎河	7493	11239.5	区块占用水域合计 73892m²
	2	山脚下河	天开河	玉坎河	3533	4799.5	
	3	西坎河	源头	玉坎河	2390	3585	

调整方案	序号	名称	起点	终点	调整面积/m²	调整容积/m³	水域占补平衡说明
水域占用	4	草塘河	天开河	城坎河	59250	88875	区块占用水域合计 73892m²
	5	板桥河	源头	山脚下河	1226	1839	
河道水域补偿	1	板桥河支河	板桥河支河	板桥河	1184	1776	区块补偿水域合计 14701m²
	2	天开河	玉坎河	山脚下河	11696	17544	
	3	塘里河	源头	玉坎河	1821	2731.5	
公园水域补偿	1	板桥河公园			22389	33583.5	区块补偿水域合计 59514m²
	2	草塘河公园			37125	55687.5	
区块水域面积新增 323m²							

本次水域调整方案中，城中老街区水域面积保持不变；城南核心区水域面积增加 323m²，三合潭河区块水域面积增加 28m²，城坎河排涝区块水域面积增加 8m²，解放塘排涝区块水域面积增加 8700m²。与基准水域面积相比，规划范围内水域面积合计增加了 9598m²（其中漩门三期区块增加了 8700m²），水域容积增加 26225m³（其中漩门三期区块增加了 23523 m³），满足水域占补平衡的要求。方案实施后，规划范围内共有河道 38 条，水域面积为 1.061km²，河道水面率为 2.79%，水面率有所增加。

5.2.1.5　防洪排涝功能影响分析

1. 设计洪水计算

（1）设计暴雨计算。根据流域暴雨分布情况，暴雨统计分析以玉环站点雨量代替区域面雨量进行分析。根据玉环站观测资料，采用 1951—2018 年 24h、1d 和 3d 暴雨短历时资料作为设计依据，对暴雨系列进行经验频率计算，按 P-Ⅲ型曲线适线拟合，求得各重现期设计暴雨，成果见表 5.2-3。

表 5.2-3　　　　　　　　　　　　不同频率设计暴雨成果

时段	均值/mm	C_V	C_S/C_V	各频率设计值/mm			
				2%	5%	10%	20%
H_{1d}	138.8	0.542	3.0	352.3	288.9	240.0	189.7
H_{24h}	157.2	0.542	3.0	385.3	316.2	261.1	207.9
H_{3d}	197.9	0.568	3.0	507.6	413.6	341.3	267.4

（2）设计雨型。根据防洪计算需要，需推求区域年最大 24h、1d 和 3d 逐时雨型分配过程，雨型分配采用浙江省短历时暴雨图集法。

根据 2003 年浙江省水文勘测局编制的《浙江省短历时暴雨》，各频率 24h、1d 和 3d 逐时计算公式如下。

1）各频率最大 24h 雨量时程分布。

$t_i = 1 \sim 6h$：

$$H_i = H_1 t_i^{1-n_{1,6}}$$

$$n_{1,6}=1+1.285\lg(H_1/H_6)$$

$t_i=6\sim24\mathrm{h}:$

$$H_i=H_6(t_i/6)^{1-n_{6,24}}$$

$$n_{6,24}=1+1.66\lg(H_6/H_{24})$$

式中：H_i 为 i 时段的累计雨量，i 时段雨量为 H_i-H_{i-1}；H_1、H_6 和 H_{24} 分别为降雨第 1h、6h 和 24h 雨量；$n_{1,6}$、$n_{6,24}$ 分别为 1~6h 时段和 6~24h 时段的暴雨衰减系数。

将 24h 划分为 24 个时段，按照上述方法计算出 24 时段降雨量，并按照《浙江省可能最大暴雨图集》方法进行排序，得到最大 24h 暴雨雨型，成果见表 5.2-4。

表 5.2-4　　　　　　　　　　　最大 24h 设计雨型　　　　　　　　　　单位：mm

时段	2%	5%	10%	时段	2%	5%	10%
1	5.9	5.0	4.2	14	9.9	8.3	7.0
2	6.1	5.1	4.4	15	10.5	8.8	7.4
3	6.3	5.3	4.5	16	11.3	9.4	7.9
4	6.5	5.4	4.6	17	13.4	11.2	9.4
5	6.7	5.6	4.8	18	19.4	15.2	12.1
6	6.9	5.8	4.9	19	27.3	21.6	17.3
7	7.1	6.0	5.1	20	37.1	29.6	23.4
8	7.4	6.2	5.3	21	108.2	89.9	75.4
9	7.7	6.5	5.5	22	22.4	17.7	14.1
10	8.1	6.7	5.7	23	17.3	13.5	10.7
11	8.4	7.1	6.0	24	12.2	10.2	8.6
12	8.8	7.4	6.3	合计	384.3	316.2	261.1
13	9.3	7.8	6.6				

2）72h 雨型。将 72h 各频率最大雨量分成 3d。

第 1 天：$H_{1d}=0.60(H_{72}-H_{24})$

第 2 天：$H_{2d}=H_{24}$

第 3 天：$H_{3d}=0.40(H_{72}-H_{24})$

其中，H_{72} 和 H_{24} 分别为各频率 3d 降雨量和最大 24h 降雨量，每一天雨量时程分布计算方法同最大 24h 雨量，成果见表 5.2-5。

表 5.2-5　　　　　　　　　　　最大 3d 设计雨型　　　　　　　　　　单位：mm

时段	2%	5%	10%	时段	2%	5%	10%	时段	2%	5%	10%
1	1.1	0.9	0.8	6	1.3	1.1	0.9	11	1.6	1.3	1.1
2	1.2	1.0	0.8	7	1.4	1.1	0.9	12	1.7	1.4	1.1
3	1.2	1.0	0.8	8	1.4	1.2	1.0	13	1.8	1.5	1.2
4	1.2	1.0	0.8	9	1.5	1.2	1.0	14	1.9	1.6	1.3
5	1.3	1.1	0.9	10	1.6	1.3	1.0	15	2.0	1.7	1.4

续表

时段	2%	5%	10%	时段	2%	5%	10%	时段	2%	5%	10%
16	2.2	1.8	1.5	36	8.8	7.4	6.3	56	1.0	0.8	0.6
17	2.6	2.1	1.7	37	9.3	7.8	6.6	57	1.0	0.8	0.7
18	3.7	2.9	2.2	38	9.9	8.3	7.0	58	1.0	0.8	0.7
19	5.3	4.1	3.2	39	10.5	8.8	7.4	59	1.1	0.9	0.7
20	7.2	5.6	4.4	40	11.3	9.4	7.9	60	1.1	0.9	0.8
21	20.9	16.8	13.3	41	13.4	11.2	9.4	61	1.2	1.0	0.8
22	4.3	3.3	2.6	42	19.4	15.2	12.1	62	1.3	1.0	0.9
23	3.3	2.5	2.0	43	27.3	21.6	17.3	63	1.4	1.1	0.9
24	2.4	1.9	1.6	44	37.1	29.6	23.9	64	1.5	1.2	1.0
25	5.9	5.0	4.2	45	108.2	89.5	75.3	65	1.7	1.4	1.1
26	6.1	5.1	4.4	46	22.4	17.7	14.1	66	2.5	1.9	1.5
27	6.3	5.3	4.5	47	17.3	13.5	10.7	67	3.5	2.7	2.1
28	6.5	5.4	4.6	48	12.2	10.2	8.6	68	4.8	3.7	2.9
29	6.7	5.6	4.8	49	0.8	0.6	0.5	69	13.9	11.3	9.3
30	6.9	5.8	4.9	50	0.8	0.6	0.5	70	2.9	2.2	1.7
31	7.1	6.0	5.1	51	0.8	0.7	0.5	71	2.2	1.7	1.3
32	7.4	6.2	5.3	52	0.8	0.7	0.6	72	1.6	1.3	1.0
33	7.7	6.5	5.5	53	0.9	0.7	0.6	合计	507.6	413.6	341.3
34	8.1	6.7	5.7	54	0.9	0.7	0.6				
35	8.4	7.1	6.0	55	0.9	0.8	0.6				

（3）设计洪水。产流计算采用蓄满产流的简易扣损法，不同地块采用不同的扣损方法。其中，城市硬化地面不扣损；农林、草地等采用初损为 20mm，后损最大日扣 1.0mm/h，其余 2d 扣 0.5mm/h。山区汇流采用浙江省合理化公式法推求其设计洪水过程。平原区设计洪水采用扣损法求得产水过程。

根据水系内汇流规律和产汇流模拟计算要求，将计算区域划分为 68 个分区，如图 5.2-3 所示。其中山区计算单元 33 个，面积为 21.27km²，平原计算单元 35 个，面积为 16.55km²。根据浙江省推理公式计算的山区各计算单元年最大 24h 设计洪水成果见表 5.2-6，通过净雨量转化得到的平原地区年最大 24h 设计洪水成果见表 5.2-7。另采用地区综合法进行设计洪水比较计算。经比较分析，本规划设计洪水成果较为合理。

表 5.2-6　　　　　　　　各山区单元年最大 24h 设计洪水成果

分区编号	面积/km²	参数	各频率设计值			分区编号	面积/km²	参数	各频率设计值		
			2%	5%	10%				2%	5%	10%
1	1.12	洪峰	34.7	28.1	23.1	2	0.72	洪峰	23.6	19.2	15.8
		洪模	31.1	25.2	20.7			洪模	32.8	26.6	21.9
		洪量	39.3	31.1	24.8			洪量	39.3	31.1	24.8

分区编号	面积/km²	参数	各频率设计值			分区编号	面积/km²	参数	各频率设计值		
			2%	5%	10%				2%	5%	10%
3	1.02	洪峰	21.9	17.4	14.0	14	0.59	洪峰	27.9	22.9	19.0
		洪模	21.5	17.1	13.8			洪模	47.6	39.0	32.5
		洪量	36.0	28.6	22.7			洪量	24.2	19.5	15.8
4	1.12	洪峰	25.5	20.2	16.3	15	0.21	洪峰	11.1	9.1	7.6
		洪模	22.6	18.0	14.5			洪模	53.0	43.6	36.3
		洪量	40.2	32.0	25.5			洪量	8.9	7.2	5.8
5	0.32	洪峰	15.8	12.9	10.8	16	0.16	洪峰	7.2	5.9	4.9
		洪模	49.1	40.3	33.5			洪模	43.9	35.9	29.8
		洪量	13.3	10.7	8.8			洪量	6.6	5.3	4.3
6	1.23	洪峰	34.1	27.3	22.2	17	0.08	洪峰	4.4	3.6	3.0
		洪模	27.7	22.2	18.0			洪模	52.9	43.4	36.2
		洪量	43.6	35.0	28.3			洪量	3.5	2.9	2.3
7	0.17	洪峰	8.1	6.6	5.5	18	0.03	洪峰	1.6	1.3	1.1
		洪模	47.9	39.2	32.6			洪模	55.8	45.9	38.4
		洪量	6.9	5.6	4.5			洪量	1.4	1.1	0.9
8	1.14	洪峰	34.3	27.6	22.5	19	0.03	洪峰	1.7	1.4	1.2
		洪模	30.0	24.1	19.7			洪模	63.8	52.7	44.1
		洪量	39.3	32.2	26.3			洪量	1.3	1.0	0.8
9	0.55	洪峰	22.5	18.4	15.2	20	0.17	洪峰	11.0	9.1	7.6
		洪模	41.2	33.6	27.8			洪模	63.5	52.4	43.9
		洪量	21.3	17.0	13.8			洪量	8.0	6.5	5.3
10	1.98	洪峰	65.4	53.1	43.7	21	0.29	洪峰	14.3	11.7	9.8
		洪模	33.1	26.8	22.1			洪模	49.4	40.6	33.8
		洪量	72.0	57.3	45.7			洪量	12.1	9.7	7.9
11	0.54	洪峰	18.6	15.1	12.5	22	0.27	洪峰	13.1	10.7	8.9
		洪模	34.3	27.8	23.0			洪模	49.2	40.3	33.5
		洪量	20.1	16.0	12.9			洪量	11.1	8.9	7.3
12	0.86	洪峰	28.5	23.1	19.0	23	0.57	洪峰	23.7	19.3	16.0
		洪模	33.0	26.8	22.1			洪模	41.4	33.8	28.0
		洪量	31.4	25.0	19.9			洪量	22.4	17.8	14.5
13	1.68	洪峰	35.8	28.4	22.9	24	0.67	洪峰	19.4	15.6	12.7
		洪模	21.3	16.9	13.6			洪模	29.1	23.3	19.0
		洪量	59.0	47.4	37.7			洪量	23.5	18.9	15.4

续表

分区编号	面积/km²	参数	各频率设计值			分区编号	面积/km²	参数	各频率设计值		
			2%	5%	10%				2%	5%	10%
25	0.52	洪峰	24.0	19.6	16.3	65	1.16	洪峰	44.2	36.0	29.8
		洪模	45.8	37.5	31.1			洪模	38.0	30.9	25.6
		洪量	21.3	17.2	14.0			洪量	44.5	35.6	28.6
26	0.06	洪峰	2.6	2.1	1.7	66	0.56	洪峰	16.1	12.9	10.5
		洪模	42.7	34.9	28.9			洪模	28.8	23.1	18.8
		洪量	2.4	1.9	1.5			洪量	19.6	15.9	12.8
27	0.29	洪峰	11.7	9.5	7.9	67	0.15	洪峰	7.9	6.5	5.4
		洪模	40.4	32.9	27.3			洪模	53.7	44.2	36.8
		洪量	11.2	9.0	7.3			洪量	6.4	5.1	4.2
28	1.84	洪峰	34.1	26.9	21.6	68	0.38	洪峰	16.4	13.4	11.1
		洪模	18.6	14.7	11.7			洪模	42.8	34.9	29.0
		洪量	63.7	50.6	40.3			洪量	15.3	12.2	9.9
64	0.78	洪峰	28.8	23.5	19.4						
		洪模	36.9	30.0	24.8						
		洪量	29.7	23.7	19.0						

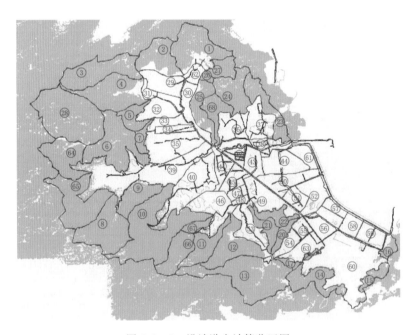

图 5.2-3　设计洪水计算分区图

2. 一维水动力模型构建

本次采用 Mike11 计算软件构建玉坎河系一维河网模型。

表 5.2－7 各平原区年最大 24h 单元设计洪水成果

分区编号	面积/km²	参数	各频率设计值			分区编号	面积/km²	参数	各频率设计值		
			2%	5%	10%				2%	5%	10%
29	0.5	洪峰	14.0	11.6	9.8	47	0.1	洪峰	3.9	3.3	2.7
		洪量	16.8	13.6	11.1			洪量	4.7	3.8	3.1
30	0.4	洪峰	11.8	9.8	8.3	48	0.1	洪峰	2.1	1.7	1.4
		洪量	14.1	11.4	9.3			洪量	2.5	2.0	1.6
31	0.1	洪峰	3.3	2.7	2.3	49	0.6	洪峰	18.5	15.3	12.9
		洪量	3.9	3.2	2.6			洪量	22.1	17.8	14.6
32	0.5	洪峰	15.8	13.1	11.0	50	0.5	洪峰	15.5	12.8	10.8
		洪量	18.9	15.2	12.4			洪量	18.5	14.9	12.2
33	0.2	洪峰	6.5	5.4	4.5	51	0.2	洪峰	7.0	5.8	4.9
		洪量	7.8	6.3	5.1			洪量	8.4	6.8	5.5
34	0.2	洪峰	5.1	4.2	3.5	52	0.5	洪峰	14.7	12.2	10.2
		洪量	6.1	4.9	4.0			洪量	17.6	14.2	11.6
35	0.9	洪峰	26.0	21.6	18.2	53	0.5	洪峰	15.5	12.8	10.8
		洪量	30.9	25.0	20.3			洪量	18.5	15.0	12.2
36	0.5	洪峰	14.7	12.2	10.3	54	0.2	洪峰	6.6	5.5	4.6
		洪量	17.5	14.1	11.5			洪量	7.9	6.4	5.2
37	0.5	洪峰	16.2	13.5	11.3	55	0.2	洪峰	5.1	4.2	3.5
		洪量	19.3	15.6	12.7			洪量	6.0	4.9	4.0
38	0.5	洪峰	13.7	11.4	9.6	56	0.5	洪峰	14.2	11.8	9.9
		洪量	16.3	13.2	10.7			洪量	17.0	13.7	11.2
39	1.9	洪峰	56.2	46.6	39.3	57	0.2	洪峰	5.0	4.1	3.5
		洪量	67.3	54.3	44.4			洪量	6.0	4.8	3.9
40	1.2	洪峰	34.6	28.7	24.2	58	0.2	洪峰	7.4	6.1	5.1
		洪量	41.4	33.4	27.3			洪量	8.8	7.1	5.8
41	0.3	洪峰	8.9	7.3	6.2	59	0.3	洪峰	10.3	8.6	7.2
		洪量	10.6	8.5	7.0			洪量	12.3	9.9	8.1
42	0.2	洪峰	5.4	4.4	3.7	60	1.9	洪峰	56.6	47.0	39.6
		洪量	6.4	5.2	4.2			洪量	67.8	54.8	44.7
43	0.3	洪峰	8.5	7.1	6.0	61	0.3	洪峰	8.1	6.7	5.7
		洪量	10.2	8.3	6.7			洪量	9.6	7.7	6.3
44	0.5	洪峰	16.3	13.5	11.4	62	0.2	洪峰	5.3	4.4	3.7
		洪量	19.5	15.7	12.9			洪量	6.2	5.0	4.1
45	0.3	洪峰	9.1	7.5	6.3	63	0.4	洪峰	11.2	9.3	7.8
		洪量	10.9	8.8	7.2			洪量	13.2	10.7	8.7
46	0.7	洪峰	22.3	18.5	15.6						
		洪量	26.7	21.5	17.6						

（1）基本方程。非定常水动力学模型的控制方程为一维非恒定流动方程组：

$$\frac{\partial Q}{\partial t}+2u\,\frac{\partial Q}{\partial X}+Ag\,\frac{\partial Z}{\partial X}=u^2\,\frac{A}{\partial X}-g\,\frac{Q|Q|}{C^2R}+q_i(u-u_0)$$

式中：$Z(x,t)$ 为断面平均水位，m；$Q(x,t)$ 为断面流量，m³/s；$A(x,t)$ 为断面面积，m²；$u(x,t)$ 为断面平均流速，m/s；C 为谢才系数；q_i 为单位河长上的支流流量。

（2）定解条件。定解条件包括水流的初值与边界值。

水流初始条件：$t=0$，$Z(x,t)=Z(x,0)$，$Q(x,t)=Q(x,0)$

边界条件：当 $x=0$ 时，$Z(x,t)=Z(0,t)$；当 $x=L$ 时，$Z(x,t)=Z(L,t)$。

河网其内边界条件比较复杂，主要有如下方面：

支汊节点的处理：河网的支汊点有三汊、四汊等多种方式，其处理办法是利用交汊点上应满足：$Z_1=Z_2=\cdots=Z_n$。

$$\sum_{i=1}^{n}Q_i=0$$

可以建立相应的方程数及同等未知数求解。

节制闸的控制方程为

$$Q_U=Q_D=\Phi_M B(Z_D-Z_0)(Z_U-Z_D)^{\frac{1}{2}}$$

式中：Z_U 为闸上水位；Z_D 为闸下水位；Q 为过闸流量；B 为闸门净宽；Z_0 为闸顶高程；Φ_M 为闸的流量系数。

（3）模型概化。在计算中需要对河网进行概化，概化保留主要河道及整个河网特征，以玉坎河系实测断面资料为依据，同时考虑区块的调蓄作用。现状方案模型共概化 44 个河段，规划方案概化为 40 个河段；现状方案模型共概化 383 个断面，规划方案为 376 个断面。现状河网概化及验证示意图如图 5.2-4 所示。

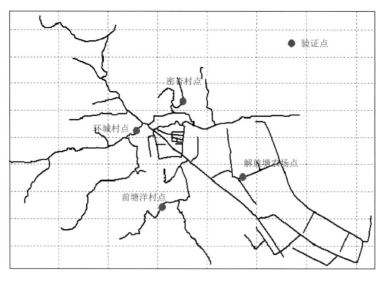

图 5.2-4　玉坎河系河网概化及验证示意图

（4）模型验证。本次验证的实测资料为 2009 年 9 月"莫拉克"台风暴雨资料。该降雨量主要集中在 9 月 29—30 日，玉环站总降雨量为 383mm，降雨过程见表 5.2-8。验证水位通过实地调查获得，本次共获得四个较为可靠的水位验证点，分别是前塘洋村点、环城村点、密杏村点和解放塘农场点，见图 5.2-4。验证结果及验证点地面高程见表 5.2-9。

表 5.2-8　　　　　　　　　　　**2009 年 9 月 29—30 日暴雨降雨过程**　　　　　　　单位：mm

时间	降雨量	时间	降雨量	时间	降雨量	时间	降雨量
29 日 10：00	2	19：00	10	04：00	15.5	13：00	6.5
11：00	1	20：00	18	05：00	12	14：00	2.5
12：00	1	21：00	13	06：00	13	15：00	3
13：00	1.5	22：00	31	07：00	4	16：00	2
14：00	1.5	23：00	17.5	08：00	4	17：00	3.5
15：00	11.5	30 日 00：00	37	09：00	9.5	18：00	7
16：00	7.5	01：00	17.5	10：00	21.5	19：00	2
17：00	12	02：00	44.5	11：00	15	20：00	2.5
18：00	5.5	03：00	16	12：00	9	21：00	2.5

表 5.2-9　　　　　　　　　　**2009 年 9 月 29—30 日暴雨过程最高水位验证对照**

位置	水位/m		验证点地面高程/m
	调查值	计算值	
前塘洋村点	3.2	3.24	2.1
环城村点	3.6	3.59	2.5
密杏村点	2.8	2.87	2.4
解放塘农场点	2.4	2.35	1.0

通过对表 5.2-9 内数据对比分析，验证的情况与实际基本一致，从流向上看，水流流向和实际情况相符。通过水流验证表明，所建立的数学模型基本能反映区域内河道水流的实际情况，验证结果合理可靠，率定的计算参数可用于规划方案的对比计算，河道糙率范围为 0.025～0.035。

3. 方案比选

（1）计算方案组成。防洪排涝计算工况设置根据本次水系调整方案的特点，主要考虑：①规划水系调整情况（包括规划河道建设与填埋）；②部分区域的下垫面变化情况。

各计算方案组成如下：

现状方案（方案 1）：现状水系＋现状下垫面条件。

规划方案（方案 2）：规划调整水系＋规划下垫面条件。

规划水系调整情况主要包括规划河道建设与填埋，具体如图 5.2-5 所示。

（2）防洪计算成果与分析。选取玉坎河系 20 年一遇（$P=5\%$）及 50 年一遇（$P=2\%$）水文条件进行计算，同时与《玉环市防洪规划报告》（2018 年）推荐方案进行对比，各方案计算成果可见表 5.2-10。

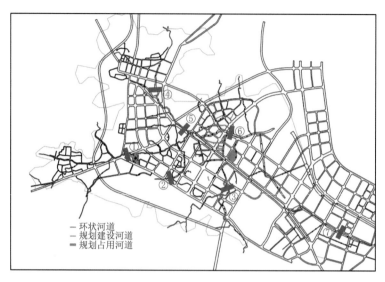

图 5.2－5　规划水系调整情况及典型断面分布示意图

表 5.2－10　　　　　　　　　　　　各方案最高水位计算统计　　　　　　　　　　　单位：m

序号	断面名称	所属河道	《玉环市防洪规划》（2018）		现状方案（方案 1）		规划方案（方案 2）	
			$P=5\%$	$P=2\%$	$P=5\%$	$P=2\%$	$P=5\%$	$P=2\%$
1	石门坎	三合潭河	4.23	4.52	4.23	4.52	4.23	4.52
2	渔岙	塘里河	4.18	4.56	4.16	4.54	4.16	4.54
3	后塘垟	后塘河	3.45	3.73	3.45	3.73	3.42	3.71
4	玉兴	玉坎河	3.91	4.13	3.91	4.13	3.91	4.13
5	三潭	玉坎河	3.56	3.90	3.56	3.90	3.55	3.89
6	环礁	天开河	3.33	3.66	3.31	3.64	3.28	3.61
7	海城	城坎河	2.78	3.06	2.76	3.04	2.74	3.03

由表 5.2－10 可以看出，本次玉坎河系有机更新水域调整主要涉及的区域为后塘河片区和天开河片区，实施规划方案后，二者的典型断面的最高水位相较现状均有一定程度的下降，水流下泄能力有所提高；而其他片区河道水系调整幅度不大，计算最高水位的变化也并不显著，排涝能力变化不甚明显。

5.2.1.6　其他功能影响分析

（1）水资源利用影响分析。本方案对河道水域的占用主要针对玉环市城区的小河浜、断头浜，不涉及骨干河道；对河道的拓宽主要针对区域内骨干排涝河道；新开河道主要目的是调整原河道位置以便区域开发及交通组织，同时增强区域内水系的连通性。方案调整后，玉环市城区的水域面积增加了 $9598m^2$，水域容积增加 $26225m^3$。因此，按 5.2 节水系调整方案对水域进行调整并综合整治后，不但增加了水资源可用量，同时对水质的改善也大有裨益，有利于区域水资源的合理利用。

（2）水生态环境影响分析。本次水域调整方案实现占补平衡，填埋了部分已基本丧失功能的断头浜，并根据水域保护等效替代功能补救的原则，就近新开河道或拓宽水域，弥补原有河道的功能，因此填埋后不会影响区域河道的水生态功能。并且通过拓宽部分主干河道、连通一些断头河浜，在水量较大时可促进区域水体流动，减少死水区。通过水系调整，优化了区域内河道布局，减少了区域内断头浜数量，增强了水系连通性，提高了水体交换能力和自净能力，结合河道疏浚减轻原位污染。因此本次水系调整方案有利于改善玉环市城区的河道水环境。

（3）水景观影响分析。本次水域调整方案立足玉坎河系现状河道情况，对断头浜分类处理，填埋了部分淤塞河道，沟通了一些断头浜，优化了水网架构，通过以河流水系为轴线的绿道建设，以规划新建的草塘河湿地公园与板桥河湿地公园为基点，汇集规模分散的公园、绿地和园林，构建城南核心区"一环"亲水绿道带，使得景观水网形成系统的城市绿化开放空间，实现了水景观效益的有效提升。

5.2.1.7 水域管控措施

1. 管理主体及职责

（1）玉环市农业农村和水利局。根据《浙江省河道管理条例》和《浙江省水域保护办法》等规定，玉环市农业农村和水利局作为辖区水行政主管部门，在本次城市有机更新中的主要职责如下：

1）日常巡查和动态监测职责。定期对有机更新区域内的水域进行日常巡查，及时发现并制止对水域的无序和不合理占用，组织或配合水政执法行为。

2）涉河涉堤项目审批职责。依据本方案进行水域占补行为，进行承诺备案登记制管理；对于不在本方案内的水域占补行为或负面清单内的行为，应根据相关法规及规定，按照涉河涉堤项目的管理要求进行审批。

3）水域占补的事中和事后监管。应依法进行城市有机更新区块水域调整事中和事后监管，落实好水域占补平衡工程的监督、工程资料的存档及管理，参加水域占补平衡工程的竣工验收，保证水域占补能按水域调整方案实施。对于行洪排涝的骨干河道，如天开河，应落实好"先补后占"原则，保持行洪畅通。

4）水事违法案件立案受理及查处。按照相关规定，协同执法部门，对水域占用存在重大纠纷或违法事情，应依法立案、听证、下达处罚及执行至最终结案、存档。

（2）玉城街道和坎门街道及项目实施主体。玉城街道办事处和坎门街道办事处及项目实施主体需要履行以下职责：

1）水域占补平衡实施。严格依据《浙江省水域保护办法》的规定，遵循"占补平衡、占补同步"的原则，按照水域调整方案的要求，组织实施水域占补平衡，做好水域占补备案登记，确保区域内水域面积不减少、功能不减退。

2）协助水行政主管部门管理监督。协助玉环市农业农村和水利局对水域占补平衡工程及河道整治工程的实施的监管。

2. 河道管理范围

根据《玉环市河道水域控制规划》，玉环市河道管理范围分为四级，主要如下：

（1）骨干县级河道。骨干县级河道为玉坎河、城坎河、三合潭河和天开河，其管理范围为河道临水线向陆域延伸不少于 10m 处。

（2）一般县级河道。一般县级河道为泰安河与解放塘河，其管理范围为河道临水线向陆域延伸不少于 7m 处。

（3）乡镇级河道。乡镇级河道有 12 条，管理范围线划定为河道岸边线向陆域延伸不少于 5m 处。

（4）村级河道。村级河道有 10 条，管理范围线划定为河道岸边线向陆域延伸不少于 2m 处。

3. 水域占用影响评价负面清单及承诺备案制

（1）负面清单：①占用水域不符合《玉环市城区有机更新水域调整方案》要求的项目，若因建设实际情况确需调整的，应当另行编制水域局部调整方案或防洪评价专题报告，按规定程序实施项目审批。②涉河建设项目产生的壅水高度、阻水面积比、对堤（护岸）身稳定、堤（护岸）身和堤（护岸）脚冲刷超过相关技术规定的项目。③法律法规规定必须履行审批程序的特殊情形。

（2）承诺备案制。对符合准入标准的项目实行承诺备案制管理，项目所在地街道办事处应向玉环市农业农村和水利局提出书面承诺书，承诺备案作为后续的监管依据，需根据水行政主管部门要求如实填写。

4. 地面高程控制

本次建议地基沉降较为稳定的有机更新地块，地面高程可按 20 年一遇设计洪水位以上 0.3～0.5m 控制，对于地面沉降较大的软基地块，特别是新开发区域，地面高程可按 20 年一遇设计洪水位以上 0.5～0.8m 控制。

5. 桥梁设计参数控制

本次水域调整方案确定的河道改道工程存在于规划道路交叉的情况，在条件允许的情况下建议以建设跨河桥梁的方式实现立体交叉，以便最大限度的减小对河道的影响，保证河道的蓄水和排水能力。跨河桥梁应符合以下规定：

（1）根据《公路桥涵设计通用规范》（JTGD 60—2015）表 3.4.3 规定，对非通航河流桥下最小净空应高出计算水位 0.5m，取 20 年一遇设计洪水位以上 0.5m。

（2）根据《浙江省涉河桥梁水利技术规定》，跨越Ⅲ级及以下堤防以及无堤防河道的桥梁的阻水面积百分比不宜大于 6%，不得超过 8%；保证桥墩轴线与水流正交原则，即应保证桥墩轴线与水流方向一致，最大偏差控制在 5°以内。

（3）桥梁桥墩应尽可能避免布置在河道中。山区性河道小于 35m 宽的行洪河道，宜调整或优化桥跨布置，一跨过河；35～70m 宽的行洪河道，至多考虑在河道中布置 1 个桥墩，宜避开河道主槽；平原区河道小于 25m 宽的行洪排涝河道，宜调整或优化桥跨布置，一跨过河；25～50m 宽的行洪排涝河道，至多考虑在河道中布置 1 个桥墩，宜避开河道主槽。桥梁后续设计布跨无法满足以上要求的，应按照相关法规和规定进行分析论证。（区域中单座桥梁或公路桥墩按圆形考虑，直径一般在 1.2～2m，按最大 2m 考虑，山区性河道按阻水比按 6% 控制，平原区河道按阻水比 8% 考虑，反算得到控制河宽。）

6. 应急管理

由于城区有机更新中，众多地块性质变化，城市的地形地貌和下垫面条件发生大幅改变，原有自然地块或者农业为主的地块转化为城镇建设用地或者工业用地，地面硬化率显著增加，且汇流速度、排涝模数及产流量均有一定增加，因此，应提前或及时采取应急措施，具体如下：

（1）加快雨水管道建设。城区多个地块的用地性质将发生改变，由农用地改为居住用地、商业用地，地面硬化的速度将大为加快。在这种情况下，局部地区的小微水体占用后，将容易造成该地区的洪涝灾害。因此，应加快城区的雨水管道建设，及时将雨水纳入管道后，统一排放至骨干河道内。

（2）加强涉河涵洞、涵管的管理。相关部门应加强涉河涵洞、涵管的管理，尽量减少涵洞、涵管，有条件的应尽量建造桥梁，对已建的涵洞、涵管逐步进行改造。

5.2.2 苍南县城市新区建设项目占用水域影响评价案例

5.2.2.1 建设项目及水域基本情况

1. 建设项目概况

本案例涉及的苍南县县城新区内建设项目有三个，分别是城市综合体、儿童公园和祥和安置小区，均属于非基础设施建设项目。

城市综合体拟选址于县城中心区 36-1 地块，位于站前大道以东、玉苍路以南、江滨路以北、儿童公园以西；项目总用地面积为 $61610m^2$，现状用地为旧村、水域和空地，规划集购物中心、写字楼、步行街和住宅于一体。

儿童公园拟选址于县城中心区 36-2～36-5、45 及 46 地块，西邻城市综合体，东接春晖路，北至玉苍路，南临横阳支江；项目总用地面积为 $184010m^2$，现状用地为旧村、水域和空地，规划用地包括水域、游乐场、休闲小岛、广场、绿地等。

祥和安置小区拟选址于县城中心区 30-1 地块，位于渎浦路以东，祥和路以南，锦绣路以西，区间路以北；项目总用地面积为 $67843m^2$，现状用地为旧村、水域和空地，该项目为拆迁安置住宅区，规划用地由住宅、配套商业网点及公共服务设施配套组成。具体位置见图 5.2-6 和图 5.2-7。

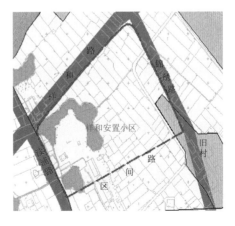

图 5.2-6　城市综合体和儿童公园位置图　　　图 5.2-7　祥和安置小区位置图

2. 水域概况

本次评价区域位于苍南县南港流域江西垟片灵溪镇中心区域（苍南县县城中心区）。水域占用影响评价区域西起站前大道，东至苍南大道，北到萧江塘河，南临横阳支江-斗门头河-玉苍路。涝水主要通过下萧河、斗门头河排入萧江塘河，并由萧江塘河排入鳌江。评价区域内水域主要有下萧河、斗门头河、郑家洋河等 11 条河道及 41 个池塘。

评价区域总面积为 262.73 万 m²，其中陆域面积为 244.65 万 m²，水域面积为 18.08 万 m²，水域容积为 50.28 万 m³；其中，河道 11 条，水域面积为 10.53 万 m²，水域容积为 29.70 万 m³；池塘 41 个，水域面积为 7.55 万 m²，水域容积为 20.58 万 m³。评价区域内水域调查成果见表 5.2-11。

本次评价区域内无重要水域，均属于一般水域。

表 5.2-11　　　　　　　　评价区域内水域调查成果

评价总范围	水域类型	数量	长度/km	水域面积/万 m²	水域容积/万 m³	水面率/%	水域容积率/(万 m³/km²)
262.73 万 m²	平原河道	11 条	7.29	10.53	29.70	4.01	11.31
	池塘	41 个	/	7.55	20.58	2.87	7.83
	小计			18.08	50.28	6.88	19.14

3. 被占用水域基本情况

城市商业综合体、儿童公园占用部分下萧河及其支河、池塘 Y36 水域。下萧河为横阳支江和萧江塘河之间南北走向的河道，下萧河及其支河总长 1.72km，现状宽度为 14m，水域面积为 0.027km²，水域容积为 3.93 万 m³；池塘 Y36 水域面积为 2608m²，水域容积为 0.71 万 m³。横阳支江属高水高排河道，两岸已修堤防，下萧河南端封闭，北端通过水闸与萧江塘河连通，汛期区域水位高于萧江塘河水位时，开启水闸排出涝水。城市商业综合体、儿童公园占用下萧河及其支河 1156m，占用河道水域面积 14340m²、水域容积为 4.31 万 m³；占用池塘水域面积 2608m²、水域容积 0.71 万 m³；共占用水域面积 16948m²、水域容积 5.02 万 m³。

祥和安置小区占用 Z15、Z17 两个池塘，与周围河道不连通，为两片独立的水域，水域面积为 7232 m²，水域容积为 1.97 万 m³。

4. 水域功能分析

评价区域内水域分两种自然形态：河道和池塘，河道 11 条，总长 7.29km，水域面积为 10.53 万 m²，占评价区域总水域面积的 58.24%；池塘 41 个，水域面积为 7.55 万 m²，占评价区域总水域面积的 41.76%。

（1）评价区域水域功能：河道主要用于排涝、蓄水和灌溉。池塘面积基本都不大，小部分面积大些的具有灌溉和渔业养殖功能，大部分池塘用于农户自家养殖，还有部分池塘已严重淤积，杂草丛生，基本不承担水域功能。

（2）被占用水域功能：城市商业综合体、儿童公园占用的部分下萧河及其支河具有排涝、蓄水、灌溉功能；占用的池塘 Y36 水域仅有蓄水功能。祥和安置小区占用的 Z15、

Z17 两个独立池塘已淤积，长满杂草，基本不承担水域功能。

5. 现有水利工程及其他设施情况

评价区域涝水主要通过下萧河、斗门头河排入萧江塘河，并由萧江塘河排入鳌江。萧江塘河频率为 10%、5%、2% 水位分别为 5.24m、5.61m 和 6.02m，土堤高程为 5.98m，区域地面高程为 4.5～4.8m。下萧河、斗门头河入萧江塘河口均建有一孔水闸，宽度分别为 3.0m、3.2m，设计流量均为 10m³/s。汛期，当区域水位高于萧江塘河水位时开启水闸排出涝水，低于萧江塘河水位时关闭水闸阻挡外水。

6. 水利规划及其他规划

（1）防洪排涝规划。2009 年编制的《苍南县县城中心区控制性详细规划》对整个县城中心区及本评价区域的具体防洪排涝要求如下：

1）规划标准：整个县城中心区防洪标准为 50 年一遇，排涝标准为 20 年一遇。

2）评价区域相关工程措施：一是规划区 50 年一遇洪水位为 5.02m，本规划设定道路中心线最低标高不小于 5.02m，建筑物室内地坪标高最低不宜小于 5.40m。二是下萧河部分保留开挖成人工湖，其他河段规划宽度大于 20m，河底高程控制在 0.8m；对一些盲河、断头河和工程上必须处理的河道进行有计划的改造；规划实施后的水域总面积不小于实施前水域总面积的 95%。三是规划区内萧江塘河与横阳支江的现有水闸予以保留，待县防洪体系建设完成后，可取消萧江塘河与规划区域内内河沟通的水闸；规划新建人工湖（中心湖）控制闸。

（2）苍南县水域保护规划。2009 年编制的《苍南县水域保护规划》对灵溪镇的规划水域指标及本评价区域内部分河道有如下相关规定：

1）灵溪镇规划水域指标：灵溪镇的规划水域面积为 5.91km²，水域容积为 1840.69 万 m³，规划基本水面率为 6.83%，容积率为 21.28 万 m³/km²。

2）对评价区域相关河道的要求：斗门头河规划宽度为 13m，水域面积为 0.03 km²，水域容积为 5.12 万 m³；下萧河规划宽度为 14m，水域面积为 0.016km²，水域容积为 2.88 万 m³。

（3）水环境保护规划。规划目标：河流水质应达到三类以上标准，饮用水合格率应达到 95% 以上。

水污染控制与处理：所有污水、废水的排放，一定要经处理达到相应标准后方可排入片区市政管网；实行雨、污分流制排水系统；加强河流驳岸及疏浚，禁止垃圾倒入水体，并禁止污水直接排入水体；大力加强绿化建设，尽可能提高绿化覆盖率，保证水环境质量的提高与美化。

（4）土地利用规划。2009 年编制的《苍南县县城中心区控制性详细规划》关于苍南县县城中心区土地利用情况有如下规定：居住用地主要以体育场路为界线分为两大片区域。体育场路以西为城市型社区，位于行政、商业、文化娱乐等功能区块；体育场路以东为居住组团，以居住功能为主，以规划道路以及规划河道等为单元组织形成三个居住组团。其中站前大道、玉苍路以及体育场路两侧为商业金融业用地。同时，明确了各地块的土地利用性质，如图 5.2-8 所示。城市商业综合体地块规划土地使用性质为商业、住宅用地；儿童公园地块规划土地使用性质为水域、防护绿地、广场用地及停车场库用地；祥和安置小区地块规划土地使用性质为住宅用地。

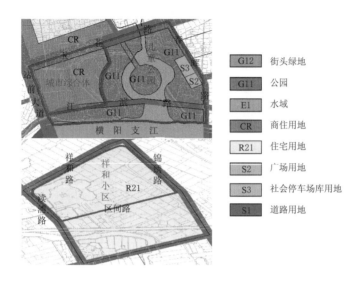

图 5.2-8 项目区土地利用规划成果图

5.2.2.2 水域演变

1. 水域历史演变概况

苍南大部分境域属鳌江水系。鳌江初名始阳江，旋称横阳江或钱仓江，为浙江省八大水系之一。鳌江干流发源于文成县桂山乡吴地山麓，干流总长 91.1km，支流以苍南的横阳支江为最长。干流流域称北港，横阳支江流域称南港，南北港在凤江乡汇合后，东流注入东海。

本次评价区域内水系属苍南县南港流域江西垟片，是平原河网，水系的历史演变有着平原河网演变的特点。苍南县濒临东海，受台风影响严重，且入海河流受到潮流的影响。此外，苍南县总的地势西南高东北低，上游山区河流的流态对于下游河流的演变也有重要影响。因此，评价区域内水系的历史演变有着如下特点：

（1）平原河网的自然演变特点。滨海平原是最后一次海侵的产物，以浅海沉积为主的特点使地势极为平坦，没有明显的汇流区。初期众多潮流沟分头入海，水系散乱，不能形成大的河道。河网河流的来水绝大部分来自降雨，泥沙来源绝大部分也是由雨水侵蚀地面带入。河网河流除了汛期排涝时水流流动，大部分时期水平如镜，没有水流运动。从现代海积平原水系的发育过程看，自然条件下沼泽化是这类河流的主要演变趋势，茂密水生植物生长更加速河流的衰亡。

（2）受径流和潮涌的影响。河流径流的不均匀性。苍南位于浙江省东南隅，东与东南濒临东海，受台风影响严重，当地流域的径流属台风雨型径流，年内有两个汛期（5—6月梅汛、7—9月台汛）。由于河流集水面积不大，多发育双源或扇状水系，由于源短坡陡，洪水具有洪峰形成快、峰量大、传播迅速、暴涨暴落的特点。这使得鳌江水系河流的洪枯流量比在 24000 以上，远远高于国内的长江、黄河等大江大河。径流的这些特点使河流河源区和干流区河床的冲淤变形只出现在汛期甚至只在大洪水期完成，造床水流的大流速使沙级以下细颗粒直接送入河口区，而非汛期河床基本是稳定的。

入海河流的河口段潮流强劲，鳌江河口出现涌潮。鳌江入河口属强潮河口，涨落潮流流速很大，鳌江河口的潮流流速为 $1\sim2m/s$。由于水浅，潮波上溯过程中变化剧烈，往往形成潮涌，鳌江的潮涌高达 $1m$。入海河口潮流强劲，进出潮量大，除了洪水汛期，潮流是塑造河床的主要动力。

（3）上游山区河流的影响。苍南县总的地势是西南高东北低，区域内水系的来水主要来自上游山区。山区河道坡陡流急，特别是在汛期，山区的卵石、泥沙被山洪携带向下游搬运，出山口后由于河宽骤然放宽，流速骤降，泥沙快速沉积，堵塞河床。

2. 水域近期演变分析

中华人民共和国成立后，随着经济社会的发展，人类对河流改造的主动性越来越强，兴建了一批较大规模的水利工程，如水库、大闸、裁弯取直和河口围涂工程等，改变了自然的河流形态及水沙条件。这些工程有利有弊，如大型蓄水工程对防洪抗旱、水资源利用起了良好的作用，而因下泄流量减少又引起下游感潮河段的淤积。

一般条件下，物理（如雨水冲刷泥沙入河或风浪侵蚀淤积）以及生物化学（如植物生长死亡的有机物质）沉积，其过程是十分缓慢的，而人类活动（如船行波引起的岸坡坍塌，城市乡村垃圾的填埋，运输过程中物质的散落等）引起的河流淤积，其幅度远远超过自然淤积的幅度。近一二十年来，自然、人类活动引起的淤积量增加，而疏浚清淤不及时，造成了平原河网河流普遍淤积严重，对行洪排涝带来影响。

3. 水域演变趋势分析

苍南平原属滨海平原，滨海平原上无论是自然河流还是经过人工整治的河流，总的演变方向是沼泽化。评价范围内河流大多是经过人工修整的河流，平面上平直，断面多为矩形或梯形，水流缓慢，河床十分稳定，总的演变趋势是河床淤积并沼泽化。因此，要维持河流的正常功能，定期的疏浚是必不可少的。

5.2.2.3 建设项目占用水域占补平衡评价

1. 占用水域面积计算

建设项目城市商业综合体、儿童公园和祥和安置小区共占用两片水域，城市商业综合体和儿童公园共同占用一片水域，祥和安置小区占用一片水域。详细情况介绍如下：

（1）城市商业综合体、儿童公园占用水域情况。城市商业综合体和儿童公园位于地块 $36-1\sim36-5$、45 及 46，占用下萧河及其支河部分河段以及一个独立的池塘，占用河道总长 $1156m$，水域面积为 $14340m^2$，池塘水域面积为 $2608m^2$，共占用水域面积 $16948m^2$。其中，城市商业综合体占用下萧河支河一部分河段，占用河道长度 $381m$，占用水域面积 $4264m^2$；儿童公园占用下萧河及其支河一部分河段和支河二，占用河道长度 $775m$，占用河道水域面积 $10076m^2$，占用池塘水域面积 $2608m^2$，共占用水域面积 $12684m^2$（儿童公园将建设环形的水景观，该水域包含了下萧河的小部分河段，这里认为这部分河段被占用，整个环形水体作为水域补偿来计）。

（2）祥和安置小区占用水域情况。祥和安置小区位于地块 30-1，占用下 Z15、Z17

两个池塘，根据水域调查，两池塘水域面积为 7232m²。

因此，本次建设项目共占用水域面积 24180m²。

2. 占用水域容积计算

评价区域为平原河网区，现状河道两岸基本为自然岸坡，主要功能为行洪、排涝、蓄水、灌溉。汛期，区域河水超出河岸，将按河道两岸土地自然漫开，不同水位下水域容积不同。本次计算两种情况下的占用水域容积，分别为正常水位（3.12m）下和临水线对应的占用水域容积。

（1）正常水位 3.12m 下占用水域容积。按正常水位（3.12m）下测量的典型河段断面面积乘以占用河段长度估算得到。经计算，城市商业综合体和儿童公园占用一般河道容积 19105m³，占用池塘容积 3475m³，共占用水域容积 22580m³。其中城市商业综合体占用一般河道容积 5681m³；儿童公园占用一般河道容积 13424m³，占用池塘容积 3475m³，共占用水域容积 16899m³；祥和安置小区占用池塘容积 9635m³；建设项目共占用水域容积 32215m³。

（2）临水线对应的占用水域容积。根据水域调查结果，城市商业综合体和儿童公园占用一般河道容积 43100m³，占用池塘容积 7100 m³，共占用水域容积 50200m³。其中，城市商业综合体占用一般河道容积 11628m³；儿童公园占用一般河道容积 31472m³，占用池塘容积 7100 m³，共占用水域容积 38572m³；祥和安置小区占用池塘 19721m³；建设项目共占用水域容积 69921m³。

3. 区域水面率计算

评价范围内共有一般河道 11 条，池塘 41 个。根据水域调查成果，河道水域面积为 10.53 万 m²，池塘水域面积为 7.55 万 m²，总水域面积 18.08 万 m²，区域总面积为 262.73 万 m²，因此，区域水面率为 6.88%。

城市商业综合体、儿童公园和祥和安置小区的建设，将占用一般河道水域面积 1.434 万 m²，占用池塘水域面积 0.984 万 m²，共占用水域面积 2.42 万 m²；区域水面率将下降 0.92 个百分点。

4. 占补平衡评价

根据《苍南县县城中心区控制性详细规划》和《苍南县城中心区萧江塘河整治暨泄洪工程（中心湖及广场）方案》，苍南县城中心区湖滨路—人民大道—春晖路—玉苍路区块将建设中心湖，它与南侧的儿童公园连成一体，营造丰富的滨水特色空间，给人们提供各种层次的参与和休闲机会；中心湖设计总面积为 48.5 万 m²，水域面积为 17 万 m²，湖面正常水位为 2.62m。中心湖和北侧的萧江塘河以及南侧的儿童公园水域完全连通，儿童公园水域与横阳支江之间将规划设闸，平时完全打开，保障湖区有足够的水面；汛期关闭，以防横阳支江洪水进入湖区。

补偿的水域有两片：中心湖水域和儿童公园水域。

（1）中心湖作为城市商业综合体和祥和安置小区的补偿水域，水域面积为 17 万 m²，扣除现状存在的水域 2.13 万 m²，可补偿水域面积 14.87 万 m²，水域容积为 35.24 万 m³；而这两项目共占用水域面积 1.15 万 m²，水域容积为 3.14 万 m³；由此可见，中心湖足以补偿城市商业综合体和祥和安置小区占用的水域。

（2）儿童公园环形水体补偿自身占用的水域，补偿水域面积 3.31 万 m^2，水域容积为 7.85 万 m^3；占用的水域面积为 1.27 万 m^2，水域容积为 3.86 万 m^3；由此可见，儿童公园环形水体也可以补偿自身占用的水域。

综上所述，中心湖和儿童公园环形水体共可补偿水域面积为 18.18 万 m^2，水域容积为 43.09 万 m^3。本次建设项目共占用水域面积 2.42 万 m^2，水域容积 7.00 万 m^3。因此，中心湖和儿童公园环形水体不但可补偿本次建设项目占用的水域，且将增加评价区域的水域面积和水域容积，提高区域水面率和容积率。经计算，建设项目占用水域，经中心湖和儿童公园环形水体进行补偿后，可增加区域水域面积 15.76 万 m^2，水面率提高 6.00 个百分点；增加区域水域容积 36.09 万 m^3，水域容积率提高 13.74 万 m^3/km^2；评价区域水面率将达到 12.88%，水域容积率将达到 32.88 万 m^3/km^2。因此，评价区域内的水域满足占补平衡要求。

5.2.2.4 防洪排涝影响分析

1. 水文分析

（1）水文测站。南港流域内有藤垟、莒溪、桥墩、灵溪、金乡、宜山等雨量站，流域附近峰文、昌禅、鳌江、萧江等雨量站，观测资料经统一整编、校对，精度可靠。本研究采用本流域和附近流域 11 个雨量站 1960—2006 年共 47 年的资料进行计算。

（2）设计暴雨。在面雨量计算的基础上，暴雨经验频率按公式 $p=(m/n+1)\times100\%$ 计算得到不同频率设计暴雨，见表 5.2-12。

表 5.2-12　　　　　　　　　设 计 暴 雨 成 果

时段	C_v	C_s/C_v	$P=1\%$	$P=2\%$	$P=5\%$	$P=10\%$	$P=20\%$
H_{24h}			447.0	399.0	334	282.2	228.5
H_{1d}	0.5	3.0	406.4	361.4	301.1	253.9	205.1
H_{3d}	0.5	3.0	580.3	516.1	430.1	362.6	292.9

（3）设计洪水。

产流计算：山区产流采用初损后损方法，初损扣除 25mm，后损扣除 1mm/h，稳定入渗率取 1.5mm/h。平原产流根据下垫面的不同分别进行扣损计算，水田扣除作物蒸腾发量，水面扣除水面蒸发量，旱地按初损 25mm，后损 1mm/h 计算。

汇流计算：流域面积小于 50km² 的，采用浙江省推理公式法；流域面积大于 50km²，采用浙江省瞬时单位线进行计算。江西垟片主要溪流设计洪水见表 5.2-13。

表 5.2-13　　　　　　　　　设 计 洪 水 成 果

名称	$P=1\%$		$P=2\%$		$P=5\%$		$P=10\%$		$P=20\%$	
	Q_m /(m³/s)	W /万 m³	Q_m /(m³/s)	W /万 m³	Q_m /(m³/s)	W /万 m³	Q_m /(m³/s)	W /万 m³	Q_m /(m³/s)	W /万 m³
平水溪	231	707	203	577	167	564	138	453	109	347
桥墩水库	2493	8707	2190	7561	1800	6084	1431	4727	1130	3610

名称	$P=1\%$		$P=2\%$		$P=5\%$		$P=10\%$		$P=20\%$	
	Q_m /(m³/s)	W /万 m³	Q_m /(m³/s)	W /万 m³	Q_m /(m³/s)	W /万 m³	Q_m /(m³/s)	W /万 m³	Q_m /(m³/s)	W /万 m³
焦坑溪	175	615	154	535	126	430	104	348	82	263
观美溪	294	1038	259	907	213	7309	177	596	140	457
观美水库	134	473	118	412	97	334	80	270	63	206
吴家园	460	1621	405	1414	332	1139	277	930	220	717
盛陶溪	260	920	230	806	190	654	157	529	124	407
东溪	336	1187	297	1040	244	840	203	685	161	527
西溪	121	428	107	377	89	307	75	253	60	197
状元溪	176	624	155	544	127	438	105	356	82	272
仙堂溪	187	666	164	579	136	473	113	386	89	296
骆溪	283	1007	250	881	206	714	170	581	135	447
凤溪	244	863	215	754	176	607	1458	493	115	378

2．水位影响分析

（1）分析方法。以《苍南县南港流域水利规划报告》江西垟水利计算模型为基础，根据本次分析河道的断面、长度等资料，将其纳入原水利计算模型中分析水域被占用后的水位影响。

根据江西垟河道行洪排涝实际，利用 Mike11 HD 模块建立一维水流模型进行水利计算。Mike11 HD 是一个一维一层（垂向均质）的水力学模型，其差分格式采用了六点中心隐式格式（Abbott Scheme），其数值计算采用传统的"追赶法"，即"双扫"算法。Mike11 HD 采用圣维南非恒定流偏微分方程组，用隐式差分法将偏微分方程化为差分方程，再与河汊方程、闸汊方程、边界条件及初始条件构成一大型非线性方程组，采用牛顿迭代及高斯列主元消去法求解，从而得出各计算断面的水位和流量过程。

（2）河道概化。根据江西垟区域地形及河流走向、河道布局等情况，在遵循保留主干河道和占用河道、概化河道容积与现状容积基本一致等原则下，将江西垟片河道概化为横阳支江、萧江塘河、沪山内河、沿山内河等河道，各河道断面采用实测资料。根据江西垟河道概化成果，本次水利计算上边界选用各溪流设计洪水过程，下边界选用夏桥水闸、朱家站水闸、萧江水闸等水位过程。江西垟片河道概化成果如图 5.2-9 所示。

（3）参数率定。为了验证河道概化合理性及确定河道糙率等相关参数，需选择实际洪水过程进行模拟计算。根据江西垟近几年的暴雨情况及资料的完整性，选择 2005 年 5 号"海棠"台风暴雨洪水进行验证计算。2005 年 5 号台风"海棠"于 7 月 18 日下午登陆台湾花莲，19 日下午在福建黄岐再次登陆，受"海棠"和副热带高压梯度差的共同左右，从 7 月 18 日开始，苍南县出现连续暴雨，据相关资料统计分析江西垟 3d 面雨量达

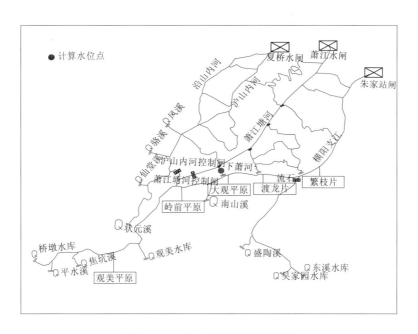

图 5.2 - 9　江西垟片河道概化图

485mm 左右，相当于 30 年一遇左右暴雨。

根据海棠台风实测降雨过程推求设计洪水、实测潮位过程以及水利工程实际调度情况，带入上述模型进行水利计算，并对比分析灵溪、流石、沪山等三处实测水位和模拟水位，见表 5.2 - 14。

表 5.2 - 14　　　　　　　　洪 水 验 证 计 算 成 果

地点	计算洪水位/m	实测洪水位/m	差值/m
灵溪	8.22	8.21	+0.01
流石	7.82	7.75	+0.07
沪山	5.35	5.39	-0.04

由表 5.2 - 14 可知，2005 年 5 号"海棠"台风洪水计算水位与实测水位相差幅度为 -0.04~+0.07，计算值与实测值吻合较好，说明计算方法及拟定的参数合理，可用于水域占用后水位影响分析。

（4）水位影响分析。由于祥和安置小区占用的是两个独立的池塘，主要是调蓄功能，可由中心湖和儿童公园环形水体进行补偿，且根据《苍南县县城中心区控制性详细规划》，建成后雨水通过雨水管收集直接排入萧江塘河，不会对周边河道水位造成影响。城市商业综合体和儿童公园占用的下萧河及其支河与整个水系连通，不但具有调蓄作用，还起排涝作用，同时儿童公园占用的池塘具有调蓄作用，因此，城市商业综合体和儿童公园占用水域会对区域河道水位造成一定影响。

根据"先补后占"要求，按项目先后实施的顺序，设定模型计算工况来分析建设项目占用、补偿水域对评价区域水位的影响。首先，中心湖作为城市商业综合体的补偿水体，要先进行建设，完工后，取消下萧河位于萧江塘河处水闸，使其与萧江塘河完全贯通；其次，在中心湖建成后，城市商业综合体才可占用水域，雨水通过下萧河至中心湖排入萧江塘河；最后，儿童公园在城市商业综合体建成后开工，它补偿的是自身占用的水域，占补同时进行，建成后，城市商业综合体和儿童公园雨水均通过管网收集排入儿童公园环形水体，再通过中心湖排入萧江塘河。现状对比工况为工况 1，水域未发生占补，下萧河位于萧江塘河处水闸保持现有调度方式，即当区域水位高于萧江塘河水位时开启水闸排出涝水，低于萧江塘河水位时关闭水闸阻挡外水。由上所述，本次利用上述模型分别模拟 2％、5％、10％、20％频率下以下四种工况的水位情况。

工况 1：现状未发生水域占补条件下的工况。

工况 2：中心湖补偿水域条件下的工况。

工况 3：中心湖补偿水域、城市商业综合体占用水域条件下的工况。

工况 4：工况 3 基础上，儿童公园占用水域，同时建设环形水体补偿水域条件下的工况。

将以上四种工况条件下的河道、湖泊等水域面积、容积以及相应的调度规则，代入上述水利计算模型模拟 2％、5％、10％、20％频率的水位，见表 5.2 - 15。

表 5.2 - 15　　　　　　　　　　　　　不 同 方 案 水 位 成 果

工况条件	不同频率水位/m			
	2％	5％	10％	20％
工况 1	4.48	4.34	4.24	4.04
工况 2	4.43	4.31	4.21	4.00
工况 3	4.45	4.32	4.22	4.02
工况 4	4.44	4.32	4.22	4.02

由表 5.2 - 15 可知，中心湖建成后（工况 2），2％、5％、10％、20％频率下下萧河水位分别比现状水位降低了 0.05m、0.03m、0.03m 和 0.04m；在中心湖建成且城市商业综合体占用水域后（工况 3），2％、5％、10％、20％频率下下萧河水位分别比现状水位降低了 0.03m、0.02m、0.02m 和 0.02m；在城市商业综合体和儿童公园项目水域占补平衡后（工况 4），2％、5％、10％、20％频率下下萧河水位分别比现状水位降低了 0.04m、0.02m、0.02m 和 0.02m。

3. 排涝影响分析

苍南县县城中心区现状排涝标准是 10 年一遇 3d 暴雨 4d 排出，根据《苍南县县城中心区控制性详细规划》，2020 年规划中心区排涝标准达到 20 年一遇。城市商业综合体、儿童公园和祥和安置小区的建设遵从《苍南县县城中心区控制性详细规划》的要求。建成后，雨水采用有组织排水，由屋面雨水斗和道路雨水井收集后，经雨水管道排入市政雨水系统。城市商业综合体、儿童公园雨水经雨水管收集后排入儿童公园的环形水体，再经中心湖排入萧江塘河；祥和安置小区雨水经雨水管收集后直接排入萧江塘河。虽区域下垫面变化增加了洪水的产流量，但配套排水系统的建设，将减缓洪涝的滞留时间。

根据水位分析，中心湖的建设可降低区域河道洪水位；同样，城市商业综合体占用水域同时中心湖进行补偿后，下萧河水位也比现状有所降低。当评价范围城市商业综合体、儿童公园共同占用水域，环形水体和中心湖进行补偿后，区域河道洪水位仍然比现状要低。因此，评价区域根据"先补后占"要求，项目分三个阶段实施后，排涝能力均不受影响。

祥和安置小区占用的是两个独立的池塘，跟周边河道不连通，不会影响区域河道输水能力；而且建成后，雨水进入市政管网，直接排入萧江塘河，不会影响内河水位。根据《苍南县县城新区祥和安置小区工程初步设计说明》，祥和安置小区雨水分渎浦路和锦绣路两个方向排入市政管网，渎浦路方向设计的雨水管道为 $DN800$，锦绣路方向设计的雨水管道为 $DN600$。按照《室外排水设计规范》（GB 50014—2006）（2011 年版）中的相关公式和规定，对设计的管道进行复核，雨水管道满流时最小设计流速为 0.75m/s，算得设计流量为 0.59m^3/s，24h 可排水 5.09 万 m^3；而根据《苍南县南港流域水利规划报告》（2009 年 11 月）中的 20 年一遇设计洪水算得本区域最大 24h 净雨量为 1.73 万 m^3，因此，设计的雨水管道满足区域排水要求。若祥和安置小区的雨水管网按照该设计报告的标准进行建设，将不会对区域排涝造成影响。

5.2.2.5 其他功能影响分析

（1）水资源利用影响分析。根据现状调查，建设项目所在区域多为农户住宅及农田、菜地、果园，河道主要功能为排涝、蓄水和灌溉。建设项目实施后，城市商业综合体区块为集文化休闲、旅游购物、餐饮娱乐多元业态的大型现代商业、住宅圈；儿童公园为供人们休憩的娱乐场所；祥和安置小区为由住宅、配套商业网点及公共服务设施配套组成的拆迁安置住宅区。河道不再有灌溉功能的要求，主要为行洪、排涝、生态、景观功能，而且由前分析可知，项目建设占用水域以及新增水体进行水域补偿后，河道蓄水量将增加36.09 万 m^3。因此，城市商业综合体、儿童公园和祥和安置小区的建设不会对区域水资源利用造成影响。

（2）水环境影响分析。本次建设项目占用的水域主要为断头河以及封闭的池塘，不会影响区域河道的自净能力。而且，现状区域内污水是直接排入就近河道的，而项目建成后，生活污水经化粪池处理后排入县城新区市政污水管网，减少了区域入河污染量，无论是河道水环境承载能力还是从区域污染物减排方面，都有利于河道水质的改善。

5.2.2.6 综合影响评价

1. 水域功能影响评价

根据防洪排涝影响分析，祥和安置小区占用的是两个池塘，跟周边河道不连通，不会影响区域河道输水能力；而且建成后，雨水经过雨水管收集后直接排入萧江塘河，不会影响区域河道水位；根据对设计雨水管道的复核，满足区域排水要求；因此，祥和安置小区的建设，不会对区域排涝造成影响。城市商业综合体、儿童公园占用水域对下萧河水位产生一定的影响，但影响甚小，通过中心湖和儿童公园环形水体的水域补偿后，影响得到控制，同时可提高区域汛期调蓄能力，河道水位有所降低。评价区域根据"先补后占"要求，项目分三个阶段实施后，水域被占用并通过补偿，下萧河水位均有所下降，区域排涝不受影响。

根据《苍南县县城中心区控制性详细规划》，2020 年规划中心区排涝标准达到 20 年一遇。萧江塘河 20 年一遇洪水位为 5.61m，土堤高程为 5.98m，区域地面高程为 4.5～4.8m。现状下萧河与萧江塘河间建有一孔的水闸，汛期不但用于排水，而且有阻挡萧江塘河洪水的作用。中心湖建设，使其与萧江塘河完全连通，将会影响到整个区域的水位，建议控制规划地面高程或采取相应的挡水措施。

项目规划建设后，区域河道将不再有灌溉功能，水域补偿后，河道总蓄量有所增加，水资源利用将不受影响；生活污水经化粪池处理后排入县城新区市政污水管网，减少了区域入河污染量，无论是河道环境承载能力还是从区域污染减排方面，都有利于河道水质的改善。

综上所述，建设项目及水域补偿工程实施后，区域内河道的总体功能有所提高。

2. 区域发展影响评价

城市商业综合体将打造成一流的城市商业综合体，儿童公园为人们提供休闲娱乐场所，祥和安置小区将建成周边配套齐全的幸福和谐的住宅小区，这三个项目的建设将满足不断富裕的群众对更高的物质、精神生活的追求，符合苍南县的产业政策。

建设项目符合《苍南县城城市总体规划》《苍南县土地利用总体规划》《苍南县县城中心区控制性详细规划》所规定的建设用地性质。

根据浙江省发展和改革委员会和浙江省国土资源厅联合制定的《浙江省商业、住宅、办公建设项目用地控制指标》：住宅建设项目应根据经济社会发展的需要，综合考虑各种技术经济条件，确定经济合理的建设用地规模；商业项目建设用地指标控制为容积率大于等于 1.5。祥和安置小区容积率为 3.0，城市商业综合体总容积率为 4.0，因此符合该控制指标。

本次建设的三个项目均坐落于苍南县县城中心区，地段优越，交通方便，项目的建设有利于提升苍南县城城市功能、优化城市资源配置，加快县城新区城市化建设，提高人民群众生活质量。

5.2.2.7　防治补救措施

根据综合影响评价，城市商业综合体、儿童公园和祥和安置小区建设项目符合苍南县县城中心区经济社会发展要求，评价范围内的河道功能基本不受影响。然而，占用水域降低了区域水面率，为保持区域水面率，达到水域占补平衡，应就近兴建替代工程。对于替代工程，其补偿原则是水面率不减少、水域功能不弱化。通过计算分析，苍南县城中心区湖滨路—人民大道—春晖路—玉苍路区块拟建设的中心湖可补偿城市商业综合体和祥和安置小区占用的水域，城市商业综合体东侧、春晖路以西儿童公园的环形水体可补偿自身休闲场地建设占用的水域。而且，占用并补偿水域后，区域水面率还可提高 6.00 个百分点，水域容积率提高 13.74 万 m^3/km^2；评价区域水面率将达到 12.88%，水域容积率将达到 32.88 万 m^3/km^2。满足水域保护规划对灵溪镇水面率、水域容积率的要求。同时，儿童公园、中心湖连片水域的建成，可调蓄汛期洪水，一定程度上降低了河道水位，增强了区域排涝能力，补救措施可行。

5.2.2.8 结论与建议

1. 结论

（1）拟建设项目——城市商业综合体、儿童公园和祥和安置小区均位于苍南县县城新区的城市中心区。城市商业综合体建设工程拟选址于苍南县县城中心区 36-1 地块，总用地面积 61610m²，土地使用性质为商业、住宅用地。儿童公园拟选址于县城中心区 36-2～36-5、45 及 46 地块，总用地面积 184010m²，土地使用性质为公园、水域、广场及停车场库用地。祥和安置小区拟选址于苍南县县城中心区 30-1 地块，总用地面积 67843m²，由住宅、配套商业网点及公共服务设施配套组成，该项目为拆迁安置住宅区。

（2）建设项目的实施，占用水域面积 2.42 万 m²，区域水面率将下降 0.92 个百分点。正常水位（3.12m）下占用水域容积 3.22 万 m³，水域面积对应的水域容积为 7.00 万 m³。

（3）祥和安置小区占用独立的池塘，跟周边水系不通且雨水直接通过管网排入萧江塘河，对区域排涝不造成影响。城市商业综合体和儿童公园占用的下萧河及其支河与整个水系连通，不但具有调蓄作用，还起排涝作用，同时儿童公园占用的池塘具有调蓄作用，因此，城市商业综合体和儿童公园占用水域会对区域河道水位造成一定影响。

（4）中心湖以及与其相连的儿童公园环形水体建成后，中心湖可补偿城市商业综合体和祥和安置小区占用的水域，补偿水域面积 14.87 万 m²，水域容积为 35.24 万 m³；儿童公园环形水体可补偿自身占用的水域，补偿水域面积 3.31 万 m²，水域容积为 7.85 万 m³。建设项目占用水域同时中心湖和儿童公园对水域进行补偿后，区域水域面积增加 15.76 万 m²，水面率提高 6.00 个百分点；水域容积增加 36.09 万 m³，水域容积率提高 13.74 万 m³/km²；评价区域水面率将达到 12.88%，水域容积率将达到 32.88 万 m³/km²。

（5）评价区域根据"先补后占"要求，项目分三个阶段实施。根据水位计算分析，中心湖建成后（工况 2），2%、5%、10%、20% 频率下下萧河水位分别比现状水位降低了 0.05m、0.03m、0.03m 和 0.04m；中心湖建成且城市商业综合体占用水域后（工况 3），2%、5%、10%、20% 频率下下萧河水位分别比现状水位降低 0.03m、0.02m、0.02m 和 0.02m；在城市商业综合体和儿童公园项目水域占补平衡后（工况 4），2%、5%、10%、20% 频率下下萧河水位分别比现状水位降低 0.04m、0.02m、0.02m 和 0.02m。因此，项目三个阶段水域被占用并通过补偿后，排涝能力不但不受影响，而且有所提高，补救措施可行。

（6）其他功能影响分析方面，规划项目建设后，区域河道将不再有灌溉功能，水域补偿后，河道总蓄水量还有所增加，水资源利用将不受影响；生活污水经化粪池处理后排入县城新区市政污水管网，减少了区域入河污染量，无论是河道环境承载能力还是从区域污染减排方面，都有利于河道水质的改善。

2. 建议

（1）占补平衡严格遵循"先补后占"的原则。

（2）中心湖建设，拆除了下萧河与萧江塘河间的水闸，使其与萧江塘河完全连通，将有可能影响到整个区域的水位，建议控制规划地面高程或者采取相应的挡水措施。

（3）工程实施及项目申报严格按《浙江省建设项目占用水域管理办法》的相关规定进行。

（4）祥和安置小区的雨水管网应按照规范设计的标准进行建设，同时应充分考虑地面硬化对产流及排水的不利影响。

第6章 水域日常监管措施

6.1 水域分类管控

（1）建设项目分类。《浙江省水域保护办法》将建设项目分为基础设施建设项目和非基础设施建设项目。基础设施是指为维持人们基本生活需要所提供的必要设施和服务，包括铁路、机场、公路、桥梁、码头、电力、电信、供水、引水、水利等十大类项目。

（2）水域分类。《浙江省水域保护办法》规定，水域实行分类管理。重要水域为：饮用水水源保护区内的水域，国家和省级风景名胜区核心景区、省级以上自然保护区内的水域，蓄滞洪区，省级、市级河道以及其他行洪排涝骨干河道，总库容为 10 万 m^3 以上的水库，面积为 50 万 m^2 以上的湖泊，其他环境敏感区内的水域。其他水域为一般水域。

（3）分类管理。对于重要水域实行特别保护，非基础设施建设项目一律不得占用重要水域。基础设施建设项目一般不得占用重要水域；政府组织实施的能源、交通、水利等基础设施建设项目确需占用重要水域的，应当按照有关规定办理审批手续。建设项目占用水域实行分级审批管理。

6.2 水域动态统计

6.2.1 制度由来

原《浙江省建设项目占用水域管理办法》规定，实行水域年度调查统计制度。浙江省水行政主管部门应当会同省统计、国土资源等有关部门制定年度水域调查统计方案。市、县（市、区，下同）水行政主管部门应当根据水域调查统计方案对水域基本情况进行调查统计，并可以根据本地区实际增加调查统计事项和内容。市、县水行政主管部门应当定期将本地区的水域调查统计情况和动态监测情况报送上级水行政主管部门。为此，浙江省自2011年起实行全省水域年度调查统计制度。统计范围为本行政区域范围年度内发生变化的所有水域。统计时限为每年度 1 月 1 日至 12 月 31 日。

《浙江省水域保护办法》规定，县级以上人民政府水行政主管部门应当定期对水域面积、功能、利用状况等内容进行监测和评价。县级以上人民政府水行政主管部门应当会同有关部门定期对本行政区域内水域的水质、水文、水生物、底泥、水资源开发利用等情况进行健康评估，并提出维持和改善水域健康状况的措施。该办法虽然没有规定实行水域年度调查统计制度。但明确了定期监测和评价（评估）内容，不仅涉及水域面积、功能及利用状况，还要求对水域的健康状况进行评估。

6.2.2　水域年度统计制度内容

主要统计本年度变化的水域，分为水域增加和水域减少两大类，并根据变化的方式细分为经审批占用的水域、拓浚和新增的水域、山塘水库渠道降等报废水域、未经审批占用的水域等四类。具体内容如下：

（1）经审批占用的水域统计。包括占用的建设项目名称、建设项目类型、占用水域类型、占用水域面积和容积、占用水域性质、占用水域所在地形和流域分区等。

（2）拓浚和新增的水域统计。包括项目名称、水域名称和类型、水域增加面积和容积、水域所在地形和流域分区等。

（3）山塘水库渠道降等报废水域统计。包括水域名称和类型、减少的面积和容积、水域所在地形和流域分区等。

（4）未经审批占用的水域统计。包括建设项目名称、占用水域类型、占用水域面积和容积、占用水域性质、占用水域所在地形和流域分区、事项处理结果等。

6.2.3　统计工作流程及成果要求

（1）统计工作流程。水域年度统计工作负责部门为地方各级水行政主管部门，具体工作程序如下：

1）各县（市、区）水行政主管部门填报本年度行政区域范围内水域年度统计成果表。

2）各设区市水行政主管部门和省水利厅根据审批权限，填报其审批项目的水域变化成果。

3）省水利厅组织有关单位对全省水域年度统计成果进行复核汇总。①对县（市、区）统计成果进行复核，检查各县（市、区）水域年度统计方法及成果是否符合要求，增补遗漏水域。②对市本级（含市批）、省政府和水利厅审批水域变化项目进行复核，扣除与各（县、区）重复计算部分。③对填报中存在问题与各地水域年度统计工作人员沟通协调，解决存在问题。④复核汇总过程时每年选择 2 个县（市、区）进行现场抽查，重点抽查水域占用项目建设情况、水域占补平衡情况等。

4）编制全省水域年度统计通报。

（2）统计成果要求：①分别按照设区市、地形分区、流域分区进行建设项目占用水域和补偿水域情况汇总统计。②基础设施和非基础设施建设项目占用水域情况汇总统计。③建设项目占用重要水域和一般水域情况汇总统计。④水域类型、设区市、地形分区、流域分区的水域拓浚和新增情况汇总统计。⑤水域类型、设区市、地形分区、流域分区的年度水域汇总情况汇总统计。

6.3　重要水域划定

《浙江省水域保护办法》将重要水域分为七类，在实际划定工作中，进一步明确了划定对象、范围以及方法等内容。

6.3.1 划定对象

划定对象为《浙江省水域保护办法》第八条所规定的七类水域，根据实际情况，具体划分如下：

(1) 饮用水水源保护区内的水域。

1) 必须要纳入的水域：①列入县级以上饮用水水源地名录的饮用水水源和实际日供水规模为 1000t 以上或供水人口为万人以上的农村饮用水水源一级保护区内的水域；②实际日供水规模为 200～1000t 的农村饮用水水源保护范围内的水域。

2) 各地可以根据当地实际情况选择纳入的水域：①列入县级以上饮用水水源地名录的饮用水水源和实际日供水规模为 1000t 以上或供水人口为万人以上的农村饮用水水源二级保护区内的水域；②其他需重点保护的饮用水源地保护区内的水域。

(2) 国家和省级风景名胜区核心景区、省级以上自然保护区内的水域。2019 年印发了《中共中央办公厅国务院办公厅印发〈关于建立以国家公园为主体的自然保护地体系的指导意见〉的通知》（中办发〔2019〕42 号），该意见将自然保护地分为国家公园、自然保护区和自然公园三大类，其中自然公园包括风景名胜区、森林公园、地质公园、海洋公园（海洋特别保护区）、湿地公园等。除国家公园外，自然保护地分国家级和省级两类实施管理，各地不再设立各类自然保护小区及市县级自然保护地。原自然保护区的核心区和缓冲区划为核心保护区，原实验区划为一般控制区，原缓冲区内有重要民生设施等特殊情况的可以划为一般控制区。基于此，将上条明确为：①国家公园、自然保护区核心保护区内的水域；②风景名胜区严格管控区内的水域。

(3) 蓄滞洪区。除现投入运行的蓄滞洪区之外，对于已批复规划中确定的正在实施的蓄滞洪区也需纳入划定范围。

(4) 省级、市级河道以及其他行洪排涝骨干河道。主要包括：①已公布的列入省级和市级河道名录的河道；②各地根据相关水利规划、河道等级规模和行洪排涝重要性等因素确定的河道；③对于大、中型引水枢纽（引水干渠）可根据实际需要，划定为重要水域。

(5) 总库容为 10 万 m^3 以上的水库。

(6) 面积为 50 万 m^2 以上的湖泊。主要包括：①境内水域面积为 50 万 m^2 以上的湖泊；②水域总面积为 50 万 m^2 以上，并列入湖泊名录的跨省湖泊；③除上两条外，各地可根据实际保护需要，将其他重要的湖、荡、漾纳入重要水域。

(7) 其他环境敏感区内的水域。本条主要根据各地实际需要来划定，可以相关法律法规的约束性规定，将自然公园、生态保护红线及其他环境敏感区内需特别保护的水域纳入重要水域。

6.3.2 划定内容

《浙江省水域保护办法》第九条规定，公布的重要水域名录应当明确水域名称、位置、类型、范围、面积、主要功能等内容。因此，划定内容包含以上要求，并根据实际情况，结合水域调查的要求，增加了部分信息。各类重要水域需确定的内容如下：

(1) 饮用水水源保护区内的水域。

1）基础信息。①饮用水水源保护区包括名称、所在水功能区、所属流域、所属地形地貌、所在河流（湖库）、所在地理位置、类型、等级、范围、面积（长度）、主要供水范围、主要功能。②区内水域包括名称、所属饮用水水源保护区、所在地理位置、类型、等级、范围、水域面积、水域容积、主要功能。

2）空间信息。①饮用水源地保护区包括边界线。②区内水域包括临水线、管理范围线，临水线起止点坐标（条状水域）、拐点及重要节点的空间坐标。

（2）国家和省级风景名胜区核心景区、省级以上自然保护区内的水域。

1）基础信息。①国家公园、自然保护区和自然公园严格管控区包括名称、所属流域（或水系）、所属地形地貌、所在地理位置、类型、等级、面积。②区内水域包括名称、所属区、所在地理位置、类型、等级、范围、水域面积、水域容积、主要功能。

2）空间信息。①国家公园、自然保护区和自然公园严格管控区包括边界线。②区内水域包括临水线、管理范围线，临水线起止点坐标（条状水域）、拐点及重要节点的空间坐标。

（3）蓄滞洪区。①基础信息包括名称、所属流域、所属地形地貌、所在地理位置、面积、容积。②空间信息包括管理范围线（临水线与其重合）、拐点及重要节点的空间坐标。

（4）省级、市级河道以及其他行洪排涝骨干河道。①基础信息包括名称、所属流域、所属地形地貌、流经区域、等级、起止点位置、长度、平均宽度、水域面积、水域容积、主要功能等。②空间信息包括临水线、管理范围线，临水线起止点坐标、拐点及重要节点的空间坐标。

（5）总库容为 10 万 m³ 以上的水库。①基础信息包括名称、所属流域、所属地形地貌、所在地理位置、工程规模、移民线水位、设计洪水位、校核洪水位、水域面积、总库容、主要功能等。②空间信息包括临水线、管理范围线，临水线拐点及重要节点的空间坐标。

（6）面积为 50 万 m² 以上的湖泊。①基础信息包括名称、所属流域、所属地形地貌、所在地理位置、水域面积、水域容积、主要功能等。②空间信息包括临水线、管理范围线，临水线拐点及重要节点的空间坐标。

（7）其他环境敏感区内的水域。①基础信息包括敏感区名称、所属流域（或水系）、所属地形地貌、所在地理位置、类型、等级、面积等；区内水域名称、所属区名、所在地理位置、类型、等级、范围、水域面积、水域容积、主要功能。②空间信息包括敏感区边界线；区内水域临水线、管理范围线，临水线起止点坐标（条状水域）、拐点及重要节点的空间坐标。

（8）其他情况说明。鉴于以上七类重要水域的划定范围会有交叉的情况，在实际范围划定中，应以最大外包线作为重要水域范围。例如，以水库作为饮用水水源地的，水库管理范围可能大于或小于饮用水水源保护区的范围，最终划定的范围应取两者划定范围的外包线。

6.3.3　成果要求

划定成果应包括成果报告、基础信息表、重要水域分布图、空间信息库。

（1）成果报告。包括文本及基础信息表。文本又包括区域概况、技术方法、划定成果等内容的介绍。

（2）重要水域分布图。主要表达区域内重要水域分布情况，包括位置、名称等信息。

（3）空间信息库。空间图形信息应包括区域边界线及水域临水线、管理范围线，临水线起止点坐标（条状水域）、拐点及重要节点的空间坐标。

空间数据库的成果格式为 File GeoDatabase 格式，并和影像套合。

6.3.4 公布与调整的工作程序

（1）公布组织和程序。按照《浙江省水利厅印发关于进一步明确浙江省有关水域管理职责的通知》（浙水河湖〔2020〕6号）执行。即：重要水域由县级以上人民政府水行政主管部门会同生态环境等有关部门按照管理权限划定，并报本级人民政府批准公布。①省级河道、大型水库、跨设区市的重要中型水库、面积为 $1km^2$（含）以上的湖泊，由省水行政主管部门确定，报省人民政府公布；②市直管河道、市级河道、中型水库、跨县（市、区）的小（1）型小型水库、面积为 0.5（含）～$1km^2$ 的湖泊以及由市级直接管理的国家和省级风景名胜区核心景区及省级以上自然保护区内的水域，由市级水行政主管部会同有关部门确定，报市级人民政府公布；③其他重要水域名录由县级水行政主管部门会同生态环境等有关部门确定并报本级人民政府公布。

（2）公布的形式及内容。重要水域名录及其主要划定内容应在当地政府网站予以公布。公布内容应包括文件通知及附件。附件包括综合说明、基础信息表和位置示意图（JPG格式）。

（3）重要水域名录的调整。重要水域名录确需调整的，应按原审核公布程序进行，并报原批准的人民政府同意后公布。因饮用水源保护区、国家公园、自然保护区、风景名胜区范围调整或山塘水库降等报废等情形，需要调整重要水域名录的，应报本级人民政府备案并公布。重要水域调整应明确调整的原因、调整范围，并将调整的结果及时纳入水域信息管理系统或水管理平台。

6.4 水域统计案例

6.4.1 综述

本统计案例是依据浙江省各级水行政主管单位 2015 年度审批过的涉水项目资料整理汇总而成，统计结果显示 2015 年全省水域面积为 $6921.253km^2$，与 2014 年全省水域动态监测值相比，水域面积增加 $8.353km^2$（表 6.4-1）。其中：河道水域面积增加 $4.199km^2$，水库水域面积增加 $0.809km^2$，湖泊水域面积增加 $0.547km^2$，其他类型水域（包括渠道、池塘、山塘和其他水域）的面积增加 $2.798km^2$。

表 6.4-1 全省 2015 年度水域变化情况一览表 单位：km^2

水域类型	增加	占用	补偿	其他	汇总变化情况
河道	4.203	1.558	1.555	0.000	4.199
水库	0.808	0.006	0.007	0.000	0.809

水域类型	增加	占用	补偿	其他	汇总变化情况
山塘	0.009	0.033	0.043	0.185	−0.166
湖泊	0.547	0.000	0.000	0.000	0.547
池塘	2.902	0.087	0.042	0.000	2.857
渠道	0.073	0.006	0.005	0.007	0.065
其他	0.046	0.005	0.001	0.000	0.042
合计	8.587	1.695	1.653	0.192	8.353

（1）建设项目占用水域情况。本年度经各地审批上报的占用水域建设项目共1008项，占用水域面积为1.695km^2。根据建设项目占用水域应实行占补平衡的制度，采用全水域面积补偿的项目396项，占总项目数的39.3％，占用水域面积0.972km^2，实际补偿水域面积1.633km^2；采用水域面积和缴纳补偿费共同补偿的建设项目20项，占总项目数的1.9％，占用水域面积0.020km^2，实际补偿水域面积0.020km^2；采用缴纳补偿费的建设项目543项，占总项目数53.9％，共占用水域面积0.694km^2；因建设项目未实施而未落实补偿措施的项目49项，占总项目数的4.9％，共计划占用水域面积0.009km^2。

（2）新增水域情况。本年度通过水库山塘新建（扩建）、河道整治、航道建设、湖泊开挖等工程措施新增水域面积为8.587km^2。其中：水库山塘新建（扩建）新增水域面积0.816km^2，河道整治及航道建设新增水域面积4.203km^2，其他新增水域面积3.568km^2。

（3）其他。本年度因水库山塘和渠道报废或降级等原因减少水域面积为0.192km^2。

由于本通报统计的建设项目占用水域成果均由各地水行政主管部门根据年度内已审批的建设项目情况进行整理上报，这些建设项目可能因为各种原因在本年度尚未开始建设，因此本通报最终统计的水域成果和实际水域情况可能存在一定的偏差。

6.4.2　建设项目占用水域情况

本年度占用水域的建设项目共1008项，建设项目占用水域面积1.695km^2。

（1）水域类型情况。本年度占用河道的建设项目数量最多，占总项目数的89.0％；其次是池塘为7.0％。河道被占用的水域面积最多，为总占用水域面积的89.2％；其次是池塘为5.6％。具体见表6.4-2和图6.4-1、图6.4-2。

表6.4-2　　　　　　　　本年度建设项目占用水域类型一览表

水域类型	项目数量/项	占用水域面积/km^2	水域类型	项目数量/项	占用水域面积/km^2
河道	909	1.558	池塘	67	0.087
水库	5	0.006	渠道	12	0.006
山塘	5	0.033	其他	10	0.005
湖泊	0	0.000	合计	1008	1.695

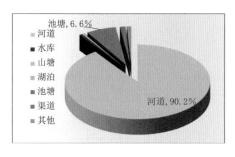

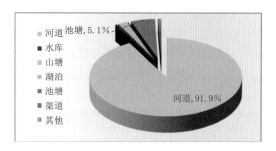

图 6.4-1 本年度占用各类水域建设
项目数量比例对比图

图 6.4-2 本年度建设项目占用
各类水域面积比例对比图

（2）建设项目性质情况。本年度占用水域的基础设施建设项目 479 项，占总项目数的 47.5%，占用水域面积为 0.739km²；非基础设施建设项目 529 项，占总数的 52.5%，占用水域面积为 0.955km²。具体如图 6.4-3 所示。

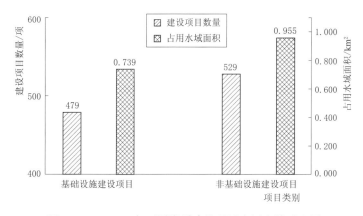

图 6.4-3 2015 年不同类别建设项目占用水域对比图

（3）水域保护等级情况。本年度占用重要水域的建设项目 204 项，占总项目数的 20.2%，占用水域面积 0.483km²；占用一般水域的建设项目 804 项，占总项目数的 79.8%，占用水域面积 1.212km²。具体如图 6.4-4 所示。

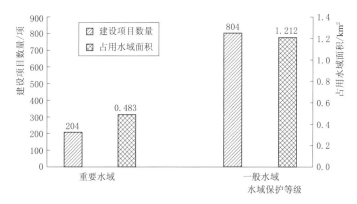

图 6.4-4 2015 年建设项目占用不同保护等级水域对比图

（4）行政分区情况。按行政分区统计，嘉兴占用水域建设项目最多，为总项目数的32.6％；舟山、湖州、衢州市较少，均为总项目数的3％以内，舟山市最少占0.4％。嘉兴市占用水域面积最多，为总占用水域面积的32.9％，其次金华为23.9％，最少为衢州市，仅占0.6％。具体见表6.4-3和图6.4-5、图6.4-6。

表6.4-3　　　　　　　　　本年度各行政分区建设项目占用水域情况

地级市	数量/项	比例/%	水域面积/km²	比例/%
杭州	60	6.0	0.037	2.2
宁波	127	12.6	0.163	9.6
温州	157	15.6	0.242	14.3
嘉兴	329	32.6	0.558	32.9
湖州	28	2.8	0.063	3.7
绍兴	95	9.4	0.096	5.7
金华	47	4.7	0.406	23.9
衢州	15	1.5	0.009	0.6
舟山	4	0.4	0.013	0.8
台州	115	11.4	0.086	5.1
丽水	31	3.1	0.021	1.3
合计	1008	100	1.695	100

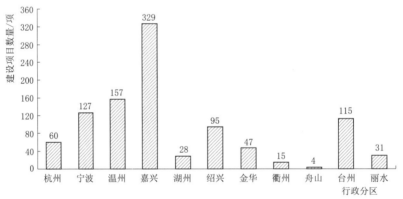

图6.4-5　本年度各行政区占用水域建设项目数量对比图

（5）流域分区情况。按流域分区统计，钱塘江、运河流域占用水域建设项目较多，均超过总项目数的20％，钱塘江流域最多，占30.9％；出省小河流、苕溪流域较少，均在总项目数的3％以内，出省小河流分区最少占0.9％。

钱塘江流域占用水域面积最多，为总占用水域面积的39.9％，其次运河流域为23.9％，最少为出省小河流分区，占0.1％。具体见表6.4-4和图6.4-7、图6.4-8。

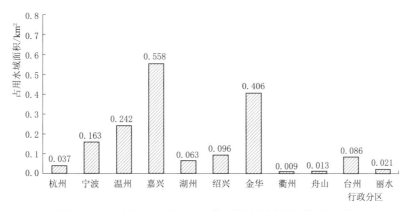

图 6.4-6 本年度各行政区建设项目占用水域面积对比图

表 6.4-4 本年度各流域分区建设项目占用水域情况

水系分区	数量/项	比例/%	水域面积/km²	比例/%
钱塘江	311	30.9	0.677	39.9
苕溪	28	2.8	0.063	3.7
运河	225	22.3	0.404	23.9
甬江	80	7.9	0.149	8.7
椒江	54	5.4	0.052	3.1
瓯江	110	10.9	0.181	10.6
飞云江	32	3.2	0.036	2.1
鳌江	39	3.9	0.037	2.2
独流入海小流域	122	12.1	0.096	5.7
出省小河流	7	0.7	0.001	0.1
合计	1008	100	1.695	100

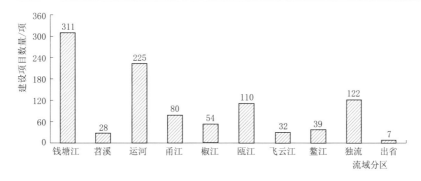

注：图中"独流"指独流入海小流域分区，"出省"指出省小河流分区。

图 6.4-7 本年度各流域分区建设项目占用水域数量对比图

（6）地形分区情况。按地形进行统计，杭嘉湖平原占用水域建设项目最多，占总项目数的 37.4%，其次为萧绍宁平原，占总项目数的 18.7%；滨海岛屿占用水域建设项目最少，仅占总项目数的 3.0%。

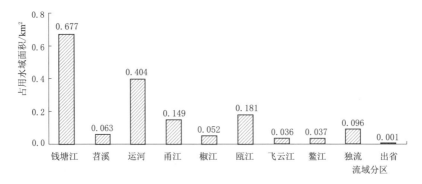

图 6.4-8　本年度各流域分区建设项目占用水域面积对比图

杭嘉湖平原占用水域面积最多，为总占用水域面积的 37.4%，其次浙中盆地为 23.9%，最少浙西丘陵仅占 1.2%。具体见表 6.4-5 和图 6.4-9、图 6.4-10。

表 6.4-5　　　　　　　　本年度各地形分区建设项目占用水域情况

地形分区	数量/项	比例/%	水域面积/km²	比例/%
杭嘉湖平原	377	37.4	0.634	37.4
萧绍宁平原	188	18.7	0.201	11.9
温黄平原	73	7.2	0.059	3.5
温州滨海平原	72	7.1	0.149	8.8
浙东丘陵	91	9.0	0.158	9.3
浙西丘陵	31	3.1	0.020	1.2
浙南山地	84.5	8.4	0.032	1.9
浙中盆地	61.5	6.1	0.406	23.9
滨海岛屿	30	3.0	0.036	2.1
合计	1008	100	1.695	100

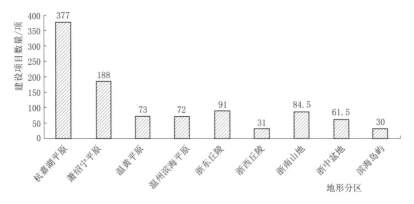

图 6.4-9　本年度各地形分区建设项目占用水域数量对比图

6.4.3　建设项目占用水域补偿情况

本年度建设项目实施水域面积占补平衡共 416 项（其中 20 项实行水域面积和缴纳补

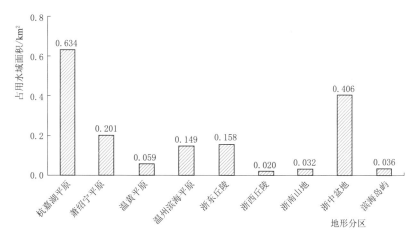

图 6.4-10　本年度各地形分区建设项目占用水域面积对比图

偿费共同补偿的方式），共补偿水域面积 1.653km²，补偿方案以扩建、新建河道及池塘为主，其余建设项目采用缴纳补偿费进行补偿。

按行政分区统计，嘉兴市实施水域面积占补平衡的建设项目最多，为 227 项，占总补偿项目数的 54.6%，其次为温州市占 17.1%。

嘉兴市补偿水域面积最多，共补偿水域面积 0.964km²，为总补偿面积的 58.3%，其次温州市为 18.5%。具体见表 6.4-6。

表 6.4-6　　　　　　　行政分区建设项目占用水域实施面积补偿情况

地级市	项目数量/项	比例/%	水域面积/km²	比例/%
杭州	2	0.5	0.007	0.44
宁波	18	4.3	0.070	4.2
温州	71	17.1	0.306	18.5
嘉兴	227	54.6	0.964	58.3
湖州	17	4.1	0.104	6.3
绍兴	23	5.5	0.073	4.4
金华	7	1.7	0.043	2.6
衢州	0	0	0	0
舟山	1	0.2	0.030	1.8
台州	50	12.0	0.055	3.4
丽水	0	0	0	0
合计	416	100	1.653	100

6.4.4　水域增加情况及山塘渠道报废

（1）水域增加情况。本年度新建、扩大和恢复各类水域的水利及交通等项目共 263 项，增加水域面积 8.587km²。新建小（2）型水库 1 座，为淳安里商天池电站水库，增加水域面积0.03km²；扩建水库3座，共增加水域面积0.778km²；新建山塘6座，增加水域面积0.008km²；新（续、扩）建湖泊4座，共增加水域面积0.547km²，其中台州路桥区新开挖的栅岭汪除涝调蓄湖续建工程，增加水域面积0.48km²；扩建池塘2座，增加水域面积0.002km²。具体见表6.4-7。

表6.4-7　　　　　　　　　本年度新建、扩大各类水域项目一览表

水域类型	项目数量/项	增加水域面积/km²	水域类型	项目数量/项	增加水域面积/km²
河道	228	4.203	池塘	11	2.902
水库	4	0.808	渠道	8	0.073
山塘	6	0.008	其他	2	0.046
湖泊	4	0.547	合计	263	8.587

按水域类型统计，项目数量和增加水域面积最多为河道，年度内共有228项，增加水域面积4.203km²，主要为各地的防洪排涝整治工程。

按行政分区统计，项目数量最多的是嘉兴市，有111项，占总数的42.2%；其次为舟山市25项，占总数的9.5%；增加水域面积最多的是宁波市，增加水域面积4.394km²，占总水域面积增加量的51.2%；其次为嘉兴市，增加水域面积1.320km²，占总量的15.4%。具体见表6.4-8和图6.4-11、图6.4-12。

表6.4-8　　　　　　　　　各行政分区新建、扩大各类水域项目一览表

地级市	项目数量/项	比例/%	水域面积/km²	比例/%
杭州	13	4.9	0.211	2.5
宁波	24	9.1	4.394	51.2
温州	10	3.8	0.006	0.1
嘉兴	111	42.2	1.320	15.4
湖州	21	8.0	1.070	12.5
绍兴	16	6.1	0.170	2.0
金华	23	8.7	0.270	3.1
衢州	9	3.4	0.170	2.0
舟山	25	9.5	0.272	3.2
台州	10	3.8	0.693	8.1
丽水	1	0.4	0.010	0.1
合计	263	100	8.587	100

表6.4-9　水库、山塘和渠道降级、报废等情况

水域类型	项目数量/项	减少水域面积/km²
山塘	68	0.185
渠道	1	0.007
合计	69	0.192

（2）山塘渠道报废。本年度因山塘和渠道报废等原因减少水域面积0.192km²（表6.4-9）。其中渠道报废1条，减少水域面积0.007km²；山塘报废68座，减少水域面积0.185km²，其中宁波市共报废功能丧失的山塘54座，进行填埋，恢复为林地。

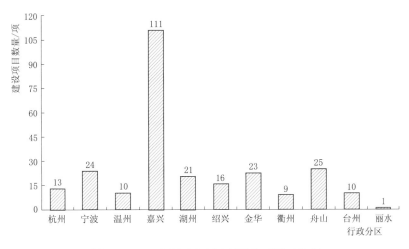

图 6.4－11　各行政分区水域增加项目对比图

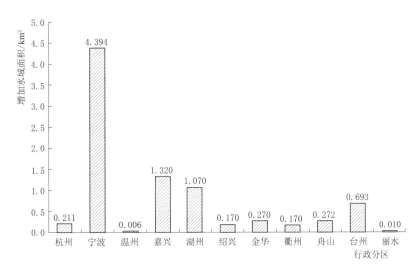

图 6.4－12　各行政分区水域增加面积对比图

6.4.5　2015 年水域统计汇总

截至 2015 年年底，水域统计结果显示全省水域面积为 6921.253km² （表 6.4－10 和图 6.4－13）。

各类型水域中，河道变化最多，水域面积增加了 4.199km²；其次为池塘，水域面积增加了 2.857km²。

表 6.4－10　　　　　　　　　　2015 年分类型水域成果情况

水域类型	水域面积/ km²	水域面积变化量/ km²
河道	4587.899	4.199
水库	1610.209	0.809

续表

水域类型		水域面积/km²	水域面积变化量/km²
湖泊		117.347	0.547
其他	池塘	605.798	2.857
	山塘		−0.166
	渠道		0.065
	其他		0.042
合计		6921.253	8.353

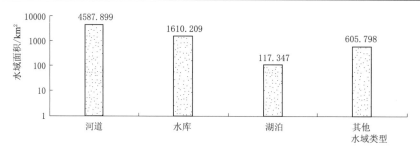

图 6.4 - 13　2015 年分类型水域面积成果图

　　各地级市中，宁波市变化相对最多，水域面积增加了 4.248km²；其次为嘉兴市，水域面积增加了 1.726km²。具体见表 6.4 - 11 和图 6.4 - 14。

表 6.4 - 11　　　　　　　　　　2015 年行政分区水域成果

行政分区	陆域面积/km²	水域面积/km²	水域面积变化量/km²	水面率/%
杭州	16596	1353.378	0.178	8.15
宁波	9672	1547.748	4.248	16.00
温州	11784	543.522	0.023	4.61
嘉兴	3915	551.526	1.726	14.09
湖州	5818	469.791	1.092	8.07
绍兴	8256	579.047	0.147	7.01
金华	10918	464.736	−0.163	4.26
衢州	8841	354.061	0.161	4.00
舟山	1440	43.189	0.289	3.00
台州	9411	538.662	0.662	5.72
丽水	17298	475.589	−0.011	2.75
合计	103950	6921.253	8.353	6.66

　　各流域分区中，独流入海小流域分区变化最多，水域面积增加了 3.805km²；其次为运河流域分区，水域面积增加了 1.604km²。具体见表 6.4 - 12 和图 6.4 - 15。

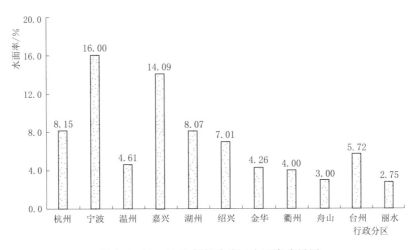

图 6.4－14　2015 年行政分区水面率成果图

表 6.4－12　　　　　　　　　　2015 年流域分区水域成果

流域分区	陆域面积/km²	水域面积/ km²	水域面积变化值/ km²	水面率/%
钱塘江	42932	3942.883	0.684	9.18
苕溪	4583	340.088	1.089	7.42
运河	6381	593.504	1.604	9.30
甬江	4950	252.362	0.963	5.10
椒江	6371	309.986	0.187	4.87
瓯江	18401	637.539	0.039	3.46
飞云江	3714	187.805	0.005	5.06
鳌江	1530	64.977	—0.022	4.25
独流入海小流域	10815	531.405	3.805	4.91
出省小河流	4274	60.699	—0.001	1.42
合计	103950	6921.253	8.353	6.66

各地形分区中，浙东丘陵平原分区和杭嘉湖平原分区变化较多，其中，浙东丘陵分区水域面积增加了 3.331km²；杭嘉湖平原分区水域面积增加了 2.985km²。具体见表 6.4－13和图 6.4－16。

表 6.4－13　　　　　　　　　　2015 年地形分区水域成果

地形分区	陆域面积/km²	水域面积/ km²	水域面积变化值/ km²	水面率/%
杭嘉湖平原	6381	711.385	2.985	11.15
萧绍宁平原	8348	568.396	1.197	6.81
温黄平原	1513	137.959	0.460	9.12
温州滨海平原	1801	301.511	0.011	16.74
浙东丘陵	18109	806.431	3.331	4.45

续表

地形分区	陆域面积/km²	水域面积/km²	水域面积变化值/km²	水面率/%
浙西丘陵	27810	3137.784	0.185	11.28
浙南山地	27181	716.048	−0.051	2.63
浙中盆地	10918	464.850	−0.049	4.26
滨海岛屿	1889	76.884	0.284	4.07
合计	103950	6921.253	8.353	6.66

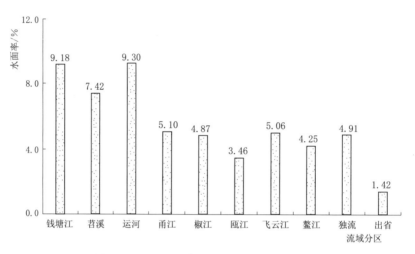

图 6.4-15 2015 年流域分区水面率成果图

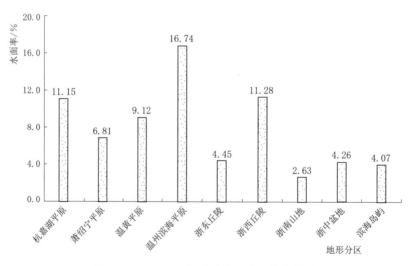

图 6.4-16 2015 年地形分区水面率成果图

参 考 文 献

[1] 王伟英. 水域占用管理制度分析研究 [J]. 浙江水利科技, 2003 (B08): 91-94.

[2] 楼越平. 陆地水域调查技术导则编制的概念体系探讨 [J]. 浙江水利科技, 2006 (3): 28-29, 32.

[3] 王士武, 汪跃宏, 胡玲. 对陆地水域及其边界的探讨 [J]. 中国水利, 2007 (12): 44-45.

[4] 何文学, 陈晓东, 李茶青. 水域的概念、功能、权属 [C] //中国环境科学学会 2010 年学术年会.

[5] 郑月芳. 河道管理 [M]. 北京: 中国水利水电出版社, 2007.

[6] 王苏民, 窦鸿身. 中国湖泊志 [M]. 北京: 科学出版社, 1998.

[7] 水利部南京水文水资源研究所. 防洪区范围界定与划分方法研究 (全国防洪规划专题研究) [R]. 南京: 水利部南京水文水资源研究所, 2000.

[8] 崔朝晖. 水空间 [J]. 沈阳建筑工程学院学报, 1992, 8 (1): 34-38.

[9] 韩全林, 刘劲松, 游益华. 江苏省河湖空间管控的实践与思考 [J]. 水利发展研究, 2019 (10): 18-21.

[10] MARSH G P. Man and Nature, or Physical Geography as modified by Human Action [M]. University of Washington Press, 1865.

[11] 韩龙飞, 许有鹏, 杨柳, 等. 近 50 年长三角地区水系时空变化及其驱动机制 [J]. 地理学报, 2015, 70 (5): 819-827.

[12] GREGORY K J, DAVIS R J, DOWNS P W. Identification of river channel change to due to urbanization [J]. Applied Geography, 1992, 12 (4): 299-318.

[13] HAMMER T R. Stream channel enlargement due to urbanization [J]. Water Resources Research, 1972, 8 (6): 1530-1540.

[14] GRAF W L. Network characteristics in suburbanizing streams [J]. Water Resources Research, 1977, 13 (2): 459-463.

[15] VANACKER V, MOLINA A, GOVERS G, et al. River channel response to short-term human-induced change in landscape connectivity in Andean ecosystems [J]. Geomorphology, 2005, 72 (1): 340-353.

[16] ELMORE A J, KAUSHAL S S. Disappearing headwaters: Patterns of stream burial due to urbanization [J]. Frontiers in Ecology and the Environment, 2008, 6 (6): 308-312.

[17] MEYER J L, WALLACE J B, PRESS M C, et al. Lost linkages and lotic ecology: Rediscovering small streams [C] //Ecology: Achievement and challenge: The 41st Symposium of the British Ecological Society sponsored by the Ecological Society of America held at Orlando, Florida, USA, 10-13 April 2000. Blackwell Science, 2001: 295-317.

[18] DUNNE T, LEOPOLD L B. Water in Environmental Planning [M]. London: Macmillan, 1978.

[19] 徐光来, 许有鹏, 王柳艳. 近 50 年杭-嘉-湖平原水系时空变化 [J]. 地理学报, 2013, 68 (7): 966-974.

[20] 韩龙飞, 许有鹏, 邵玉龙, 等. 城市化对水系结构及其连通性的影响: 以秦淮河中下游为例 [J]. 湖泊科学, 2013, 25 (3): 335-341.

[21] 袁雯, 杨凯, 吴建平. 城市化进程中平原河网地区河流结构特征及其分类方法探讨 [J]. 地理科

学，2007，27（3）：401－407．

[22] 袁雯，杨凯，唐敏，等．平原河网地区河流结构特征及其对调蓄能力的影响［J］．地理研究，2005，24（5）：717－724．

[23] 杨凯，袁雯，赵军，等．感潮河网地区水系结构特征及城市化响应［J］．地理学报，2004，59（4）：557－564．

[24] 陈德超，李香萍，杨吉山，等．上海城市化进程中的河网水系演化［J］．城市问题，2002（5）：31－35．

[25] 韩昌来，毛锐．太湖水系结构特点及其功能的变化［J］．湖泊科学，1997，9（4）：300－306．

[26] 周洪建，史培军，王静爱，等．近30年来深圳河网变化及其生态效应分析［J］．地理学报，2008，63（9）：969－980．

[27] 周洪建，王静爱，岳耀杰，等．基于河网水系变化的水灾危险性评价［J］．自然灾害学报，2006，15（6）：45－49．

[28] 付浩，罗琦，陈智乾．城乡规划中城镇适宜水面率探析［C］//中国城市规划学会．新常态：传承与变革——2015中国城市规划年会论文集（02城市工程规划）．北京：中国建筑工业出版社，2015．

[29] 张志飞，郭宗楼，王士武．区域合理水面率研究现状及探讨［J］．中国农村水利水电，2006（4）：58－60．

[30] CLINTON B D，VOSE J M，KNOEPP J D，et al. Can structural and functional characteristics be used to identify riparian zone width in southern Appalachian headwater catchments ［J］. Canadian Journal Forest Research，2010，40：235－253.

[31] HAWES E，SMITH M. Riparian buffer zones：functions and recommended widths ［R］. Connecticut：Yale School of Forestry and Environmental Studies，2005.

[32] PRICE C，LOVETT S，LOVETT J. Managing riparian widths－Fact Sheet 13 ［R］. Canberra：Land and Water Australia，2005.

[33] HANSEN B，REICH P，LAKE P S，et al. Minimum width requirements for riparian zones to protect flowing waters and to conserve biodiversity：a review and recommendations with application to the State of Victoria ［R］. Monash：Department of Sustainability and Environment，Monash University，2010.

[34] 饶良懿，崔建国．河岸植被缓冲带生态水文功能研究进展［J］．中国水土保持科学，2008，6（4）：121－128．

[35] 王晓红，张梦然，史晓新，等．水生态保护红线划定技术方法［J］．中国水利，2017（16）：11－15．

附录 1

浙江省水域调查技术导则
（修订）

2019 年 7 月

前　　言

2005 年，我省组织编制了《浙江省水域调查技术导则》并完成了全省水域调查，为我省水域保护管理工作提供了重要基础。2019 年 5 月 1 日起施行的《浙江省水域保护办法》（省政府第 375 号令）重新界定了水域的范畴，对水域空间保护提出了更高要求，原有成果已不适应当前的管理需求，迫切需要开展新一轮水域调查。

为规范浙江省新一轮水域调查技术手段和方法，根据《中华人民共和国水法》《中华人民共和国防洪法》《浙江省河道管理条例》（2017 年修正）、《浙江省水利工程安全管理条例》（2017 年修正）和《浙江省水域保护办法》等法律法规的要求，特组织制定《浙江省水域调查技术导则（修订）》。

本技术导则分为技术导则的正文、条文说明以及附录。主要内容有适用范围、规范性引用文件、术语和定义、总则、一般技术要求、调查方法、调查成果、数据更新等。

本技术导则编写参照《标准化工作导则》（GB/T 1.1—2009）的要求进行。

本技术导则起草单位：浙江省水利河口研究院、浙江省河湖与农村水利管理中心。

目　　录

1　适用范围

本技术导则规定了开展水域调查工作的技术要求，适用于浙江省行政区域内各类水域调查。

2　规范性引用文件

本技术导则采用的图件处理方法、测量规范、编码规则应按照以下规程规范执行。

《国家基本比例尺地图图式　第 1 部分：1：500、1：1000、1：2000 地形图图式》（GB/T 20257.1—2017）

《全球定位系统实时动态测量（RTK）技术规范》（CH/T 2009—2010）

《测绘技术设计规定》（CH/T 1004—2005）

《第三次全国国土调查技术规程》（TD/T 1055—2019）

《水利水电工程测量规范》（SL 197—2013）

《水利工程代码编制规范》（SL 213—2012）

《浙江省湖泊名称代码》（DB33/T 581—2005）

《浙江省河流名称代码》（DB33/T 587—2005）

《浙江省水库名称代码》（DB33/T 586—2005）

《浙江省蓄滞洪区名称代码》（DB33/T 577—2005）

《河道建设规范》（DB33/T 614—2016）

3　术语和定义

3.1　水域

是指陆域范围内由一定边界约束所形成的，发挥水域功能作用的水体容纳范围及其管理范围。

3.2　水面线

是指河湖等水域常水位所对应的水面外边线。

3.3　临水线

是指承载水域功能区域的外边线。

3.4　水域管理范围线

是指为保护水域功能正常发挥而设定的管理范围外边线。

3.5　水域面积

是指临水线所围成的区域面积。

3.6　水域容积

是指水域面积对应的容纳水体的体积。

3.7　水域面积率（简称"水面率"）

是指区域内的水域面积与区域总面积的比值。

4　总则

4.1　总体要求

4.1.1　工作目标

全面摸清全省水域基础信息和空间数据，厘清水域保护和岸线管控具体范围，建立全省统一的水域基础信息数据仓，实现水域数据动态更新，为加强水域保护和高效管理奠定基础。

4.1.2　工作原则

1　统一标准，统一要求。全省统一调查底图和标准，以确保调查质量、成果汇总与应用。

2　引用成果，提高效率。在做好数据关联和核实分析的基础上，充分尊重和利用现有各类水域相关成果，以提升调查效率。

3　全面调查，突出重点。为保障水域调查成果的完整性和准确性，在全面调查的基础上，对重要水域进行重点调查。

4　因地制宜，有效落实。立足河湖水域管理和水域保护需要，合理确定重点调查范围，明确水域边界，确保相关工作可操作、能落实。

4.1.3　工作要求

水域调查应从保护水域、发挥水域功能的要求出发，满足水域保护规划、涉水审批、水利工程建设以及河湖水域"强监管"对水域基础信息的需求。

4.2　调查对象

调查对象为《浙江省水域保护办法》中规定的江河、溪流、湖泊、人工水道、行洪区、蓄滞洪区、水库和山塘，包括：

1　河道：江河、溪流和行洪区统称为河道，分为省级、市级、县级、乡级河道。

2　湖泊：陆地上的贮水洼地，包括湖、漾、荡等。

3　蓄滞洪区：为防御异常洪水，利用沿河湖泊、洼地或特别划定的地区，修筑堤或附属建筑物蓄滞洪水的区域。

4　水库：总库容 10 万 m^3 以上的蓄水工程。

5　山塘：毗邻坡地修建的、坝高 5m 以上且具有泄洪建筑物和输水建筑物、总容积不足 10 万 m^3 的蓄水工程。

6　人工水道：引水渠道、灌区骨干渠道。

7　其他水域：上列未包括的其他水域。

4.3　调查内容

七类调查对象的调查内容均包括水域基础信息、水域空间信息和工程信息。

4.3.1　河道

1　水域基础信息：河道（段）名称、编码、等级、起止点位置、长度、平均宽度、水域面积、水域容积、所在区域、所属流域、所属地形地貌、跨界情况、主要功能等。

2　水域空间信息：水面线、临水线、水域管理范围线（统称"三线"）及其空间坐标。

3 工程信息：堤防、水闸、泵站、拦水坝（堰）、桥梁、码头、船闸七类工程的名称、位置及主要参数。

对于同一河道，若存在以下三种情况，应分河段调查相应的内容：①遇水库、湖泊；②上下游等级不同；③防洪标准不同。

4.3.2 湖泊

1 水域基础信息：湖泊名称、编码、正常水位、最高允许蓄水位、水域面积、水域容积、平均水深、所在区域、所属流域、跨界情况、主要功能等。

2 水域空间信息和工程信息，同 4.3.1 节。

4.3.3 蓄滞洪区

1 水域基础信息：名称、编码、类型、所属流域、所在区域、水域面积、水域容积等。

2 水域空间信息：水域管理范围线（临水线与其重合）及其空间坐标。

3 工程信息：同 4.3.1 节。

4.3.4 水库

1 水域基础信息：名称、编码、集雨面积、所属流域、所在区域、类型、正常蓄水位、设计洪水位、移民水位、校核洪水位、总库容、兴利库容、水域面积、水域容积、坝顶高程、建成时间、主要功能等。

2 水域空间信息和工程信息，同 4.3.1 节。

4.3.5 山塘

1 水域基础信息：名称、编码、坝高、集雨面积、所属流域、所在区域、类型、坝顶高程、设计洪水位、正常蓄水位、总容积、水域面积、水域容积、整治时间、主要功能等。

2 水域空间信息和工程信息，同 4.3.1 节。

4.3.6 人工水道

1 水域基础信息：名称、编码、起止点位置、长度、宽度、水域面积、水域容积、所属流域、所在区域等。

2 水域空间信息：临水线、水域管理范围线及其空间坐标。

3 工程信息：同 4.3.1 节。

4.3.7 其他水域

参照前六类开展相应调查。

4.4 调查方式

1 采用内、外业相结合的调查方式。

2 内业调查优先采用地形图、航拍影像图、卫星影像图以及现有成果资料，通过判读的方法，提取 4.3 节规定的调查信息；判读过程中存在疑义的，通过现场校核或复核的方式获取相关信息。

3 对于重要水域等内业调查不能满足监管要求的，应开展外业实地调查和测量。

5 一般技术要求

5.1 调查时点

水域调查应按照规定的调查基准年收集数据，本轮调查以 2018 年为基准年。

5.2 高程基准

高程基准采用 1985 国家高程基准（二期）。

5.3 平面坐标系

平面坐标系采用 2000 国家大地坐标系（CGCS 2000）。投影分带采用高斯-克吕格投影，按 3°标准分带。

5.4 底图要求

1 采用国家基础测绘基本比例尺地形图及其对应的基础地理信息数据库作为基础底图，现势性不超过 3 年。

1）地形图建议（市、区）采用 1∶2000 比例尺，鼓励采用更大比例尺。上游山区若缺乏 1∶2000 地形图，可采用 1∶10000 比例尺的地形图。

2）采用的地形图至少要包括水系要素（点、线、面）、居民地及设施要素（点、线、面）、境界与政区要素（点、线、面）及相应图层等。

2 要求采用优于 0.2m 分辨率的航拍影像资料（缺少的，采用优于 0.5m 分辨率的卫星影像资料）进行校核。航拍影像资料现势性不超过 3 年，卫星影像资料现势性不超过 1 年。

3 第三次全国国土调查成果，应作为地形图、基础地理信息数据库以及遥感影像资料的有益补充。

5.5 成果要求

1 应做好与第三次全国国土调查成果的衔接，实现"不重不漏"。

2 数据成果应与河湖水域数字化要求无缝对接。

6 调查方法

6.1 水域基础信息调查

1 水域编码：根据各类型水域编码规则以县为单位进行编码，见附录 C。

2 河道起止点：山丘区河道起点集雨面积大于 $1km^2$，可参照水库、山塘、水电站溢洪道末端、支沟汇合处、村庄头部等确定。平原区河道起止点可参考区域防洪排涝格局确定，难以确定的南北向河道以南端为起点，东西向河道以西端为起点。重要水域的起点，需进行现场校核。河道终点以汇入口、河海分界线或蓄水工程临水线作为确定的依据。

3 河道、人工水道长度：以临水线为基准，勾绘中心线，计算获取。

4 设计洪水位：通过相关成果获取，若无成果，通过典型调查法来确定。

5 水域面积：通过对临水线范围量算得到。

6 水域容积：水库、山塘、湖泊、蓄滞洪区等面状水域，结合设计参数、高程数据获取。河道、人工水道等线状水域利用断面法计算水域容积；如断面资料不满足容积计算需求，可开展代表性断面的测量工作。

7　水域功能：根据防洪排涝规划、河道整治规划、水功能区水环境功能区划方案，确定水域主要功能；对于有特殊功能需求的，通过调查明确其功能。

8　其他水域基础信息：通过已有资料或现场调查获取。

6.2　水域空间信息调查

6.2.1　"三线"勾绘

根据本导则附录 A 对于临水线和水域管理范围线的界定，主要通过地形图与遥感影像比对判读，提取或勾绘水面线、临水线和水域管理范围线。针对重要水域等，若信息缺乏或变化较大，应外业实地调查和测量。

1　水面线：采用第三次全国国土调查成果。

2　临水线：有成果的，成果复核可靠直接利用；成果不可靠或无成果的，需进行勾绘。

3　水域管理范围线：已有相关成果，经复核可靠的，将成果落图；复核后成果存在偏差的，需重新划定；无相关成果的，依据《浙江省河道管理条例》《浙江省水利工程安全管理条例》，结合地方实际，明确管理范围进行划定。

6.2.2　空间坐标点

通过勾绘形成空间数据图层，对临水线起止点、流向发生较大变化的拐点、工程所在的重要节点进行标绘，并提取经纬度坐标。

6.3　工程信息调查

主要通过收集资料获取其位置和属性信息，部分无资料的可根据影像提取或实地调查获取。

7　调查成果

7.1　县级调查成果

1、报告：各区县水域调查成果报告。

2、图件：县域水域现状总图、重要水域分布图［同步提交遥感影像图件（img 格式）］。

3、空间数据库：GIS 成果数据库（File GeoDatabase 格式），包括九大图层。

7.2　市级拼接成果

空间数据库：复核并拼接县级空间数据，形成市级 GIS 成果数据库（File GeoDatabase 格式），其数据库图层与县级数据库的图层一致。

7.3　省级汇总成果

浙江省水域调查成果报告、全省水域调查数据库（GIS 成果数据库）、全省水域基础数据管理平台。

7.4　成果检查

1　成果分级检查：县级自检、市级复核、省级抽查。

2　对调查成果的完整性、合理性、准确性、规范性等方面进行检查；如有必要，可进行典型水域的实地抽查，确保成果质量。

8　数据管理

8.1　更新要求

1　县级水行政主管部门做好水域动态数据更新工作，及时提交变更数据，由专人负责更新。

2　采用实时更新和定期更新相结合的方法，其中实时更新掌握水域动态变化情况，定期（一年）更新掌握一定时期内水域总体变动情况。

3　仅对变化的水域进行变更，对未发生变化的水域不得擅自变更。

8.2　更新任务

经审批的水域调整、水域界线变化、工程建设等情况，结合河道整治、涉水审批、执法监察等管理信息，及时更新相关数据库。

条 文 说 明

1 适用范围

本技术导则适用于浙江省统一部署的水域调查工作，地方单独进行的区域水域调查也可参照执行。

2 规范性引用文件

本技术导则参照《标准化工作导则》（GB/T 1.1—2009）的要求编制，导则涉及的规程规范是技术导则编制的主要技术参考。凡在规程规范明确的内容，原则上按照规程规范执行；规程规范未定的，也应参照规程规范的原则精神，结合本技术导则的条款执行。

3 术语和定义

3.1 水域

《浙江省水域保护办法》所称水域，是指江河、溪流、湖泊、人工水道、行洪区、蓄滞洪区、水库和山塘及其管理范围。水域包括承载水域功能区域和保护水域功能区域两部分，不仅要调查承载水域功能的范围，也应调查依照法律法规划定的管理范围。其中水域功能包括行洪排涝、灌溉供水、交通航运、生态环境、景观娱乐、文化传承等功能。

3.7 水域面积率（简称"水面率"）

水面率是水域面积控制的重要指标。为有效保护和管理水域，宜进行分区水面率的计算。县域范围内，宜按乡镇、按水系进行分区计算。各县区可根据地方实际，单独计算重点区域水面率。

4 总则

4.1 总体要求

水域调查旨在摸清水域家底，作为区域性水域保护与管理的依据，各级水行政主管部门应做好与相关部门的对接。

要充分利用地理空间基础资料和相关成果资料。可利用的地理空间基础资料（以下优先次序排列）：第三次全国国土调查数据、地理国情监测数据、基础地理信息数据、水利行业地图作业平台数据成果。可利用的相关成果资料（包括但不限于）：上一轮水域调查成果、河湖划界成果、水利工程标准化成果、水工程设计资料、历史测量资料等。以上可利用的资料，其成果满足本次提出的相关精度要求方可采用。

4.2 调查对象

1 省级、市级、县级河道按公布名录执行，详见《浙江省县级及以上河道分级名录图表集》及《浙江省县级及以上河道等级划分数据库》。乡级河道应按照规定明确调查对象：①平原水网地区，原则上调查平均河宽 5m 以上的河道；②丘陵、山区，原则上调查起点断面以上集雨面积大于 1km^2 的河道。地方可根据实际情况扩大调查范围。若某河段为暗河，用虚线表示，不进行其他信息采集；其他沟渠，只标位置走向，不进行其他信息的采集。

　　2　湖泊：包括已公布名录的湖泊。

　　3　蓄滞洪区：包括南湖蓄滞洪区、北湖蓄滞洪区、湛头滞洪区、大浸畈分洪区、高湖蓄滞洪区。

　　4　水库：按水库大坝注册登记结果执行。

　　5　山塘包括：①已注册登记的山塘；②坝高 2.5～5m 纳入县（市、区）管理的低坝山塘。

　　6　人工水道：不包括计入耕地面积的田间渠道。

　　7　其他水域包括：①未纳入湖泊名录的无挡水建筑物或挡水建筑物低于 2.5m、水面面积 400m^2（城市建成区为 200m^2）以上（地方可根据实际扩大调查范围）的漾、荡、塘；②挡水建筑物高度 2.5～5m 未纳入低坝山塘管理的塘坝；③坝高 5m 以上且总容积不足 10 万 m^3 未注册为山塘的塘坝；④容积 10 万 m^3 以上未注册为水库的塘坝；⑤上列未包括的水电站。不含耕地上开挖的鱼塘，即在第三次全国国土调查中确定为可调整养殖坑塘的不纳入调查。另外，确定为养殖坑塘且无调蓄功能的也不纳入调查。

4.3　调查内容

　　七类调查对象的调查内容均包括水域基础信息、水域空间信息和工程信息，详见附录 B。

　　1　水域基础信息：对于不同调查对象，调查内容会有所增减。如面状水域蓄滞洪区、山塘、水库、湖泊，不存在起止点的概念；山塘、水库作为水利工程，需增加特征参数的调查。对于同一河道（段）左右岸防洪标准不同，需进行区分。

　　2　水域空间信息：水面线、临水线、水域管理范围线（统称"三线"）均应调查落图，临水线需标绘起止点、拐点及重要节点的空间坐标。

　　3　工程信息：

　　（1）堤防：名称、所在河道、起止点、长度、高程、设计标准。

　　（2）水闸：名称、位置、所在水域。

　　（3）泵站：名称、位置、所在水域。

　　（4）拦水坝（堰）：名称、位置、所在水域。

　　（5）桥梁：名称、位置、所在水域。

　　（6）码头：名称、位置、所在水域。

　　（7）船闸：名称、位置、所在水域。

　　（8）其他工程：名称、位置、所在水域。

4.4　调查方式

　　1　水域调查需要投入大量的人力物力。调查深度要求不同，技术要求也不同，调查时长、投入也不同。因此，本轮调查宜采用内、外业相结合的调查方式，分层次开展调查工作。

2　应充分利用现有资料，通过判读、提取的方式获取相关信息。有条件的县（市、区）可综合利用 GPS/GIS/RS 技术，采用内、外业一体化调查管理信息系统，突破办公环境的限制，在非办公环境下充分利用现有信息化的软件成果和数据成果，提高调查效率。

3　重要水域，若无实测断面数据，应开展外业实地调查和典型断面测量；省级、市级河道以及其他行洪排涝骨干河道临水线的平面坐标应全线位实地测量，测量精度达到 10cm 以内，测量需满足如下要求：①图根控制测量：按照 2～4km 间隔布置图根点，图根点埋石可采用现场灌注混凝土埋设标志；②临水线特征点测量要求：按照 20～40m 间隔布置测量点，曲线段适当加密。

水库、山塘，若地形图未测量至校核洪水位、移民水位或设计洪水位的，临水线应全线位实地测量，测量精度达到 10cm 以内，测量要求如下：①图根控制点布设重点区域按照平均间距不超过 3km，最大间距不超过 6km 布置图根控制点，一般区域不设置控制点；②临水线的特征点采集平均间距不大于 200m，最大间距不大于 400m。

5　一般技术要求

5.4　底图要求

1 为保证县（市、区）边界口径一致，本次调查需使用正式勘定的省、市、县级行政区域界线。地形图及其基础地理信息数据库，至少要包括水系要素（点、线、面）、居民地及设施要素（点、线、面）、境界与政区要素（点、线、面）图层等信息。表 5－1 规定了需从基础地理信息数据库获取的分层数据。

表 5－1　　　　　　　　　　需获取的图层要素表

数据集名称	序号	要素类中文名称	要素类英文名称
DLG	1	水系（点）	HYD_PT
	2	水系（线）	HYD_LN
	3	水系（面）	HYD_PY
	4	居民地及设施（点）	RES_PT
	5	居民地及设施（线）	RES_LN
	6	居民地及设施（面）	RES_PY
	7	交通（点）	TRA_PT
	8	交通（线）	TRA_LN
	9	交通（面）	TRA_PY
	10	管线（点）	PIP_PT
	11	管线（线）	PIP_LN
	12	境界与政区（点）	BOU_PT
	13	境界与政区（线）	BOU_LN
	14	境界与政区（面）	BOU_PY

数据集名称	序号	要素类中文名称	要素类英文名称
DLG	15	地貌（点）	TER_PT
	16	地貌（线）	TER_LN
	17	地貌（面）	TER_PY
	18	植被与土质（点）	VEG_PT
	19	植被与土质（线）	VEG_LN
	20	植被与土质（面）	VEG_PY
	21	注记	ANNO

注　为区分不同比例尺的基础地理信息数据，宜在数据集和要素类后面增加比例尺代码后缀，1：500对应的比例尺代码为K，1：1000对应的比例尺代码为J，1：2000对应的比例尺代码为I。

来源：1：500、1：2000基础地理信息及地理实体数据库技术规程。

5.5　成果要求

1　国土调查的坑塘水面除包括水域调查的山塘外，还包括农民开挖的主要用于养殖的坑塘和围垦后临时养殖的坑塘，因此，水域调查时应仔细甄别不属于山塘的坑塘。

6　调查方法

水域调查方法主要有三种：现有成果经复核采用、地形图解析和影像判绘、外业实地调查和测量。其中，外业实地调查和测量主要作为获取基础地理信息的补充，地形图解析和影像判绘主要用于信息提取和数据成果制作。

1　现有相关成果（近三年完成的）经复核其技术标准和成果精度满足本导则相关要求的，可直接利用，三年以上的要进行实地校核。主要可利用的成果如下：

（1）河湖划界成果、水利工程标准化管理成果：包括划界方案（已批复）、标准化管理方案、测量控制点成果表、界址点成果表和专题图集。

（2）水库注册成果、山塘清查成果：包括注册登记表、信息清查表、测量图根控制点成果表和影像资料。

（3）防洪能力调查成果：防洪能力调查报告、河道断面成果表、圩区包围线及断面图、圩区包围线配套排涝建筑成果表、圩区保护对象调查表和影像资料。

（4）河道、湖泊名录公布成果：县级及以上河道、湖泊公布名录、数据库成果。

2　无成果或现有成果无法满足要求，则需要采用地形图解析和影像判绘、外业实地调查和测量的方法。

利用专业GIS空间数据编辑工具和属性录入软件，进行数据成果的制作，gdb数据库中包括九大图层，见图7-2。各类水域的基础信息、空间信息及工程信息通过水域编码进行关联。需采集的对象、内容、采集方式及之间的关系如图6所示。

6.1　水域基础信息调查

勾绘出水域基础信息图层，即水域面图层。该水域面图层采用临水线（见6.2节）构面形成（图6-1），用于存储各类型水域的基础信息，如水域编码、名称、等级、长度

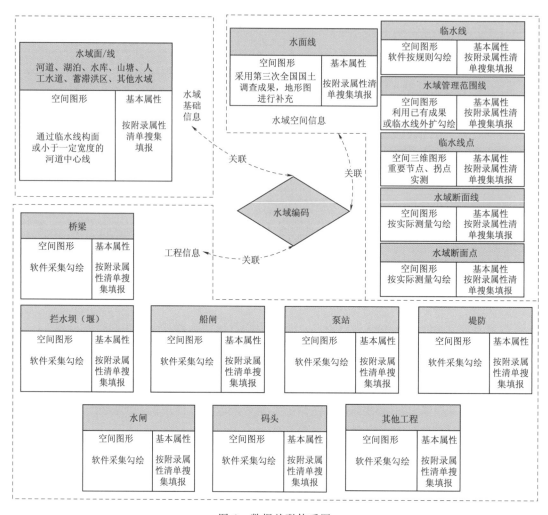

图 6 数据关联体系图

图 6-1 水域面：由黄色临水线围成的浅蓝色块状水域面

等，并基于此面状水域计算水域面积和水域容积。

1　水域编码：参见附录C各类水域编码规则，以县为单位统一编码。不同县区，注意上下游、干支流之间的衔接。

2　河道起止点：省级、市级、县级河道按照公布的河道名录确定起止点位置，并提取对应的位置名称填写，起止点坐标则通过GIS平台，直接提取。

丘陵、山区乡级河道，起点断面以上集雨面积一般应大于$1km^2$（对于通过修建堤防、护岸等已整治的河道，起点可按整治起点确定，集雨面积可小于$1km^2$），在此基础上，分以下两种情况确定：①有蓄水工程的，从第一个蓄水工程溢洪道末端起算；②无蓄水工程的，从第一个村庄头部或支沟汇入口起算。

终点也分两种情况确定：①汇入口或河海分界线；②汇入蓄水工程的，以蓄水工程的临水线作为确定终点的依据。

关于乡级河道起点的确定，详见以下示例：

（1）河道上游为水库（山塘），如图6-1-2A所示。以水库（山塘）溢洪道出口作为河道起点。在1∶2000图中，部分山塘的溢洪道较难鉴别长度，则从坝下起算。

（2）河道上游无水库（山塘），如图6-1-2B～图6-1-2D所示。地方根据实际，从第一个村庄头部或支沟汇入口起算。

图6-1-2A　起点示例1（水库）

3　河道、人工水道长度：在地理信息平台中，参照河道和人工水道两侧的临水线或者水域面勾绘河道、人工水道中心线（图6-1-3），量算后获取。

4　设计洪水位：通过相关成果获取，若无成果，通过典型调查法来获取历史最高洪水位代替。

5　水域面积：在GIS软件中，量算临水线内的面积获取（图6-1-4），即直接计算河道、湖泊、水库、山塘、蓄滞洪区、人工水道对应的水域面的面积。另外，应分别获取县域范围内所有水域水面线、水域管理范围线对应的总面积，调查成果报告中需进行分析说明。

图 6-1-2B　起点示例 2（山塘）

图 6-1-2C　起点示例 3（有村庄）

6　水域容积：水库、山塘、湖泊、蓄滞洪区等面状水域，结合设计参数、高程数据获取。河道、人工水道等线状水域利用断面法计算水域容积。如断面资料不满足容积计算需求，需开展代表性断面的测量，并形成完整统一的测量成果。

（1）断面测量间距：参照有关测量规范和本地河道实际情况确定（断面按照平均300m 进行布置）。

（2）断面测量点布设：测点分布应能代表断面水下部分和滩面部分的轮廓，测量比例尺为 1：200，横向测量点间距为 2m。

（3）断面测量范围：河道两岸建有堤防时，河道断面需测至堤防背水坡坡脚线后至少

图 6-1-2D   起点示例 4（无村庄）

图 6-1-3   绿色线条为河道中心线，用于计算其长度

图 6-1-4   童处河头河水域面积获取示意图

5m；河道两岸建有护岸或自然边坡时，河道断面需测至岸顶"上口线"后至地坪至少 5m。

（4）利用 GPS－RTK 或网络 RTK 技术外业实地测量。

7 水域功能：是水域的社会属性，主要功能包括行洪排涝、灌溉供水、交通航运、生态环境、景观娱乐、文化传承等功能。可参照防洪排涝规划、河道整治规划、水功能区水环境功能区划方案等确定。

8 水域名称：县级及以上河道、湖泊、水库、山塘、人工水道、蓄滞洪区根据已公布的水域名录填写。有名称的乡级河道沿用已有名称（图 6-1-8A）；无名称的乡级河道，通过实地调查获取；无法获取的，可以根据河道的重要节点或河道汇合口处的重要村庄来命名（图 6-1-8B）。

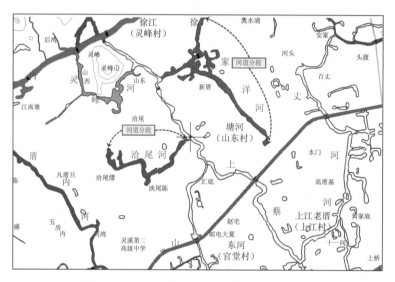

图 6-1-8A 已有河道分段命名的水域资料

图 6-1-8B 河道命名示例

6.2　水域空间信息调查

6.2.1　"三线"勾绘

水面线采用第三次全国国土调查成果；临水线和水域管理范围线，已有成果需进行复核，特别是省级、市级河道以及其他行洪排涝骨干河道需外业复核是否满足精度要求，若可靠直接采用；成果不可靠或无成果，则按附录 A 的界定通过勾绘划定。精度要求如下：①地形图解析法，利用 1∶2000 地形图直接提取相关信息，误差 1～2m，内业判绘精度0.3mm；②影像判绘法，在 1∶2000 地形图缺失相关信息情况下，通过航空航天遥感影像判绘，提取相关信息，误差 5m，内业判绘精度 5 个像素。

1　水面线

水面线直接提取第三次全国国土调查成果中河流、湖泊、水库、坑塘等水面作为各类型水域的水面线（图 6-2-1A）。对于地形图上有，而第三次全国国土调查成果中缺乏的水域，则需补充勾绘临水线，但无须勾绘水面线。

图 6-2-1A　水面线：直接提取三调成果中河流、湖泊、水库、坑塘等水面
（蓝色线所示）

按照本导则规定的水域分类，将每类要素存放入其对应的图层，从而形成各类水域的水面线图层。

2　临水线

已有相关成果的，叠加现有成果，经复核可靠，可直接采用。若无成果或成果不可靠，根据附录 A 的界定，勾绘各类水域的临水线，形成各类水域的临水线图层。此外，对于本次调查范围中未在第三次全国国土调查成果中体现的水域，要根据地形图进行补充勾绘（补充部分可不勾绘水面线），并做好上下游的衔接。各类水域临水线勾绘方法如下：

（1）平原河道临水线。

1）平原无堤防河道临水线一般情况下与水面线相重叠。若对照影像发现水面线与自然岸线相差较大，则需勾绘到自然岸线处（图 6-2-1B）。

图 6-2-1B　临水线：部分与水面线重合，部分勾绘至自然岸线（黄色线所示）

2）平原有堤防河道临水线位于迎水坡堤顶线上（图 6-2-1C）。

图 6-2-1C　临水线：提取迎水坡堤顶线作为河道的临水线（黄色线所示）

（2）山区河道临水线。①山区有堤防河道的临水线勾绘方法参照平原有堤防河道的勾绘方法进行。②山区无堤防河道的临水线勾绘，可通过调查历史洪痕或根据地形图，结合影像图勾绘。

（3）湖泊临水线。湖泊临水线的勾绘方法参照平原河道临水线的勾绘进行。

（4）水库临水线。坝体侧临水线，采用迎水侧坝顶线。如图 6-2-1D 所示，库区以移民水位划定管理范围的水库，临水线同水库库区管理范围线重合；库区以校核洪水位划定管理范围的水库，采用设计洪水位对应的等高线作为临水线，可在 GIS 平台中利用 DEM 反演提取设计洪水位对应的等高线作为临水线，或采取实地测量获取。

（5）山塘临水线。坝体侧临水线，采用迎水侧坝顶线；山塘蓄水区临水线，采用设计洪水位对应的等高线，获取方法同水库。

图 6-2-1D　临水线：提取设计洪水位或移民水位对应等高线（黄色线所示）

（6）蓄滞洪区临水线。蓄滞洪区临水线采用管理范围线。

（7）人工水道临水线。人工水道临水线的勾绘方法参照平原有堤防河道进行勾绘。

3　水域管理范围线

已有相关成果的，经复核可靠直接采用。若无成果或成果不可靠，按照《浙江省河道管理条例》《浙江省水利工程安全管理条例》要求，结合地方实际，明确管理范围后进行勾绘。各类水域管理范围线勾绘方法如下：

（1）河道管理范围线。

1）无堤防河道。首先明确河道管理范围，如河道管理范围为临水线外 10m，则外扩临水线 10m，即为河道水域管理范围线（图 6-2-1E）。

图 6-2-1E　无堤防河道管理范围线（红色线所示）

2）有堤防河道。首先要确定堤防的堤脚线，然后参照《浙江省水利工程安全管理条例》中堤防管理范围的划定标准，由背水堤脚线外扩形成（图 6-2-1F）。

（2）湖泊管理范围线。湖泊的管理范围线勾绘方法参照平原河道的管理范围线方法。

（3）水库管理范围线。有划界成果且精度满足要求的，直接采用成果图中的管理范围

图 6-2-1F 有堤防河道管理范围线（红色线所示）

线（图 6-2-1G）；无成果的，按照《浙江省水利工程安全管理条例》要求，明确管理范围后，按附录 A，由临水线外扩形成。

图 6-2-1G 水库管理范围线（红色线所示）

（4）山塘管理范围线。山塘坝体管理范围应参照《浙江省水利工程安全管理条例》中规定的坝体管理范围要求，明确具体范围后勾绘，蓄水区管理范围线和临水线重合（图 6-2-1H）。

（5）蓄滞洪区管理范围线。蓄滞洪区，结合地方实际确定的管理范围，划定水域管理范围线。

（6）人工水道管理范围线。人工水道管理范围线参考河道管理范围线划定。

可以将河湖管理范围划界与水域调查结合起来，并达到以下要求：

1）划界方案应包括河湖管理范围划界成果报告及图册；划界成果公布按照《浙江省河道管理条例》第十八条第三款执行；界桩、公告牌设置原则和设置标准按《浙江省水利

图6-2-1H 山塘坝体管理范围线（红色线所示）

工程标识牌标准》（试行）、《浙江省水利工程标识牌设置指南》（试行）（浙水科〔2016〕13号）执行。

2）河湖沿线堤防工程管理与保护范围划界可结合河湖管理范围划界同步实施。

3）河湖划界应标绘临水线、划界基准线（有堤防的按堤防背水坡脚线，无堤防的与临水线重合）、管理范围线。经规划批复的河道，按照规划岸线进行划界。

4）几种特殊情况要求：①堤防有缺口、不连续的。堤防沿线遇缺口、不连续的情况，平顺连接上下游河道管理范围线。②堤防背水坡脚线没法确定的。因非提标加固原因堤防拼宽，以原设计断面堤防背水坡脚线为划界基准线，无原设计断面的，以堤顶内口线作为划界基准线。③河道交汇的。遇到支流时河湖管理范围线向支流内侧延伸，可与后期支流的河道管理范围线连接，汇入省/市/县级河道的支流延伸长度分别不少于200m/100m/50m。④有交叉建筑物的。交叉建筑物为水工建筑物的，把交叉水工建筑物工程管理范围线与河湖管理范围线进行连接；若为其他交叉建筑物的，保持平顺连接。⑤有2条（或以上）堤线的。可根据工程实际情况，宜按最新批复的堤线或最高级别堤防进行划界。⑥规划与现状差异较大的。对于规划与现状差异较大的情况，可根据工程和当地实际情况，对河湖管理范围进行划界。⑦有江心洲的。江心洲建有经批准的堤防或规划有堤防的，按有堤防河道划界标准执行；无堤防，无规划要求的，江心洲全部为河道管理范围。

6.2.2 空间坐标点

水面线、水域管理范围线不需要标绘空间坐标点，仅对临水线的起点、终点、拐点和重要节点进行标绘。确定好各类水域的临水线之后，对应建立临水线点图层。提取临水线对应的起点、终点、拐点和重要节点的坐标信息。拐点主要指河道流向发生较大变化的点，重要节点主要指工程所在的点（图6-2-2）。

6.3 工程信息调查

工程中的堤防、桥梁以线图层存放（图6-3-1和图6-3-2），其他以点图层存放。有资料的，按资料获取各类工程的相关信息；无资料的，直接从地形图上提取或参照

图 6-2-2　临水线重要节点（绿色圆点所示）

图 6-3-1　堤防线（橙黄色线所示）

图 6-3-2　桥梁（红色线所示）

影像图进行勾绘，形成相应空间数据图层，并录入相关信息。

各类工程数据层对应的属性表见附录 B。

7　调查成果

7.1　县级调查成果

1　报告

各区县水域调查成果报告，应包括文本和附表。文本宜参考表 7－1 目录编制，附表为全县水域汇总成果，详见表 7－2－1～表 7－2－4。

表 7－1　　　　　　　　　　　　报 告 编 制 目 录

前言	
1　区域概况	5　分类水域调查成果
1.1　自然地理	5.1　河道水域调查成果
1.2　社会经济	5.2　湖泊水域调查成果
1.3　河网水系	5.3　人工水道水域调查成果
2　基础资料收集	5.4　蓄滞洪区水域调查成果
2.1　水域调查成果（上一轮）	5.5　水库水域调查成果
2.2　河湖划界成果	5.6　山塘水域调查成果
2.3　山塘清查成果	5.7　重要水域调查成果
2.4　防洪能力调查成果	5.8　其他水域调查成果
2.5　其他相关资料	6　区域水域调查成果
3　总则	6.1　现状水面率
3.1　调查范围	6.2　较上一轮变化情况分析
3.2　调查内容	6.3　较国土三调成果分析
3.3　调查基准年	6.4　成果合理性分析
3.4　调查依据	7　水域动态更新
3.5　技术路线	7.1　责任主体
4　水域调查技术方法	7.2　更新计划
4.1　已有成果采用	
4.2　地形图解析及判绘	
4.3　实地调查和测量	

表 7－2－1　　　　　　　　　　分行政区水域调查汇总表

序号	乡镇（街道）名称	陆域面积（km²）	水域面积（km²）	水域容积（万 m³）	水域面积率（％）	水域容积率（万 m³/km²）
1						
2						
3						
4						
5						
6						
7						
8						

序号	乡镇（街道）名称	陆域面积（km²）	水域面积（km²）	水域容积（万 m³）	水域面积率（%）	水域容积率（万 m³/km²）
9						
10						
11						
全县合计						

表 7-2-2 分水域类型调查汇总表

陆域面积（km²）	水域类型	数量（条/座）	长度（km）	水域面积（km²）	水域容积（万 m³）	水域水面率（%）	水域容积率（万 m³/km²）
	河道						
	水库						
	山塘						
	湖泊						
	人工水道						
	蓄滞洪区						
	其他水域						
	全县合计						

注 上表中，陆域面积指县（市、区）行政区域面积。

表 7-2-3 分流域水域调查汇总表

序号	流域名称	流域面积（km²）	水域面积（km²）	水域容积（万 m³）	水域面积率（%）	水域容积率（万 m³/km²）
1	钱塘江					
2	苕溪					
3	运河					
4	甬江					
5	椒江					
6	瓯江					
7	飞云江					
8	鳌江					
9	独流入海小水系					
10	鄱阳湖水系					
11	浙闽边界水系					
全县合计						

注 上表罗列了全省所有流域，县（市、区）按各自涉及的流域汇总。

表 7－2－4　　　　　　　　　　分地形水域调查汇总表

地形分类	名称	陆域面积（km²）	水域面积（km²）	水域容积（万 m³）	水域面积率（%）	水域容积率（万 m³/km²）
平原区	杭嘉湖平原					
	萧绍平原					
	宁波沿海平原					
	台州沿海平原					
	温州沿海平原					
	小计					
山丘区	浙东丘陵					
	浙西丘陵					
	浙南山地					
	浙中盆地					
	小计					
滨海岛屿						
全县合计						

注　上表罗列了全省所有地形分区，县（市、区）按各自涉及的地形分区汇总。

2　图件

（1）县域水域现状总图。成图比例尺选取和版面设置：原则上全省每个县（市、区）专题图占一幅图幅，比例尺根据成图尺寸进行设置；若区域范围东西长、南北窄，用横向幅面表示，若区域范围东西窄、南北长，用纵向幅面表示。专题图右下以文字形式简要介绍本县（市、区）的水域概况，并以图表形式表述本县（市、区）各类水域面积构成。各地可根据实际需求确定图面大小及相关要素的取舍与概括。成果图要素样式规范见表 7－3，成果例图见图 7－1。

（2）重要水域分布图。主要表达县域内重要水域分布情况，右下以表格形式表述本县（市、区）内重要水域名录及其相关信息。各地可根据实际需求确定图面大小及相关要素的取舍与概括。成果图要素样式规范见表 7－3，成果例图见图 7－1。

表 7－3　　　　　　　　　　成果图要素样式规范

图内要素	表示方法	大小及颜色
县（市、区）政府驻地	★	8.0mm　M100Y100
县（市、区）政府驻地注记	玉环市	文鼎 CS 中黑　20P　M100Y100
乡镇、街道政府驻地	⊙	3.6mm　K100
乡镇、街道政府驻地注记	玉城街道	文鼎 CS 中黑　16P　K90
行政村驻地注记	岭脚	宋体 11P　K75
山塘	◗	4.0mm　C100M100
水闸	▨	5.0mm×2.6mm　C20M80K20

续表

图内要素	表示方法	大小及颜色
泵站		4.0mm K100
拦水坝（堰）		主线 0.25mm，齿线 0.15 主线间隔 0.8mm，齿线间隔 1.0mm
排污口		4.0mm K100
取水口		4.0mm 边线 0.2mm C100，填色 C40
桥梁		边线 0.2mm K100
码头		4.0mm C100M20
船闸		5.0mm×2.6mm M100 Y100
海塘		主线 0.6mm，齿线 0.3mm 间隔 2.5mm M60Y100
堤防		主线 0.4mm，齿线 0.2mm 间隔 3mm K80
水库面状		填色 C100M60
河道面状		填色 C100M60，透明度 35％
人工水道（除海塘）面状		填色 C60，透明度 35％
山塘、湖泊面状		填色 C70M35，透明度 35％
蓄滞洪区面状		范围线 0.25mm，M60Y100 点 0.2mm，C100
水面线		线宽 0.15mm，外框填色 C50
临水线		线宽 0.3mm，外框填色 C100，M70
水域管理范围线		虚线线宽 0.3mm，间隔 1.2mm，外框填色 M60，Y100

3 空间数据库

59 每个县提交一份 File GeoDatabase 格式的数据库成果，并以该县命名，如：某县.gdb。数据库成果必须和影像套合，一并提交。

60gdb 数据库包括九大类图层：河道、湖泊、水库、山塘、人工水道、蓄滞洪区、工程、其他水域、行政界线，见图 7-2。每类图层又分有几类子图层，以某县为例，详见图 7-3，各子图层的属性字段及属性填写要求，见附录 B。

数据格式：为便于读取，地理空间数据交换格式为 File Geodatabase。

位置精度：线状或面状水系要素应连续不间断。一般情况下，水面线范围小于或等于

图 7-1　成果例图

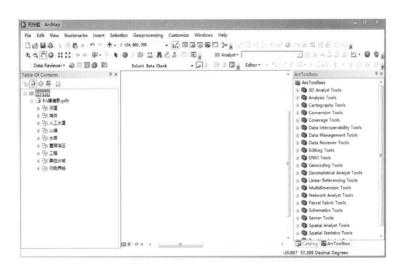

图 7-2　gdb 数据的九大图层

临水线范围，临水线范围要小于或等于水域管理范围线范围，涉河工程位置要在水域范围附近。影像上边界明显的，采集精度应控制在 5 个像素以内。特殊情况下，如高层建筑物、树木遮挡阴影等，采集精度上原则上控制在 10 个像素以内。

属性要求：必填项属性不允许为空，选填项属性允许为空；数据分层及其名称、属性项的名称、类型及值域等相关定义应符合附录 B。

逻辑一致性：包括数据拓扑关系、概念、格式等。要素点、线、面等表示方式及关系应正确；面要素应闭合且具有唯一性；要素的重合部分无缝隙或重叠现象；线段相交或相接，无悬挂或过头现象；连续地物保持连续，无错误的伪节点现象。

拓扑关系：数据采集时，判断两个坐标点是否相同的 XY 容差参数为 0.05m。对于共

图 7-3　数据成果子图层［行政界线图层中，县（市、区）级数据库需
包括县（市、区）界、乡镇界，市级数据库需包括市界、县（市、区）界、
乡镇界，省级数据库需包括全部行政界线］

边的相邻多边形，组成公共边的坐标点在两个多边形中记录的坐标值必须相同，确保相邻多边形之间不存在大于 0.01m 的重叠、缝隙等拓扑错误。

（1）河道。

1）河道水面线、临水线必须从上游到下游的方向顺序采集坐标点。采集时应保证节点拓扑和顺序正确，采集线段连续不间断，且三线（水面线、临水线、管理范围线）之间相对位置保持一致。

2）河道水域面：采用临水线构面形成，临水线能完全套合水域面。水域面图层采集时，图层内部不能产生面自重叠，面与面之间不能互重叠，水域面与其他面图层间空间上不能重叠。

3）临水线折点应是临水线上的节点。

4）T 字交叉河道，为保持两条河道的连通性，延伸汇入河道中心线使其中心线连通（图 7-4）。

5）河道特殊情况处理：

a）河道交汇：遇河道交汇情况，按以下原则进行处理：

• 河道长度：河道中心线在交汇处交汇，这两条河道的长度均包括交汇处范围。

• 水域面积：为避免重复计算，在勾画河道水域面时，将该水域纳入其中等级较高

图 7-4　T 字交叉河道

或宽度较大的河道，另一河道在交汇处断开，即交汇处水域面积仅被计入其中一条河道，另一河道不包括交汇处的水域面积，见图 7-5，东坝斗仅计算图中黄色区域面积。

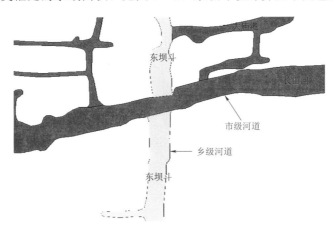

图 7-5　河道交汇情况示意图

　　b）交界河道：需分河段表示，即水面线、临水线、水域管理范围线、河道水域面、河道中心线等用行政区划线分段，并且它们之间相对位置保持一致。河道长度、水域面积分上下游交界和左右岸交界两种，按以下原则进行处理：

　　•　上下游交界：以行政区界线为界，分别计算不同行政区内的河道长度、水域面积。

　　•　左右岸交界：水域面积以行政区界线为界进行计算；河道长度，各行政区域均需计算其交界部分长度，但为避免重复统计，应在数据库及汇总表中对左右岸交界长度进行备注。在省、市汇总统计时，减去交界河段长度，见图 7-6。

　　c）河道与其他水域交汇：当河道与其他类型水域交汇时，如果交汇处的水域属于某个独立的水域类别（如湖泊或水库等），按以下原则进行处理：

　　•　河道长度：河道中心线在交汇处交汇，河道长度包括交汇处范围。

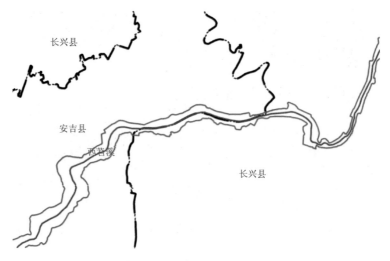

图 7-6　河道交界情况示意图

• 水域面积：为避免重复计算，河道于独立水域交汇处断开，即河道的水域面积不包括交汇处的面积，见图 7-7，蔡家漾周边河道的水域面积均只计算图中黄色区域面积。

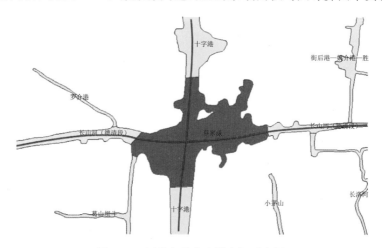

图 7-7　河道与其他水域交汇示意图

d）沙洲滩地水域：对于河道中间的沙洲、滩地是否属于水域，按以下方法进行判定：

• 若临水线对应高程低于堤防、沙洲、滩地，则进行镂空处理，见图 7-8。

• 若临水线对应高程高于堤防、沙洲、滩地，则此区域属于水域范围，见图 7-9。

6）同一河道若分不同河段。河段间需打断水面线、临水线、水域管理范围线、河道水域面、河道中心线，并且它们之间相对位置保持一致（图 7-10）。

（2）人工水道。同上，与河道采集相同。

（3）湖泊、山塘和水库。

1）水面线、临水线和水域管理范围线采集时应保证节点拓扑和顺序正确，采集线段连续不间断，且三线之间相对位置保持一致。

图 7 - 8　沙洲滩地水域判定示意图 1（由于红色区域高程高于
临水线对应的高程，图中的黄色斜线表示河道水域）

图 7 - 9　沙洲滩地水域判定示意图 2（由于红色区域高程低于临水线对应的高程，
红色区域内也属于水域，图中黄色斜线表示河道水域）

2）临水线能完全套合水域面。水域面图层采集时，图层内部不能产生面自重叠，面
与面之间不能互重叠，水域面与其他面图层间空间上不能重叠。

3）临水线折点应为临水线上的节点。

图7-10　河道分段示意图

（4）工程

1）桥梁线：取桥梁中心线。

2）堤防线：取临水线。

3）其他以点表示的工程：一般情况下取工程几何中心点位置。

7.2　市级拼接成果

所有调查内容在空间数据库中位于各个市、县（市、区）交界处，线、面对象拓扑保持连续，不存在重叠和断开的现象，同时属性数据按照对象化要求处理保持逻辑一致性。

7.4　成果检查

完整性：主要检查本技术导则规定的调查对象、调查内容是否完整，检查数据库图层、数据表、要素属性是否存在遗漏。

合理性：分析"三线"位置是否合理。结合上一轮水域调查成果及迄今为止的水域变化情况，计算县域及分区水域面积、水面率的变化大小，分析本轮水域调查成果逻辑上是否合理；如存在不合理情况，应进行原因分析。

准确性：可选择典型水域，结合地形图分析、内业计算、外业测量数据，分析调查成果是否正确。

规范性：检查成果信息是否符合本技术导则规定的标准、格式。

8　数据管理

主要指对水域新增、水域填埋等导致的水域变化进行更新，以及对新建或废除工程的变化进行更新。数据更新，按照属地原则，由县级水行政主管部门提供变更数据，省级专员利用数据库编辑权限，在全省水域管理平台中完成更新工作。

附录 A　临水线和水域管理范围线的界定

根据水域概念界定，可以将水域划分为水域及其周边范围两部分，即承载水域功能区域和保护水域功能区域。临水线是承载水域功能区域的外边线；水域管理范围线是承载水域功能部分以外，为保护水域功能正常发挥而设定的管理范围外边线。根据《浙江省河道管理条例》《浙江省水利工程安全管理条例》及其他相关法律法规等规定，临水线和水域管理范围线的界定见图 A-1～图 A-5。

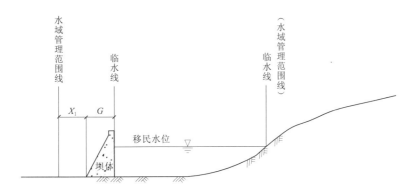

（a）库区以移民水位划定管理范围的水库

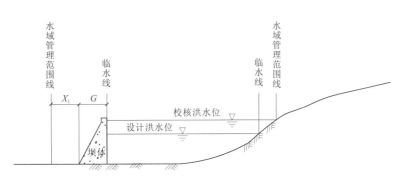

（b）库区以校核洪水位划定管理范围的水库

图 A-1　水库水域边界范围示意图

图 A-1 中：G 为水库移民水位线与大坝等建筑物交界处至水库大坝等建筑物背水坡轮廓线之间的水平距离；X_1 为水库大坝等建筑物轮廓线外一定距离，当构筑物为大坝时，X_1＝大坝背水坡脚外护堤地范围；当构筑物为水闸、溢洪道等建筑物时，X_1＝水工程管理区范围－G。不同级别水库 X_1 值有所不同，不同建筑物 X_1 值也有所不同，具体参照表 A 取值。

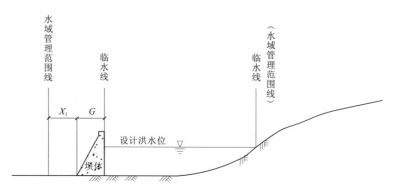

图 A-2 山塘水域边界范围示意图

（图中各符号含义同图 A-1。）

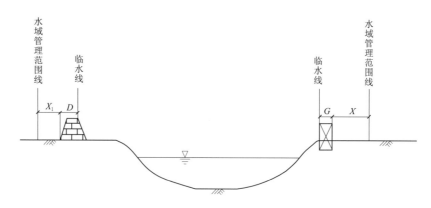

图 A-3 有堤防（或配套建筑物）河道水域边界范围示意图

图 A-3 中：D 为堤防迎水坡堤肩至堤防背水坡脚之间的距离；X_1 为堤防背水坡堤脚外护堤地范围；G 为河道配套建筑外轮廓对应的宽度；X 为河道配套建筑轮廓外一定距离。不同级别建筑物 X 值有所不同。其中 $G+X$ 为该水工程管理范围。

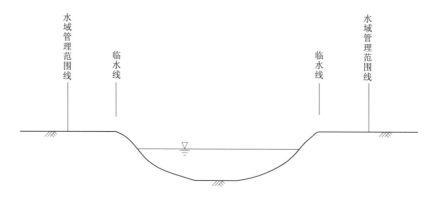

图 A-4 有岸线无堤防和构筑物河道水域边界范围示意图

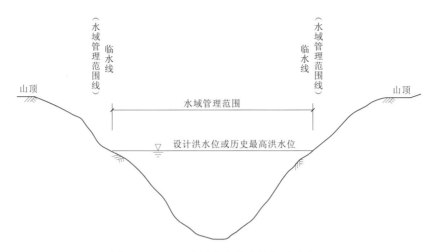

图 A-5 无岸线河道水域边界范围示意图

表 A   **水域各相关参数取值**

水域类型	级 别			水域各相关参数取值	备注
水库	大型			对照图 A-1，库区按移民水位或校核洪水位确定 Z 值：大坝区为 $G+X_1$，其中大坝两端 $X_1 \geq 100m$，大坝背水坡脚外，$100m \leq X_1 \leq 300m$	
	中型			对照图 A-1，库区按移民水位或校核洪水位确定 Z 值：大坝区为 $G+X_1$，其中大坝两端 $X_1 \geq 80m$，大坝背水坡脚外，$80m \leq X_1 \leq 200m$	
	小型			对照图 A-1，库区按移民水位或校核洪水位确定 Z 值：大坝区为 $G+X_1$，其中大坝两端 $X_1 \geq 50m$，大坝背水坡脚外，$50m \leq X_1 \leq 100m$	
河道	有堤防		一级堤防	对照图 A-3，Z 取值 $D+X_1$，其中 $20m \leq X_1 \leq 30m$	险工地段可适当放宽
			二、三级堤防	对照图 A-3，Z 取值 $D+X_1$，其中 $10m \leq X_1 \leq 20m$	
			四、五级堤防	对照图 A-3，Z 取值 $D+X_1$，其中 $5m \leq X_1 \leq 10m$	
	无堤防	平原河网	县级以上	对照图 A-4，Z 取值 $\geq 5m$，重要行洪排涝河道 $\geq 7m$	
			乡级河道	对照图 A-4，Z 取值 $\geq 2m$	
		山区		对照图 A-5，Z 取值为 0	
	有配套建筑			对照图 A-3，Z 取值 $G+X$	
山塘				对照图 A-2，坝区为 $G+X_1$，蓄水区为 0	
湖泊				参照平原河道	
蓄滞洪区				Z 取值为 0	
人工水道				参照平原河道	

注 表中，Z 是指水域管理范围线与临水线之间的区域。

附录 B　水域调查表

表 B-1　　　　　　　××县（市、区）河道空间数据属性字段表 1

图层名称	属性字段	属性类型	字段长度	是否必填	字　段　描　述	填写示例
河道水域面	河道（段）名称	TEXT	100	*	衢江（××-××）（注：××，可根据河段起点和终点的村名、小地名、构筑物等进行命名）	衢江（××村-××村段）
	河道（段）编码	TEXT	50	*	唯一编码，具有唯一性。参见附录 C 河道（段）编码规则进行编码	
	所在市	TEXT	50	*		衢州市
	所在县（市、区）	TEXT	50	*		柯城区
	长度	DOUBLE	—	*	单位：km，保留小数点后 3 位	6.025
	平均宽度	DOUBLE	—	*	单位：m，保留小数点后 1 位	810.6
	起点位置名称	TEXT	50	*		××桥
	终点位置名称	TEXT	50	*		××村
	等级	TEXT	50	*	按河道的管理级别划分，选填：省级、市级、县级、乡级	省级
	干支流	TEXT	50	*	选填：干流、一级支流、二级支流、三级支流、四级支流、五级支流、六级支流等	干流
	跨界类型	TEXT	50	*	选填：跨省、跨市、跨县、县界内	跨县
	流经乡镇	TEXT	100	*	河道流经乡镇名称，如涉及多个乡镇，需填写多个	小南海镇、詹家镇
	所属流域	TEXT	50	*	选填：钱塘江、苕溪、运河、甬江、椒江、瓯江、飞云江、鳌江、独流入海小水系、出省小河道	钱塘江
	所属地形地貌	TEXT	50	*	选填：杭嘉湖平原、萧绍平原、宁波沿海平原、台州沿海平原、温州沿海平原、浙东丘陵、浙西丘陵、浙南山地、浙中盆地、滨海岛屿	浙西丘陵
	主要功能	TEXT	50	*	选填：行洪排涝、灌溉供水、交通航运、生态环境、景观娱乐、文化传承	行洪排涝、交通航运
	水域面积	DOUBLE	—	*	单位：km²，保留小数点后 4 位	61.3224
	水域容积	DOUBLE	—	*	单位：万 m³，3 位有效数字且小数后不多于 2 位	1050000 或 253 或 23.1 或 1.28 或 0.01
	管理单位	TEXT	50	*	行政隶属单位的中文名称	

续表

图层名称	属性字段	属性类型	字段长度	是否必填	字 段 描 述	填写示例
河道水域面	是否重要水域	TEXT	50	*	若不是重要水域，填否；若是重要水域，选填：①饮用水水源保护区内的水域；②国家和省级风景名胜区核心景区、省级以上自然保护区内的水域；③蓄滞洪区；④省级、市级河道以及其他行洪排涝骨干河道；⑤总库容 10 万 m³ 以上的水库；⑥面积 50 万 m² 以上的湖泊；⑦其他环境敏感区内的水域	④
	起点设计水位	DOUBLE	—		单位：m，保留小数点后 2 位	18.35
	终点设计水位	DOUBLE	—		单位：m，保留小数点后 2 位	12.05
	河长	TEXT	50		填写最高层级河长	
	备注	TEXT	100		省市入库需将交界河道段标明	湖州市内东苕溪河道长 10km，其中长兴县内 6km，安吉县内 5km，重复河道 1km

表 B-2   ××县（市、区）河道空间数据属性字段表 2

图层名称	属性字段	属性类型	字段长度	是否必填	字段描述	填写示例
河道临水线	河道（段）编码	TEXT	50	*	与对应的河道水域面编码一致	
	左右岸	TEXT	50	*	河道左右岸，选填：左岸、右岸	左岸

表 B-3   ××县（市、区）河道空间数据属性字段表 3

图层名称	属性字段	属性类型	字段长度	是否必填	字段描述	填写示例
河道水面线/河道管理范围线	河道（段）编码	TEXT	50	*	与对应的河道水域面编码一致	

表 B-4   ××县（市、区）河道"点信息"属性字段表

图层名称	属性字段	属性类型	字段长度	是否必填	字段描述	填写示例
河道临水线点	类型	TEXT	50	*	选填：起点、终点、重要节点、拐点	拐点
	河道（段）名称	TEXT	100	*		
	河道（段）编码	TEXT	50	*	与对应的河道水域面编码一致	
	经度	DOUBLE	—	*	单位：（°），保留小数点后 6 位	119.129463
	纬度	DOUBLE	—	*	单位：（°），保留小数点后 6 位	29.032456
	高程	DOUBLE	—	*	单位：m，保留小数点后 2 位	7.63

表 B-5 　　　　　　　　　　××县（市、区）暗河属性字段表

图层名称	属性字段	属性类型	字段长度	是否必填	字段描述	填写示例
暗河	暗河名称	TEXT	50		有则填写，无则不填写	
	河道（段）编码	TEXT	100		若与有编码的河道（段）相连，则填写相连河道（段）的编码，按先上游河道（段）后下游河道（段）的原则填写	
	备注	TEXT	100			

表 B-6 　　　　　　　　　　××县（市、区）其他沟渠属性字段表

图层名称	属性字段	属性类型	字段长度	是否必填	字段描述	填写示例
其他沟渠	其他沟渠名称	TEXT	50		有则填写，无则不填写	
	备注	TEXT	100			

表 B-7 　　　　　　　　　　××县（市、区）湖泊空间数据属性字段表1

图层名称	属性字段	属性类型	字段长度	是否必填	字　段　描　述	填写示例
湖泊水域面	湖泊名称	TEXT	100	*	湖泊的名称	
	湖泊编码	TEXT	50	*	唯一编码，具有唯一性。参照附录C湖泊编码规则进行编码	
	所在市	TEXT	50	*		嘉兴市
	所在县（市、区）	TEXT	50	*		嘉善县
	最高允许蓄水位	DOUBLE	—	*	单位：m，保留小数点后2位	15.35
	管理单位	TEXT	50	*	湖泊管理单位的名称	
	所在乡镇	TEXT	50	*	湖泊所在乡镇名称。如涉及多个乡镇，需填写多个	城关镇
	跨界类型	TEXT	50	*	选填：跨省、跨市、跨县、县界内	跨县
	所属流域	TEXT	50	*	选填：钱塘江、苕溪、运河、甬江、椒江、瓯江、飞云江、鳌江、独流入海小水系、出省小河道	运河
	所属地形地貌	TEXT	50	*	选填：杭嘉湖平原、萧绍平原、宁波沿海平原、台州沿海平原、温州沿海平原、浙东丘陵、浙西丘陵、浙南山地、浙中盆地、滨海岛屿	浙西丘陵
	水域面积	DOUBLE	—	*	湖泊的常年水面面积，单位：km²，保留小数点后4位	6.2454
	平均水深	DOUBLE	—	*	单位：m，保留小数点后2位	7.52
	水域容积	DOUBLE	—	*	单位：万 m³，3位有效数字且小数点后不多于2位	1050000 或 253 或 23.1 或 1.28 或 0.01
	主要功能	TEXT	50	*	选填：行洪排涝、灌溉供水、交通航运、生态环境、景观娱乐、文化传承	行洪排涝

续表

图层名称	属性字段	属性类型	字段长度	是否必填	字 段 描 述	填写示例
湖泊水域面	是否重要水域	TEXT	50	*	若不是重要水域，填无；若是重要水域，选填：①饮用水水源保护区内的水域；②国家和省级风景名胜区核心景区、省级以上自然保护区内的水域；③蓄滞洪区；④省级、市级河道以及其他行洪排涝骨干河道；⑤总库容 10 万 m³ 以上的水库；⑥面积 50 万 m² 以上的湖泊；⑦其他环境敏感区内的水域	⑥
	湖长	TEXT	50			张三
	备注	TEXT	100			

表 B-8　　　　　　　　××县（市、区）湖泊空间数据属性字段表 2

图层名称	属性字段	属性类型	字段长度	是否必填	字段描述	填写示例
湖泊水面线/湖泊临水线/湖泊管理范围线	湖泊编码	TEXT	50	*	填写对应的湖泊水域面编码	

表 B-9　　　　　　　　××县（市、区）湖泊"点信息"属性字段表

图层名称	属性字段	属性类型	字段长度	是否必填	字 段 描 述	填写示例
湖泊临水线点	类型	TEXT	50	*	选填：起点、终点、重要节点、拐点	拐点
	湖泊名称	TEXT	100	*		
	湖泊编码	TEXT	50	*	填写对应的湖泊水域面编码	
	经度	DOUBLE	—	*	单位：(°)，保留小数点后 6 位	120.123464
	纬度	DOUBLE	—	*	单位：(°)，保留小数点后 6 位	30.123456
	高程	DOUBLE	—	*	单位：m，保留小数点后 2 位	7.63

表 B-10　　　　　　　　××县（市、区）水库空间数据属性字段表 1

图层名称	属性字段	属性类型	字段长度	是否必填	字 段 描 述	填写示例
水库水域面	水库名称	TEXT	100	*		
	水库编码	TEXT	50	*	按照附录 C 中的水库编码规则进行编码	
	所在市	TEXT	50	*		衢州市
	所在县（市、区）	TEXT	50	*		江山市
	类型	TEXT	50	*	选填：大型、中型、小（1）型、小（2）型	中型
	集雨面积	DOUBLE	—	*	单位：km²，保留小数点后 4 位	92.3458
	总库容	DOUBLE	—	*	单位：万 m³，3 位有效数字且小数点后不多于 2 位	1050000 或 253 或 23.1 或 1.28 或 0.01
	兴利库容	DOUBLE	—	*	单位：万 m³，3 位有效数字且小数点后不多于 2 位	1050000 或 253 或 23.1 或 1.28 或 0.01

图层名称	属性字段	属性类型	字段长度	是否必填	字 段 描 述	填写示例
水库水域面	正常蓄水位	DOUBLE	—	*	单位：m，保留小数点后2位	58.12
	移民水位	DOUBLE	—	大中型水库必填，小型水库选填	单位：m，保留小数点后2位	65.21
	设计洪水位	DOUBLE	—	*	单位：m，保留小数点后2位	70.23
	校核洪水位	DOUBLE	—	*	单位：m，保留小数点后2位	75.21
	所属流域	TEXT	50		选填：钱塘江、苕溪、运河、甬江、椒江、瓯江、飞云江、鳌江、独流入海小水系、出省小河道	钱塘江
	所属地形地貌	TEXT	50	*	选填：杭嘉湖平原、萧绍平原、宁波沿海平原、台州沿海平原、温州沿海平原、浙东丘陵、浙西丘陵、浙南山地、浙中盆地、滨海岛屿	浙西丘陵
	水域面积	DOUBLE	—	*	单位：km²，保留小数点后4位	3.2144
	坝顶高程	DOUBLE	—	*	单位：m，保留小数点后2位	170.21
	主要功能	TEXT	50	*	选填：行洪排涝、灌溉供水、交通航运、生态环境、景观娱乐、文化传承	灌溉供水
	是否重要水域	TEXT	50	*	若不是重要水域，填无；若是重要水域，选填：①饮用水水源保护区内的水域；②国家和省级风景名胜区核心景区、省级以上自然保护区内的水域；③蓄滞洪区；④省级、市级河道以及其他行洪排涝骨干河道；⑤总库容10万m³以上的水库；⑥面积50万m²以上的湖泊；⑦其他环境敏感区内的水域	⑤
	建成时间	TEXT	50	*	填到具体的某一年	1989年
	管理单位	TEXT	50	*		
	所在乡镇	TEXT	50	*	水库所在乡镇名称。如涉及多个乡镇，需填写多个	
	湖长	TEXT	50			张三
	备注	TEXT	100			

表 B-11 　　　　××县（市、区）水库空间数据属性字段表2

图层名称	属性字段	属性类型	字段长度	是否必填	字段描述	填写示例
水库水面线/水库临水线/水库管理范围线	水库编码	TEXT	50	*	填写对应的水库水域面编码	

表 B-12　　　　　　　××县（市、区）水库"点信息"属性字段表

图层名称	属性字段	属性类型	字段长度	是否必填	字　段　描　述	填写示例
水库临水线点	类型	TEXT	50	*	选填：起点、终点、重要节点、拐点	拐点
	水库名称	TEXT	100	*		
	水库编码	TEXT	50	*	填写对应的水库水域面编码	
	经度	DOUBLE	—	*	单位：（°），保留小数点后 6 位	120.123462
	纬度	DOUBLE	—	*	单位：（°），保留小数点后 6 位	30.123456
	高程	DOUBLE	—	*	单位：m，保留小数点后 2 位	160.63

表 B-13　　　　　　　××县（市、区）山塘空间数据属性字段表 1

图层名称	属性字段	属性类型	字段长度	是否必填	字　段　描　述	填写示例
山塘水域面	山塘名称	TEXT	100	*		
	山塘编码	TEXT	50	*	参照附录 C 中的山塘编码规则进行编码	
	所在市	TEXT	50	*		衢州市
	所在县（市、区）	TEXT	50	*		江山市
	坝高	DOUBLE	—	*	单位：m，保留小数点后 2 位	10.45
	集雨面积	DOUBLE	—	*	单位：km^2，保留小数点后 4 位	1.3442
	所属流域	TEXT	50	*	选填：钱塘江、苕溪、运河、甬江、椒江、瓯江、飞云江、鳌江、独流入海小水系、出省小河道	钱塘江
	所属地形地貌	TEXT	50	*	选填：杭嘉湖平原、萧绍平原、宁波沿海平原、台州沿海平原、温州沿海平原、浙东丘陵、浙西丘陵、浙南山地、浙中盆地、滨海岛屿	浙西丘陵
	所在乡镇	TEXT	50	*	山塘所在乡镇名称。如涉及多个乡镇，需填写多个	
	整治时间	TEXT	50	*	填年份	2018 年
	总容积	DOUBLE	—	*	单位：万 m^3，3 位有效数字且小数点后不多于 2 位	9.23，0.01
	类型	TEXT	50	*		
	坝顶高程	DOUBLE	—	*	单位：m，保留小数点后 2 位	12.45
	设计洪水位	DOUBLE	—		单位：m，保留小数点后 2 位	15.53
	正常蓄水位	DOUBLE	—	*	单位：m，保留小数点后 2 位	15.21
	水域面积	DOUBLE	—	*	单位：km^2，保留小数点后 4 位	0.2148
	水域容积	DOUBLE	—	*	单位：万 m^3，3 位有效数字且小数点后不多于 2 位	9.23 或 0.01
	主要功能	TEXT	50	*	选填：行洪排涝、灌溉供水、交通航运、生态环境、景观娱乐、文化传承	灌溉供水
	备注	TEXT	100			

表 B-14 **××县（市、区）山塘空间数据属性字段表 2**

图层名称	属性字段	属性类型	字段长度	是否必填	字段描述	填写示例
山塘水面线/山塘临水线/山塘管理范围线	山塘编码	TEXT	50	*	按照对应的山塘水域面的编码填写	

表 B-15 **××县（市、区）山塘"点信息"属性字段表**

图层名称	属性字段	属性类型	字段长度	是否必填	字段描述	填写示例
山塘临水线点	类型	TEXT	50	*	选填：起点、终点、重要节点、拐点	拐点
	山塘名称	TEXT	100	*		
	山塘编码	TEXT	50	*	按照对应的山塘水域面的编码填写	
	经度	DOUBLE	—	*	单位：（°），保留小数点后 6 位	120.123463
	纬度	DOUBLE	—	*	单位：（°），保留小数点后 6 位	30.123456
	高程	DOUBLE	—	*	单位：m，保留小数点后 2 位	7.63

表 B-16 **××县（市、区）人工水道空间数据属性字段表 1**

图层名称	属性字段	属性类型	字段长度	是否必填	字段描述	填写示例
人工水道水域面	人工水道名称	TEXT	100	*		
	人工水道编码	TEXT	50	*	按照附录 C 中人工水道的编码规则进行编码	
	所在市	TEXT	50	*		衢州市
	所在县（市、区）	TEXT	50	*		江山市
	起点位置	TEXT	50	*		
	讫点位置	TEXT	50	*		
	长度	DOUBLE	—	*	单位：km，保留小数点后 3 位	7.456
	宽度	DOUBLE	—	*	单位：m，保留小数点后 1 位	5.2
	水域面积	DOUBLE	—	*	单位：km^2，保留小数点后 4 位	0.1532
	水域容积	DOUBLE	—	*	单位：万 m^3，3 位有效数字且小数点后不多于 2 位	2.23 或 0.01
	所属地形地貌	TEXT	50	*	选填：杭嘉湖平原、萧绍平原、宁波沿海平原、台州沿海平原、温州沿海平原、浙东丘陵、浙西丘陵、浙南山地、浙中盆地、滨海岛屿	浙西丘陵
	所在乡镇	TEXT	50	*	人工水道流经乡镇名称。如涉及多个乡镇，需填写多个	
	所属灌区	TEXT	50	*		
	类别	TEXT	50	*	填"引水渠道"或"灌区骨干渠道	引水渠道
	备注	TEXT	50		省市入库需将交界段标明	如 X 市中人工水道长为 1km，Y 县为 600m，Z 县为 500m，重复 100m

表 B-17 ××县（市、区）人工水道空间数据属性字段表 2

图层名称	属性字段	属性类型	字段长度	是否必填	字 段 描 述	填写示例
人工水道临水线	人工水道编码	TEXT	50	*	按照对应的人工水道水域面的编码填写	
	左右岸	TEXT	50	*	选填：左岸、右岸	左岸

表 B-18 ××县（市、区）人工水道空间数据属性字段表 3

图层名称	属性字段	属性类型	字段长度	是否必填	字 段 描 述	填写示例
人工水道水面线/人工水道管理范围线	人工水道编码	TEXT	50	*	按照对应的人工水道水域面的编码填写	

表 B-19 ××县（市、区）人工水道"点信息"属性字段表

图层名称	属性字段	属性类型	字段长度	是否必填	字 段 描 述	填写示例
人工水道临水线点	类型	TEXT	50	*	选填：起点、终点、重要节点、拐点	拐点
	人工水道名称	TEXT	100	*		
	人工水道编码	TEXT	50	*	按照对应的人工水道水域面的编码填写	
	经度	DOUBLE	—	*	单位：（°），保留小数点后 6 位	120.123466
	纬度	DOUBLE	—	*	单位：（°），保留小数点后 6 位	30.123456
	高程	DOUBLE	—	*	单位：m，保留小数点后 2 位	7.63

表 B-20 ××县（市、区）其他水域空间数据属性字段表 1

图层名称	属性字段	属性类型	字段长度	是否必填	字 段 描 述	填写示例
其他水域水域面	其他水域名称	TEXT	100	*	其他水域的名称	
	其他水域编码	TEXT	50	*	唯一编码，具有唯一性。参照附录 C 其他水域编码规则进行编码	
	所在市	TEXT	50	*		衢州市
	所在县（市、区）	TEXT	50	*		江山市
	所在乡镇	TEXT	50	*	所在乡镇名称。如涉及多个乡镇，需填写多个	城关镇
	跨界类型	TEXT	50	*	选填：跨省、跨市、跨县、县界内	跨县
	所属流域	TEXT	50	*	选填：钱塘江、苕溪、运河、甬江、椒江、瓯江、飞云江、鳌江、独流入海小水系、出省小河道	运河
	所属地形地貌	TEXT	50	*	选填：杭嘉湖平原、萧绍平原、宁波沿海平原、台州沿海平原、温州沿海平原、浙东丘陵、浙西丘陵、浙南山地、浙中盆地、滨海岛屿	浙西丘陵
	水域面积	DOUBLE	—	*	常年水面面积，单位：km²，保留小数点后 4 位	6.2454
	平均水深	DOUBLE	—	*	单位：m，保留小数点后 2 位	7.52
	水域容积	DOUBLE	—	*	单位：万 m³，3 位有效数字且小数点后不多于 2 位	1050000 或 253 或 23.1 或 1.28 或 0.01
	备注	TEXT	100			

表 B－21　　　　　　××县（市、区）其他水域空间数据属性字段表 2

图层名称	属性字段	属性类型	字段长度	是否必填	字段描述	填写示例
其他水域水面线/其他水域临水线/其他水域管理范围线	其他水域编码	TEXT	50	*	填写对应的其他水域面编码	

表 B－22　　　　　　××县（市、区）其他水域空间数据属性字段表 3

图层名称	属性字段	属性类型	字段长度	是否必填	字　段　描　述	填写示例
其他水域临水线点	类型	TEXT	50	*	选填：起点、终点、重要节点、拐点	拐点
	其他水域名称	TEXT	100	*		
	其他水域编码	TEXT	50	*	填写对应的其他水域面编码	
	经度	DOUBLE	—	*	单位：（°），保留小数点后 6 位	120.123464
	纬度	DOUBLE	—	*	单位：（°），保留小数点后 6 位	30.123456
	高程	DOUBLE	—	*	单位：m，保留小数点后 2 位	7.63

表 B－23　　　　　　××县（市、区）蓄滞洪区空间数据属性字段表 1

图层名称	属性字段	属性类型	字段长度	是否必填	字　段　描　述	填写示例
蓄滞洪区水域面	蓄滞洪区名称	TEXT	100	*		
	蓄滞洪区编码	TEXT	50	*	按附录 C 蓄滞洪区编码规则进行编码	
	所在市	TEXT	50	*		绍兴市
	所在县（市、区）	TEXT	50	*		嵊州市
	类型	TEXT	50	*		
	所属流域	TEXT	50	*	选填：钱塘江、苕溪、运河、甬江、椒江、瓯江、飞云江、鳌江、独流入海小水系、出省小河道	钱塘江
	所属地形地貌	TEXT	50	*	选填：杭嘉湖平原、萧绍平原、宁波沿海平原、台州沿海平原、温州沿海平原、浙东丘陵、浙西丘陵、浙南山地、浙中盆地、滨海岛屿	浙西丘陵
	所在乡镇	TEXT	50	*	蓄滞洪区所在乡镇名称。如涉及多个乡镇，需填写多个	
	水域面积	DOUBLE	—	*	单位：km²，保留小数点后 3 位	2.521
	水域容积	DOUBLE	—	*	单位：万 m³，3 位有效数字且小数点后不多于 2 位	28.23
	备注	TEXT	100	*		

表 B－24　　　　　　××县（市、区）蓄滞洪区空间数据属性字段表 2

图层名称	属性字段	属性类型	字段长度	是否必填	字段描述	填写示例
蓄滞洪区管理范围线（临水线）	蓄滞洪区编码	TEXT	50	*	填写蓄滞洪区水域面对应的编码	

表 B–25 　　　　　××县（市、区）蓄滞洪区"点信息"属性字段表

图层名称	属性字段	属性类型	字段长度	是否必填	字 段 描 述	填写示例
蓄滞洪区管理范围线（临水线）点	类型	TEXT	50	*	选填：起点、终点、重要节点、拐点	拐点
	蓄滞洪区名称	TEXT	100	*		
	蓄滞洪区编码	TEXT	50	*	填写蓄滞洪区水域面对应的编码	
	经度	DOUBLE	—	*	单位：（°），保留小数点后 6 位	120.123464
	纬度	DOUBLE	—	*	单位：（°），保留小数点后 6 位	30.123456
	高程	DOUBLE	—	*	单位：m，保留小数点后 2 位	17.63

表 B–26 　　　　　××县（市、区）堤防空间数据属性字段表（线图层）

图层名称	属性字段	属性类型	字段长度	是否必填	字 段 描 述	填写示例
堤防	堤防名称	TEXT	100	*		
	所在水域名称	TEXT	50	*		
	所在水域编码	TEXT	50	*		
	所在市	TEXT	50	*		杭州市
	所在县（市、区）	TEXT	50	*		萧山区
	所在乡镇	TEXT	50	*	蓄滞洪区所在乡镇名称。如涉及多个乡镇，需填写多个	
	长度	DOUBLE	—	*		
	起点高程	DOUBLE	—	*	单位：m，保留小数点后 2 位	7.63
	止点高程	DOUBLE	—	*	单位：m，保留小数点后 2 位	7.63
	堤防类型	TEXT	50	*	选填：海堤、围（圩、圈）堤、河（江）堤、湖堤	河堤
	设计标准	DOUBLE	—	*	选填：100 年一遇、50 年一遇、20 年一遇、10 年一遇、5 年一遇、其他	100 年一遇
	起点经度	TEXT	50	*	单位：（°），保留小数点后 6 位	120.215555
	起点纬度	TEXT	50	*	单位：（°），保留小数点后 6 位	30.214777
	止点经度	TEXT	50	*	单位：（°），保留小数点后 6 位	120.215474
	止点纬度	TEXT	50	*	单位：（°），保留小数点后 6 位	30.214577

表 B–27 　　　　　××县（市、区）水闸空间数据属性字段表（点图层）

图层名称	属性字段	属性类型	字段长度	是否必填	字 段 描 述	填写示例
水闸	水闸名称	TEXT	100	*		
	所在水域名称	TEXT	50	*		
	所在水域编码	TEXT	50	*		
	所在市	TEXT	50	*		杭州市
	所在县（市、区）	TEXT	50	*		萧山区
	所在乡镇	TEXT	50	*	蓄滞洪区所在乡镇名称。如涉及多个乡镇，需填写多个	
	经度	TEXT	50	*	单位：（°），保留小数点后 6 位	30.214577
	纬度	TEXT	50	*	单位：（°），保留小数点后 6 位	120.215585

表 B‐28　　　　××县（市、区）泵站空间数据属性字段表（点图层）

图层名称	属性字段	属性类型	字段长度	是否必填	字 段 描 述	填写示例
泵站	泵站名称	TEXT	100	*		
	所在水域名称	TEXT	50	*		
	所在水域编码	TEXT	50	*		
	所在市	TEXT	50	*		杭州市
	所在县（市、区）	TEXT	50	*		萧山区
	所在乡镇	TEXT	50	*	蓄滞洪区所在乡镇名称。如涉及多个乡镇，需填写多个	
	经度	TEXT	50	*	单位：（°），保留小数点后6位	30.214577
	纬度	TEXT	50	*	单位：（°），保留小数点后6位	120.215583

表 B‐29　　　　××县（市、区）拦水坝（堰）空间数据属性字段表（点图层）

图层名称	属性字段	属性类型	字段长度	是否必填	字 段 描 述	填写示例
拦水坝（堰）	拦水坝（堰）名称	TEXT	100	*		
	所在水域名称	TEXT	50	*		
	所在水域编码	TEXT	50	*		
	所在市	TEXT	50	*		杭州市
	所在县（市、区）	TEXT	50	*		萧山区
	所在乡镇	TEXT	50	*	蓄滞洪区所在乡镇名称。如涉及多个乡镇，需填写多个	
	经度	TEXT	50	*	单位：（°），保留小数点后6位	30.214577
	纬度	TEXT	50	*	单位：（°），保留小数点后6位	120.215582

表 B‐30　　　　××县（市、区）桥梁空间数据属性字段表（线图层）

图层名称	属性字段	属性类型	字段长度	是否必填	字 段 描 述	填写示例
桥梁	桥梁名称	TEXT	50	*		
	所在水域名称	TEXT	50	*		
	所在水域编码	TEXT	50	*		
	所在市	TEXT	50	*		杭州市
	所在县（市、区）	TEXT	50	*		萧山区
	所在乡镇	TEXT	50	*	蓄滞洪区所在乡镇名称。如涉及多个乡镇，需填写多个	
	经度	DOUBLE	—	*	单位：（°），保留小数点后6位，桥梁与河道中心线交叉点	120.123464
	纬度	DOUBLE	—	*	单位：（°），保留小数点后6位，桥梁与河道中心线交叉点	30.123456

表 B－31　　　××县（市、区）码头空间数据属性字段表（点图层）

图层名称	属性字段	属性类型	字段长度	是否必填	字 段 描 述	填写示例
码头	码头名称	TEXT	50	*		
	所在水域名称	TEXT	50	*		
	所在水域编码	TEXT	50	*		
	所在市	TEXT	50	*		杭州市
	所在县（市、区）	TEXT	50	*		萧山区
	所在乡镇	TEXT	50	*	蓄滞洪区所在乡镇名称。如涉及多个乡镇，需填写多个	
	经度	DOUBLE	—	*	单位：（°），保留小数点后 6 位	120.123463
	纬度	DOUBLE	—	*	单位：（°），保留小数点后 6 位	30.123456

表 B－32　　　××县（市、区）船闸空间数据属性字段表（点图层）

图层名称	属性字段	属性类型	字段长度	是否必填	字 段 描 述	填写示例
船闸	船闸名称	TEXT	50	*		
	所在水域名称	TEXT	50	*		
	所在水域编码	TEXT	50	*		
	所在市	TEXT	50	*		杭州市
	所在县（市、区）	TEXT	50	*		萧山区
	所在乡镇	TEXT	50	*	蓄滞洪区所在乡镇名称。如涉及多个乡镇，需填写多个	
	经度	DOUBLE	—	*	单位：（°），保留小数点后 6 位	120.123463
	纬度	DOUBLE	—	*	单位：（°），保留小数点后 6 位	30.123456

表 B－33　　　××县（市、区）其他工程空间数据属性字段表

图层名称	属性字段	属性类型	字段长度	是否必填	字 段 描 述	填写示例
其他工程	其他工程名称	TEXT	50	*		
	所在水域名称	TEXT	50	*		
	所在水域编码	TEXT	50	*		
	所在市	TEXT	50	*		杭州市
	所在县（市、区）	TEXT	50	*		萧山区
	所在乡镇	TEXT	50	*	蓄滞洪区所在乡镇名称。如涉及多个乡镇，需填写多个	
	经度	DOUBLE	—	*	单位：（°），保留小数点后 6 位	120.123463
	纬度	DOUBLE	—	*	单位：（°），保留小数点后 6 位	30.123456

表 B-34　　　　××县（市、区）水域断面点空间数据属性字段表

图层名称	属性字段	属性类型	字段长度	是否必填	字　段　描　述	填写示例
水域断面点	所在河（湖）编码	TEXT	50	*		
	所在市	TEXT	50	*		杭州市
	所在县（市、区）	TEXT	50	*		萧山区
	所在乡镇	TEXT	50	*	蓄滞洪区所在乡镇名称。如涉及多个乡镇，需填写多个	
	经度	DOUBLE	—	*	单位：(°)，保留小数点后 6 位	120.123464
	纬度	DOUBLE	—	*	单位：(°)，保留小数点后 6 位	30.123456
	高程	DOUBLE	—	*	单位：m，保留小数点后 2 位	7.63
	备注	TEXT	100			

表 B-35　　　　××县（市、区）水域断面线空间数据属性字段表

图层名称	属性字段	属性类型	字段长度	是否必填	字　段　描　述	填写示例
水域断面线	所在河（湖）编码	TEXT	50	*		
	所在市	TEXT	50	*		杭州市
	所在县（市、区）	TEXT	50	*		萧山区
	所在乡镇	TEXT	50	*	蓄滞洪区所在乡镇名称。如涉及多个乡镇，需填写多个	
	备注	TEXT	100			

表 B-36　　　　××县（市、区）乡镇界空间数据属性字段表

图层名称	属性字段	属性类型	字段长度	是否必填	字　段　描　述	填写示例
乡镇界	乡镇名称	TEXT	50	*		武康街道
	所在县（市、区）	TEXT	50	*		某县
	所在市	TEXT	50	*		湖州市
	备注	TEXT	100			

表 B-37　　　　××县（市、区）县（市、区）界空间数据属性字段表

图层名称	属性字段	属性类型	字段长度	是否必填	字　段　描　述	填写示例
县（市、区）界	县（市、区）名称	TEXT	50	*		某县
	所在市	TEXT	50	*		湖州市
	备注	TEXT	50			

表 B-38　　　　××市市界空间数据属性字段表

图层名称	属性字段	属性类型	字段长度	是否必填	字　段　描　述	填写示例
市界	市名称	TEXT	50	*		湖州市
	备注	TEXT	50			

表 B-39　　　　浙江省省界空间数据属性字段表

图层名称	属性字段	属性类型	字段长度	是否必填	字　段　描　述	填写示例
省界	省名称	TEXT	50	*		浙江省
	备注	TEXT	50			

附录 2

浙江省河湖水域岸线管理保护规划技术导则
（验收稿）

2017 年 12 月

目　　录

1 总则

1.0.1 为加强浙江省河湖管理与保护，落实河长制"加强河湖水域岸线管理保护"相关任务，严格河湖水域岸线水生态空间管控，完善河湖水域空间规划体系，规范河湖水域岸线管理保护规划编制，制定本导则。

1.0.2 本导则适用于浙江省内省、市、县级河道以及列入 DB33/T 581 代码名录中湖泊的岸线管理保护规划，乡级及以下河道或其他湖泊的岸线相关规划可参照执行。

1.0.3 河湖水域岸线管理保护规划应以《中华人民共和国水法》《中华人民共和国防洪法》《中华人民共和国环境保护法》《中华人民共和国水污染防治法》《中华人民共和国水土保持法》《中华人民共和国河道管理条例》《浙江省水利工程安全管理条例》《浙江省河道管理条例》等法律法规、所在流域或区域总体规划和水利规划、生态功能区划及有关标准为编制依据。

1.0.4 河湖水域岸线管理保护规划范围为所规划的河湖水域和岸线及其所涉及的行政区域；规划技术分析或论证的范围应根据相关技术规范或实际需要，除规划范围外，还可包括开发利用所影响的上下游区域。

1.0.5 规划的主要目标为通过规划约束，严格落实河湖水域岸线水生态空间管控，使河湖及其岸线功能得以保障、资源得以保护，进而促进经济社会的可持续发展。

1.0.6 河湖水域岸线管理保护规划的主要任务为在现状调查评价的基础上，划定岸线控制范围，规划岸线分区，落实岸线管控要求；规划内容应包括：河道及岸线现状调查评价、岸线功能区划分及控制线划定、岸线管控措施和规划实施保障措施。

1.0.7 河湖水域岸线管理保护规划应遵循以下原则：

1 严格管控、合理利用。严格河湖水域岸线水生态空间管控，坚持保护优先，在保护中合理利用岸线，在利用中严格岸线空间管控。

2 人水和谐、协调发展。注重发挥河湖水域岸线和水域多种功能，保障防洪安全、供水安全、航运安全，保护水生态环境，促进沿河地区的经济社会可持续协调发展。

3 综合协调、统筹兼顾。科学合理确定不同类型岸线功能区及管控方式，协调处理好整体与局部的关系，统筹兼顾上下游、左右岸、地区间以及行业之间的需求。

4 因地制宜、突出重点。以保护与开发利用矛盾突出的或利用需求强烈的河湖水域岸线为重点，结合区域经济与社会发展需求，因地制宜开展规划。同时，区分轻重缓急，合理确定近期和远期规划目标。

1.0.8 河湖水域岸线管理保护规划期限宜与流域规划、区域总体规划期限一致，对河湖水域岸线保护和永续利用等重要内容还应有长远谋划。

1.0.9 河湖水域岸线管理保护规划除应符合本技术导则外，尚应符合国家和行业有关标准的规定以及有关的流域规划和区域规划。

1.0.10 以下标准和规范所含条文，在本导则中被引用即构成本导则的条文，与本导则同效。

《水文基本术语和符号标准》（GB/T 50095）

《堤防工程设计规范》（GB 50286）

《河道整治设计规范》（GB 50707）

《地表水环境质量标准》（GB 3838）

《水域纳污能力计算规程》（GB/T 25173）

《水利技术标准编写规定》（SL 1）

《河道演变勘测调查规范》（SL 383）

《洪水影响评价报告编制导则》（SL 520）

《水利水电工程设计洪水计算规范》（SL 44）

《水利工程水利计算规范》（SL 104）

《地面水环境影响评价技术导则》（HJ/T 2.3）

《浙江省湖泊名称代码》（DB33/T 581）

《河道建设规范》（DB33/T 614）

《全国河道（湖泊）岸线利用管理规划技术细则》（2008）

2　术语

2.0.1　河流

陆地表面宣泄水流的通道，是溪、川、江、河等的总称。

2.0.2　湖泊

陆地上的贮水洼地。由湖盆、湖水及其中所含物质组成的宽阔水域的综合自然体。

2.0.3　河湖水域岸线带

河湖水面和陆地交界区。既有河湖水流与陆地之间的交界区，又有地下水与陆地之间的交界区，地理空间上由近岸水域、河滨区域、近岸陆域等构成，生物结构上由水生植物、陆生植物和兼性植物组成。

2.0.4　河湖水域岸线功能

河湖水域岸线具有防洪、水资源保护、交通航运保障、水环境改善、水生态修复、滨水生产和景观休闲利用等作用。

2.0.5　岸线控制线

岸线控制线是指为加强岸线资源的保护和合理开发利用，而沿河道水流方向或湖泊沿岸周边划定的管理和保护的控制线。岸线控制线分为临水控制线和外缘控制线。

1　临水控制线是指为稳定河势、保障河道行洪安全和维护河流生态健康的基本要求，在河岸的临水一侧顺水流方向或湖泊沿岸周边临水一侧划定的管理控制线。在此线的临水一侧禁止有碍防洪和维持河流生态健康的行为。

2　外缘控制线是指为保护和管理岸线资源，维护河湖基本功能而划定的岸线外边界控制线，分为外缘管理控制线和外缘生态控制线。外缘管理控制线应以河道管理范围线或水库（河道型）管理范围线作为外缘管理控制线。外缘生态控制线是外缘管理控制线以外一定距离的范围线，是保障生态功能正常发挥的控制线。

2.0.6 河湖水域岸线功能区是根据河湖水域岸线资源的自然条件和经济社会功能属性，以及不同河段的功能特点与经济社会发展需要，将岸线划分为不同类型的功能区。分为岸线保护区、岸线保留区和岸线控制利用区。

1 岸线保护区是指对流域防洪安全、水资源保护、水生态环境保护、珍稀濒危物种保护及独特的自然人文景观保护等至关重要而禁止开发利用的岸线区。

2 岸线保留区是指规划期内暂时不开发利用或者尚不具备开发利用条件的岸线区。

3 岸线控制利用区是指因开发利用岸线资源对防洪安全、河流生态保护存在一定风险，或开发利用程度已较高，进一步开发利用对防洪、供水和河流生态安全等造成一定影响，而需要控制开发利用程度的岸线区段。

3 基础资料收集与调查

3.0.1 基础资料的调查与收集应根据河道及岸线的特征和规划的实际需要分类进行，提出调查提纲并有侧重地进行。

3.0.2 基础资料需调查收集规划区域现状和历史资料。主要包括下列内容：

1 经济社会资料：包括规划区域内的行政区划、人口、土地利用等现状资料。

1）经济发展资料主要包括国民生产总值、财政收入、产业结构及产值构成等。

2）土地利用资料主要包括区域土地利用现状的具体布局等。

2 自然条件资料：主要包括规划区的地理位置、地形、地貌、地质、土壤、植被、自然保护区等资料。

3 水文气象资料：包括规划范围内的多年平均降雨量、多年平均蒸发量、多年平均气温及特性等气象资料，规划范围内河流主要水文控制站或代表站的年、月径流资料、历史洪水调查与分析资料和实测洪水系列，各河段的防洪标准、防洪设计水位、主要特征水位及相应流量等，分析计算主要控制站和代表站设计洪水成果。

4 测绘资料：收集规划区域 1：10000 矢量地形图，收集河道带状比例尺不低于 1/2000 的矢量地形图，带状范围应能满足控制线划定的要求。

5 河道资料：包括河道名称、长度、起讫位置、典型断面、工程现状、水环境功能区（水功能区）划分及水质现状、重要水生动植物等，河道沿岸堤防险工段、崩岸段的现状及治理情况。

6 岸线资料：包括岸线基本地貌形态、河道与岸线演变、岸线自然资源、涉岸工程现状、管理现状、土地使用与权属情况。

1）岸线基本地貌形态主要包括：岸线纵向特征（长度、平面形态、比降）、横向特征（断面结构型式、宽度、坡比、有无堤防、有无边滩）等。

2）岸线自然资源主要包括：滩地、滩林、沙洲、自然历史文化遗产等。

3）涉岸工程现状及规划：工程类型、规模、占用岸线长度和面积等。

4）涉岸工程主要包括：水利工程、交通等基础设施、生活和旅游、港口码头、取排水口、水生态保护、工业仓储、农业和渔业、特殊工程和其他建筑等十类，统计各类工程占用岸线的长度、面积、占地性质（永久或临时）等情况（表3.0.2）。

表 3.0.2 涉 岸 工 程 类 型 统 计

序号	工程类型	具 体 工 程
1	水利工程	堤防或护岸、水闸、堰坝、泵站、丁坝、水库、水电站、分洪渠、水文设施等
2	基础设施	桥梁、过江隧道、道路、通信设施、电力设施、过（沿）江缆线、过（沿）江管道等
3	文化休闲旅游	观景台（或亲水平台）、公园、广场、文化设施等
4	港口码头	港口、码头、船闸以及航道的其他设施等
5	取排水设施	取水口及相应设施、排水（污）口
6	水生态保护	生态湿地
7	工业和仓储	工业厂房、仓储用房（或地）
8	农业和渔业	农业开发设施、渔业生产等
9	特殊工程	军用设施、科研设施等
10	其他建筑	民房、酒店、管理用房等

5）管理现状；包括河道及岸线管理体制、机制、办法、机构、人员设置及运行管理费用来源等。

6）土地使用与权属：包括岸线所涉及的土地所有权、使用权以及管理权等情况，河道及相关水利工程的划界确权情况。

7 规划资料：包括城市总体规划和城乡建设规划、流域规划、防洪（排涝）规划、水资源规划、河湖水域岸线利用管理规划、河道治理规划、土地利用规划、区域生态功能区规划、区域环境保护规划、港口规划、航道规划、市政排水规划、交通道路桥梁规划、城市园林（绿化）规划、湿地规划、林业规划、渔业规划、电力及通信规划、输油输气管线等有关专业专项规划等，统计相关规划中涉及岸线的工程及其利用岸线的情况。

8 其他资料：收集河道的历史情况、功能演变过程、大事件、历代治水与主要水利工程建设与运行情况等，了解河道自然演变规律和区域开发建设对河道及其岸线的影响，为河湖水域岸线管理保护规划提供历史借鉴和经验。

4 河湖水域岸线现状调查评价

4.1 一般规定

4.1.1 河湖水域岸线现状调查评价包括岸线及其利用现状、河湖水域岸线管理现状、河势稳定性及演变趋势、河湖功能影响等调查评价，以及现状问题及需求分析。

4.1.2 河湖水域岸线现状调查评价应以规划基准年数据为主，基准年数据缺乏的可适当采用基准年前后两至三年相关数据进行评价。

4.1.3 河湖水域岸线现状调查评价可采用资料收集、现场踏勘与现场监测（可测）等方法。评价方法应根据不同的评价对象、内容和影响程度等，采用资料分析法、经验公式法和数学模型法进行定性或定量评价，必要时可采用物理模型试验进行评价分析。

4.2 岸线及其利用现状调查评价

4.2.1 岸线及其利用现状调查评价包括：岸线基本情况调查、岸线利用情况调查及岸线利用情况评价。

4.2.2　岸线基本情况调查，主要包括岸线基本特征（包括长度、宽度、平面形态、坡降等）、岸坡型式、沿岸堤防险工段及崩岸段现状、主要功能及岸线资源等。

4.2.3　岸线利用情况调查，主要是对岸线利用工程的类型、规模、用途、占用性质（永久或临时）、分布情况等进行调查。

4.2.4　岸线利用情况评价，宜采用资料统计分析或经验公式法，统计各类工程岸线利用的长度、面积等，分析岸线开发利用程度以及与相关规划和区划的协调性。

4.3　岸线管理现状调查评价

4.3.1　河湖水域岸线管理现状调查评价主要包括河湖水域岸线管理主体及责任、管理体制机制建设、日常运行维护情况、综合管理能力建设、管理经费等调查评价。

4.3.2　由于不同河湖水域岸线功能区的保护、开发利用程度不同，涉及的管理内容会有所不同，管理现状调查评价可结合各功能区的具体情况分别进行。

4.3.3　河湖水域岸线管理部门调查，尽量涵盖岸线利用管理所涉及的部门，调查深度可根据开发利用程度以及对河道功能影响的程度而有所差别。

4.4　河势稳定性及演变趋势调查评价

4.4.1　河势稳定性及演变趋势调查评价，宜在收集不同河段现有水沙、洪水、河道整治工程、控制性工程、险工险段治理情况等基础资料，以及已有河床演变与河势分析成果等相关资料的基础上开展。对资料条件较差的河流（段）可根据需要进行补充调查。

4.4.2　应分析河段水沙特性、洪水特点、河床和河岸抗冲能力等自然因素，以及近年来河道整治工程、控制性工程等相关人类活动因素对河道演变及河势稳定性的影响，说明不同河段河道演变规律及河势稳定性。

4.4.3　应根据历史、近期河道演变情况，结合相关规划实施安排，对不同河段的河床演变及河势变化趋势进行分析预测，包括河道的平面、断面、河床冲淤、河岸抗冲能力等变化趋势分析。

4.5　河湖功能影响评价

4.5.1　评价现状岸线开发利用行为对河湖行洪排涝、水资源利用、水生态环境、航运交通、文化景观等功能的影响。对于已有相关工程建设审批论证的或有规划支撑的，可采用相关成果并进行符合性说明。

4.5.2　行洪排涝影响评价：分析涉河涉堤建筑物、构筑物（如道桥、码头、排污管道等）对水文、雍水、河势、冲刷与淤积、防洪工程等的影响。根据影响程度和保护对象的重要程度，进行定性或定量评价。

4.5.3　水资源利用影响评价：调查取水口取水对河道水量的影响（可分时期进行分析），并分析取水对湿地、滩地、河口、河源等生态敏感区域生态需水的影响。

4.5.4　水生态环境影响评价：通过水质状况、水功能区达标情况、水生生物的调查，在充分识别污染物类型及其来源的基础上，分析排污口、港口与码头（固体废弃物、油类和其他污染物质）、渔业生产等对水生态环境的影响。可从水质、生境和生物三个方面进行评价。

4.5.5　航运交通影响评价：调查现状航道等级、航线及水深、码头前沿停泊条件（不搁浅）及通航保证率等情况，分析涉河涉堤建筑物、构筑物建设对航运交通功能的影响。

4.5.6　文化景观影响评价：通过沿岸文化古迹、自然景观等资源，评价工程建设对文化景观功能的影响，宜结合相关部门和相关规划成果，以定性分析为主。

4.6　河湖水域岸线现状问题及需求分析

4.6.1　综合分析河湖水域岸线现状开发利用和管理保护情况以及存在的问题，并对主要问题进行重点详细地阐述。

4.6.2　充分解读相关规划，明确规划范围内河湖水域岸线开发利用的目标任务以及相关要求，并梳理规划需求，注意不同规划之间的衔接和层次关系。

4.6.3　在河湖水域岸线现状及存在的问题分析的基础，提出岸线管理保护和经济社会发展对岸线利用的需求。

5　河湖水域岸线功能分区及控制线划定

5.1　一般规定

5.1.1　河湖水域岸线功能分区及控制线划定包括：河湖水域岸线功能界定、河湖水域岸线功能分区、岸线控制线划定。

5.1.2　河湖水域岸线功能界定应分析河湖水域岸线在流域、区域空间体系以及在区域生态体系中的定位。

5.1.3　河湖水域岸线功能分区应与水功能区水环境功能区、生态功能区、防洪（排涝）分区相协调，与区域总体规划相衔接。

5.1.4　河湖外缘控制线的确定，应符合防洪规划，并与有关城市建设项目规划、水利规划、市政排水设施规划、城市园林规划等对接。

5.1.5　河道外缘管理控制线应与河道管理范围线一致；有水利工程的，外缘生态控制线范围应不小于水利工程保护范围。

5.2　岸线功能及分区

5.2.1　河湖水域岸线功能应结合河道开发利用现状、水环境水功能区划、生态功能区划、自然保护区以及土地开发利用等情况划定。

5.2.2　河湖水域岸线功能分区的划分原则：

　　1　岸线功能区划分应正确处理近期与远期、开发与保护之间的关系，做到近远期结合，开发利用与保护并重，确保防洪安全和水资源、水环境及河流生态得到有效保护，促进岸线资源的可持续利用，保障沿岸地区经济社会的可持续发展。

　　2　岸线功能区划分应统筹考虑和协调处理好上下游、左右岸之间的关系及岸线的开发利用可能带来相互的影响。

　　3　岸线功能区划分应与已有的防洪分区、水功能分区、农业分区、自然生态分区等区划相协调。

　　4　岸线功能区划分应统筹考虑城市建设与发展、航道规划与港口建设以及地区经济社会发展等方面的需求。

　　5　岸线功能区划分应本着因地制宜，实事求是的原则，充分考虑河流自然生态属性，以及河势演变、河道冲淤特性及河湖水域岸线的稳定性，并结合行政区划分界，进行科学划分，保证岸线功能区划分的合理性。

5.2.3　河湖水域岸线功能区分为一级区和二级区。一级区包括：岸线保护区、岸线保留区和岸线控制利用区。岸线控制利用区进一步划分为工业与城镇建设利用区、港口利用区、基础设施利用区、农渔业利用区、旅游休闲娱乐利用区、特殊利用区和综合利用区。一级区主要从宏观上协调岸线保护与开发利用的关系，二级区主要针对控制利用区，从开发利用的类型进行划分，主要协调岸线资源使用部门之间的关系。

　　1　国家和省级人民政府批准的各类自然保护区（特殊特种自然保护区、重要湿地保护区、森林公园及风景名胜核心保护区、地质公园、自然文化遗产保护区、生物多样性保护区等）、重要水源地、水源涵养及生态保育等所在的河段，或因岸线开发利用对防洪和生态保护有重要影响的岸线区应划为保护区。地表水功能区划中已被划为保护区的或列入县域生态环境功能区规划禁止准入区名录的，原则上相应河段岸线划为保护区。除以上区域外，各地也可根据当地需求，划定保护区。

　　2　对河道尚处于演变过程中，河势不稳、河槽冲淤变化明显、主流摆动频繁的河段，或有一定的生态保护或特定功能要求，如防洪保留区、水资源保护区、供水水源地、河口围垦区的岸线等应划为保留区。

　　3　城镇区段岸线开发利用程度相对较高，工业和生活取水口、码头、跨河建筑物较多。根据防洪要求、河势稳定情况，在分析岸线资源开发利用潜力及对防洪及生态保护影响的基础上，可划为控制利用区。

　　4　河段的重要控制点、较大支流汇入的河口可作为不同岸线功能区之间的分界。

　　5　为便于岸线利用管理，市级行政区域界可作为河段划分节点，岸线功能区不能跨市级行政区。

5.2.4　岸线二级区划分适用范围如下：

　　1　工业与城镇建设利用区指适于拓展工业与城镇发展空间，可供企业、工业园区和城镇建设的岸段区。

　　2　港口利用区指适于开发利用港口航运资源，可为港口建设提供支持的岸段区。

　　3　公共基础设施利用区指适于基础设施建设，可供道桥、过（沿）江管线等建设的岸段区。

　　4　农渔业利用区是指适于开发利用水生物资源，可供渔港和育苗场等渔业基础设施建设、为养殖、捕捞生产和重要渔业品种养护的提供岸线支持的岸段区以及农业示范区、园区等岸段区。

　　5　旅游休闲娱乐利用区指适于开发利用滨岸和水上旅游资源，可供旅游景区开发和水上文体娱乐活动场所建设的岸段区。

　　6　特殊利用区指供军事、取排水口及其他特殊用途排他使用的岸段区。

　　7　综合利用区指具有以上二级区两种及以上功能的岸段区。

5.3　岸线控制线划定

5.3.1　岸线控制线的划定原则

　　1　根据岸线管理保护的总体目标和要求，结合各河段的河势状况、岸线自然特点、岸线资源状况，在服从防洪安全、河势稳定和维护河流健康的前提下，充分考虑水资源利用与保护的要求，按照强化管控、有效保护与合理利用相结合的原则划定岸线控制线。

2　按照流域综合规划、防洪规划、水功能区划及河道整治规划、航道整治规划等方面的要求，统筹协调近远期防洪工程建设、河流生态功能保护、滩地合理利用、土地利用等规划以及各部门对岸线利用的要求，按照岸线保护的要求，结合需要与可能合理划定。

3　应充分考虑河流左右岸的地形地质条件、河势演变趋势及与左右岸开发利用与治理的相互影响，以及河流两岸经济社会发展、防洪保安和生态环境保护对岸线利用与保护的要求等因素，合理划定河道左右岸的岸线控制线。

4　城市段的岸线控制线应在保障城市防洪安全与生态环境保护的基础上，结合城市发展总体规划、岸线保护与开发利用现状、城市景观建设等因素。

5　岸线控制线的划定应保持连续性和一致性，特别是各行政区域交界处，应按照河流特性，在综合考虑各行业要求，统筹岸线资源状况和区域经济发展对岸线的需求等综合因素的前提下，科学合理进行划定，避免因地区间社会经济发展要求的差异，导致岸线控制线划分不合理。

5.3.2　临水控制线划定

1　有堤防河道临水控制线采用设计洪水位与堤防工程的交线划定。

2　对于无堤防的山区、丘陵区河道，按设计洪水位或来确定。

3　对平原区河道可采用常水位与岸边的交界线作为临水控制线；对未确定常水位的平原区可采用多年平均水位与岸边的交界线作为临水控制线，或根据具体情况分析确定。

4　对湖泊临水控制线可采用正常蓄水位与岸边的交界线作为临水控制线；对未确定正常蓄水位的湖泊可采用多年平均湖水位与岸边的交界线作为临水控制线，或根据具体情况分析确定。

5　在已划定治导线的江河入海口区域采用治导线为临水控制线。在未划定治导线的河口区，根据防洪规划、海洋功能区划和地表水功能区划、滩涂开发规划、航运及港口码头规划等，综合分析确定。

6　对已规划确定河道整治或航道整治工程的岸线，应考虑规划方案实施的要求划定临水控制线。

7　临水控制线与河道水流流向应保持基本平顺。

8　乡镇级或以下的河道可不划定临水控制线。

5.3.3　外缘管理控制线划定

1　有堤防河道：一级堤防的外缘管理控制线为堤身和背水坡脚起 20～30m 内的护堤地处，二、三级堤防的外缘管理控制线为堤身和背水坡脚起 10～20m 内的护堤地处，四、五级堤防的外缘管理控制线为堤身和背水坡脚起 5～10m 内的护堤地处（险工地段可以适当放宽）。

2　无堤防河道：平原地区无堤防县级以上河道外缘管理控制线为护岸迎水侧顶部向陆域延伸不少于 5m 处；其中重要的行洪排涝河道，护岸迎水侧顶部向陆域延伸部分不少于 7m 处。平原地区无堤防乡级河道外缘管理控制线为护岸迎水侧顶部向陆域延伸部分不少于 2m 处。其他地区无堤防河道外缘管理控制线根据历史最高洪水位或者设计洪水位外延一定距离确定。

　　3　河道型水库库区段：河道型水库库区段外缘管理控制线为校核洪水位线或者库区移民线。

　　4　水闸：大型水闸左右侧边墩翼墙外各 50～200m 处；中型水闸左右侧边墩翼墙外各 25～100m 处。

　　5　水电站：为电站及其配套设施建筑物周边 20m 内处。

　　6　海塘：外缘管理控制线一至三级海塘为背水坡脚起向外延伸 30m；四至五级海塘为背水坡脚起向外延伸 20m；有护塘河的海塘应当将护塘河划入外缘管理控制线范围。

　　7　已规划建设防洪及河势控制工程、水资源利用与保护工程、生态环境保护工程的河段，根据工程建设规划要求，在预留工程建设用地的基础上，划定外缘控制线。

5.3.4　外缘生态控制线划定

　　1　岸线保护区外缘生态控制线划定，应体现"整体连续、宜宽则宽"的原则，并应与陆域生态用地相衔接。

　　2　岸线保留区外缘生态控制线划定，宜考虑保护区与控制开发区的自然衔接进行划定。

　　3　岸线控制开发区外缘生态控制线划定，宜与滨水绿化控制范围、滨水建筑控制范围等相结合进行划定。

　　4　外缘生态控制线划定综合考虑河道分级（省、市、县级）和岸线功能区进行划定。

表 5.3.4　　　　　　　　　　外缘生态控制线划定范围建议表

岸线功能区	最小控制宽度（m）		
	省级河道	市级河道	县级河道
保护区	100	50	30
保留区	80	30	20
控制开发区	30	20	10

注　1. 有水利工程的，外缘生态控制线范围应不小于水利工程保护范围。
　　2. 山区河道可以以山头、岗地脊线为界。

5.3.5　几种典型形式的河道、湖泊和湖漾的控制线划分示意图见附录 C。

6　河湖水域岸线保护管控措施

6.1　一般规定

6.1.1　河湖水域岸线保护管控措施应规定各类河湖水域岸线功能区和控制线管理要求，明确河湖水域岸线工程整治与保护方案。

6.1.2　外缘管理控制线管理要求应符合《浙江省水利工程安全管理条例》中水利工程管理范围线或《浙江省河道管理条例》中河道管理范围线的相关规定。

6.1.3　应在不小于 1/2000 的地形图绘制临水控制线、外缘管理控制线和外缘生态控制线，并确定重要拐点的控制坐标。

6.2　岸线功能区管理

6.2.1　岸线保护区应结合不同岸线保护区的具体要求确定其保护目标，有针对性地提出岸线保护区的管理意见，确保实现岸线保护区的保护目标。保护区内一律不得建设非公共基础设施项目，保护区内原则上也不应建设公共基础设施项目，确需建设的，应按照有关法律法规要求，经充分论证评价，并报有关部门审查批准后方可实施。

6.2.2 岸线保留区内应重视是否具备岸线开发利用条件以及对水环境的影响等内容，规划保留区在规划期内原则上不应实施岸线利用建设项目和开发利用活动。确需启用规划保留区的，在充分论证，并要事先征得水行政主管部门同意，并按基本建设程序报批。

6.2.3 岸线控制利用区内建设的岸线利用项目，应符合规划二级分区利用要求，注重岸线利用的指导与控制。在符合国家和浙江省有关法律法规以及相关规划的基础上，协调岸线保护要求和沿江地区经济社会发展的需要，在不影响防洪、航运安全、河势稳定、水生态环境的情况下，应依法依规履行相关手续后，科学合理地开发利用，以实现岸线的可持续利用。

6.3 岸线控制线管理

6.3.1 临水控制线以内除防洪及河势控制工程，任何阻水的实体建筑物原则上不允许逾越临水控制线。非基础设施建设项目一律不允许逾越临水控制线，基础设施建设项目确需越过临水控制线的，必须充分论证项目其影响，提出穿越方案，并经有审批权限的水行政主管部门审查同意后方可实施。桥梁、码头、管线、渡口、取水、排水等基础设施需超越临水控制线的项目，超越临水控制线的部分应尽量采取架空、贴地或下沉等方式，尽量减小占用河道过流断面。

6.3.2 河道两侧外缘管理控制线之间的范围为河道管理范围，应按照《浙江省河道管理条例》中河道管理范围的相关规定进行管控。

6.3.3 外缘管理控制线与外缘生态控制线之间的范围，应按照所在的岸线功能区的相关要求进行管控。

6.3.4 根据确定的外缘管理控制线和生态控制线，在地形图上落图定线，并提出划界立桩的相应要求，明确外缘管理控制线和生态控制线范围内的管理权属。

6.4 河湖水域岸线工程整治与保护方案

6.4.1 河湖水域岸线整治工程方案包括：工程整治与保护方案、工程实施计划与投资。

6.4.2 根据岸线的存在问题、河湖功能影响评价、规划岸线功能区及控制线管控要求，提出岸线工程整治与保护方案。整治的重点是违反河湖水域岸线保护与利用有关要求，与规划河湖水域岸线功能分区不一致、占用河湖水域或岸线的建设项目。对防洪、供水、生态安全及河势稳定影响较大的建设项目，应提出整治或清退方案；对岸线控制线范围内的违法建筑应提出拆除计划。对于临水控制线以内的河滩资源应予以保护，有条件应提出规划保护措施。

6.4.3 对规划的工程整治措施，进行费用估算，并提出近期工程实施计划。

7 规划实施保障措施

7.0.1 规划实施保障措施包括管护责任主体、监管主体及职责、完善制度体系、运行管理费用来源以及长效保护机制等内容。

7.0.2　明确"河长"在岸线管理与保护的责任与主要任务；确定岸线及相关工程管理及运行维护责任主体，特别是开发利用程度较高的岸线区域。对有工程管理单位的，应强化管理责任，提出标准化、常态化、精细化、规范化、专业化、现代化的管理要求。宜结合"河长制""政府采购公共服务"等工作，创新管护模式。

7.0.3　岸线及相关工程的管理涉及国土、城建、交通（港航）、水利、环保、林业、农业渔政等多个行政部门，需明确并固化相关行政部门在岸线及涉岸工程管理中承担的监管职责。

7.0.4　建立健全河湖水域岸线管理与保护政策和制度体系，严格的河湖水域岸线管理与保护立法、监督与考核。

7.0.5　明确各项建设与管理资金的渠道，可提出探索"岸线资源收益"与保护管理的新途径。

7.0.6　岸线工程建设与管理并重，有条件的宜建立岸线及岸线工程长效保护机制，特别是重点工程或重点河段岸线。针对不同工程和岸线，明确长效保护的主要内容、确定责任主体、测算保护经费和管护人员等，建立信息化管理体系。

7.0.7　加强岸线保护管理宣传，提高岸线保护意识，形成社会监管氛围。

8　规划成果要求

8.0.1　规划成果应包括规划报告、规划附表及附图。

8.0.2　规划报告应包括河道及岸线现状调查评价、岸线功能区划分及控制线划定、岸线管控措施和规划实施保障措施等章节内容。报告章节目录可参考附录 A.1。

8.0.3　规划附表应包括：河道基本情况调查表、河湖水域岸线及利用情况调查表与统计表、河湖水域岸线功能区划分及控制范围成果汇总表与统计表、河湖水域岸线工程整治方案汇总表。表格内容及形式可参考附录 B。

8.0.4　规划附图应包括：河道现状图、河湖水域岸线现状利用图、河湖水域岸线功能分区及控制线详细图、河湖水域岸线整治方案工程布置图。附图信息可参考附录 A.2。

8.0.5　对于河湖水域岸线功能分区及控制线详细图，工作底图应采用 1∶2000 及以上大比例矢量地形图，有条件可增加 0.5m 分辨率及以上高分遥感影像；坐标系统采用 2000 国家大地坐标系（CGCS 2000），高程系采用 1985 国家高程基准；电子图件成果采用 CAD 软件 DWG/DXF 格式或 ARCGIS 软件 Shapefile 或 GDB 格式。对于其他附图电子成果可采用彩色 TIFF 或 JPG 格式，分辨率不应小于 300dpi。

附录 A　浙江省河湖水域岸线管理保护规划
编制提纲及附图信息

A.1　河湖水域岸线管理保护规划编制提纲

1　前言

2　区域概况

　2.1　自然地理

　2.2　经济社会

　2.3　水文气象

　2.4　水系概况

　2.5　水环境与水生态概况

　2.6　航道概况

　2.7　自然保护区概况

3　总则

　3.1　规划指导思想

　3.2　规划原则

　3.3　规划范围

　3.4　规划水平年

　3.5　规划目标

　3.6　规划任务

　3.7　规划依据

4　河道及岸线现状调查评价

　4.1　河道现状调查评价

　4.2　河湖水域岸线现状调查评价

　　4.2.1　岸线及利用现状情况调查评价

　　4.2.2　岸线管理现状调查评价

　　4.2.3　河势稳定性及演变趋势调查评价

　　4.2.4　河道功能影响调查评价

　4.3　河湖水域岸线利用存在的主要问题及需求分析

　　4.3.1　河湖水域岸线存在的主要问题

　　4.3.2　河湖水域岸线保护与利用的需求分析

5　河湖水域岸线功能分区及控制线划定

　5.1　相关规划及功能区划分状况

　　5.1.1　区域水功能区水环境功能区划分

　　5.1.2　区域生态功能区划分

　　5.1.3　区域总体规划或土地利用规划情况

　　5.1.4　相关规划情况

A.2　浙江省河湖水域岸线管理保护规划附图信息

河道现状图：应包括区域内地形、主要的河道及名称、规划河道的水功能区水环境功能区分布、自然保护区等信息。

河湖水域岸线现状利用图：应包括涉岸工程平面分布、工程类型、规模、利用岸线情况等信息。

河湖水域岸线控制线详细图：应包括①岸线功能区名称、位置、分区上下游起止控制线坐标等；②三条控制线及其重要控制点坐标。

河湖水域岸线整治方案工程布置图：应包括整治前及整治后工程分布、类型、规模、利用情况。

以上附图必要时可在图中辅助文字或表格说明。

附录 B　浙江省河湖水域岸线管理保护规划附表

B.1　河道现状统计表

表 B.1　　　　　　　　　　　　　　　　河道基本情况调查表

河道名称	序号	河段名称	起止位置	河段长度(m)	河段宽度(m)	底高程(m)	堤顶高程(m)	设计洪水位(m)	现状水质类别	水功能区名称	水质目标	河道功能	重要水生动植物	清淤工程(m)	护岸(堤防)工程(m)	存在的问题
合计																	

注　1. 河段宽度：填写宽度范围；

　　2. 河道功能：行洪排涝②灌溉蓄水③生态环境④航运交通⑤景观娱乐⑥其他。

　　3. 河流分段：在已有成果的基础上，结合表中调查情况的差异性进行分段，附表 B.2 分段与附表 B.1 应统一。

B.2　河湖水域岸线及利用情况调查、统计表

表 B.2.1　　　　　　　　　　　　　河湖水域岸线及利用情况统计表

河道名称	序号	河段名称	岸线长度(m)	岸线宽带(m)	岸坡型式	内外坡比	岸坡稳定性	岸线利用类型	利用岸线长度(m)	利用岸线面积(m²)	是否发生崩塌	功能分区	岸线主要功能
合计													

注　1. 岸坡型式：①复合式②斜坡式③直立式。

　　2. 岸坡稳定性：①基本稳定②相对稳定③不稳定；

　　3. 岸线利用类型：①水利工程②交通等基础设施③生活和旅游④港口码头⑤取排水工程⑥水生态保护⑦工业仓储⑧农业和渔业⑨特殊工程⑩其他建筑；

　　4. 功能分区：①保护区②保留区③控制利用区。

表 B.2.2　　　　　　　　　　　　已建涵闸（泵站）和取排水口调查表

河流名称	序号	河段名称	工程名称	用途	桩号	结构型式	修建年份	主要结构尺寸	设计流量(m³/s)	运行方式	占用河湖岸线		存在问题	备注
											长度(m)	面积(m²)		
合计														

注　本表中的已建涵闸（泵站）和取排水口工程，指现状已建成并投入使用的工程，包括排洪箱涵、闸坝、取水泵站、雨水和污水排水口。

表 B.2.3 河道跨（穿）河建筑物调查表

河流名称	序号	河段名称	建筑物名称	建筑物类型	规模	等级	结构特点	起止桩号	占用河湖岸线		建设年代	备注
									长度（m）	面积（m²）		
合计												

注 建筑物类型，指桥梁、输气（输水、输油）管道、输电通讯等跨（穿）河建筑物。

表 B.2.4 河道航运及码头情况调查表

河流名称	序号	河段名称	航道等级	通航水深（m）	大型码头				中小型码头			
					名称	年吞吐量（万t）	占用河湖岸线		名称	年吞吐总量（万t）	占用河湖岸线	
							长度（m）	面积（m²）			长度（m）	面积（m²）
合计												

注 年吞吐量小于等于50万t的为小型码头，年吞吐量在50万～100万t之间的为中型码头，年吞吐量大于等于100万t的为大型码头。

表 B.2.5 河道崩岸险情调查表

河流名称	序号	河段名称	起止点位置	崩岸情况				需治理长度		已治理长度（km）		备注
				发生时间	外滩宽度（km）	崩岸长度（km）	崩岸宽度（km）	水上护坡（km）	水下护脚（km）	水上护坡（km）	水下护脚（km）	
合计												

注 ①外滩宽度为堤防外坡脚以外至坎边线间的距离；②崩岸长度指一次崩岸所发生的顺水流向的范围；③崩岸宽度需给出垂直于水流向的岸坡塌失的范围，以最大值表示；④发生时间按年、月、日统计，日不详的可省。

B.3 河湖水域岸线功能区划分及控制范围成果汇总表及统计表

表 B.3.1 河湖水域岸线控制线规划成果汇总表

所在镇街	序号	河流名称	规划河段长度（m）	临水控制线长度（m）		外缘管理控制线长度（m）		外缘生态控制线长度（m）		备注
				左岸	右岸	左岸	右岸	左岸	右岸	
合计										

表 B.3.2 河道功能区规划成果汇总表

所在镇道	序号	河流名称	规划河段长度（m）	保护区		保留区		控制利用区		备注
				个数	面积（m²）	个数	面积（m²）	个数	面积（m²）	
	合计									

表 B.3.3 河道临水控制线规划成果统计表

序号	河流名称	河段名称	左（右）岸	断面桩号	河段长度（m）	河道临水控制线					划分主要依据
						长度（m）	控制坐标				
							起点		终点		
							X	Y	X	Y	
		1	左岸								
		2									
		...									
		小计									
		1	右岸								
		2									
		...									
		小计									
		合计									
合计			左岸								
			右岸								
			合计								

表 B.3.4 河道外缘管理控制线规划成果统计表

序号	河流名称	河段名称	左（右）岸	断面桩号	河段长度（m）	河道外缘管理控制线					划分主要依据
						长度（m）	控制坐标				
							起点		终点		
							X	Y	X	Y	
		1	左岸								
		2									
		...									
		小计									
		1	右岸								
		2									
		...									
		小计									
		合计									

续表

序号	河流名称	河段名称	左（右）岸	断面桩号	河段长度（m）	河道外缘管理控制线					划分主要依据
						长度（m）	控制坐标				
							起点		终点		
							X	Y	X	Y	
合计		左岸									
		右岸									
		合计									

表 B.3.5　　　　　　　　　河道外缘生态控制线规划成果统计表

序号	河流（湖泊）名称	河段名称	左（右）岸	断面桩号	河段长度（m）	河道外缘生态控制线					划分主要依据
						长度（m）	控制坐标				
							起点		终点		
							X	Y	X	Y	
		1	左岸								
		2									
		…									
		小计									
		1	右岸								
		2									
		…									
		小计									
		合计									
合计		左岸									
		右岸									
		合计									

表 B.3.6　　　　　　　　　河道功能区规划成果统计表

序号	河流名称	编号	功能区及分段名称	河道功能区规划成果			分区范围描述	备注
				河道分区面积（km²）	控制坐标			
					X	Y		
		一	水域					
		1						
		2						
		…						
		小计						
		二	保护区					
		1						
		2						
		…						
		小计						

续表

序号	河流名称	编号	功能区及分段名称	河道功能区规划成果			分区范围描述	备注
				河道分区面积（km²）	控制坐标			
					X	Y		
		三	保留区					
		1						
		2						
		…						
		小计						
		四	控制利用区					
		1						
		2						
		…						
		小计						
合计		一	水域					
		二	保护区					
		三	保留区					
		四	控制利用区					
		合计						

B.4　河湖水域岸线工程整治方案汇总表

表 B.4　　　　　　　　　岸线整治工程方案汇总表

河道	左右岸	整治项目名称	起止桩号或位置	所在岸线功能区	利用长度（m）	利用面积（m²）	整治原因	整治意见

附录 C　典型河湖水域岸线控制线划分示意图

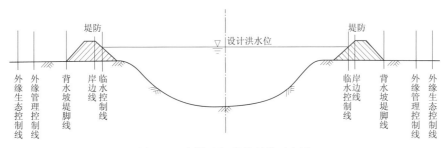

图 C.1　有堤防河道控制线示意图

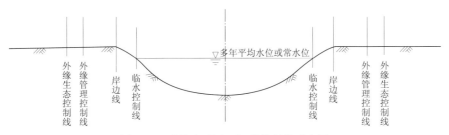

图 C.2　无堤防平原区河道控制线示意图

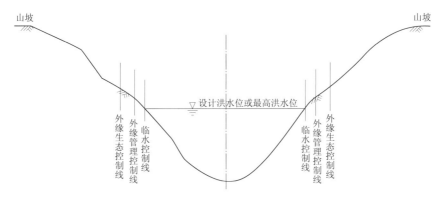

图 C.3　无堤防无岸线山区河道控制线示意图

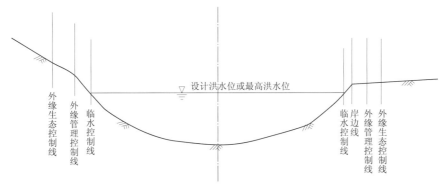

图 C.4　无堤防有岸线山区河道控制线示意图

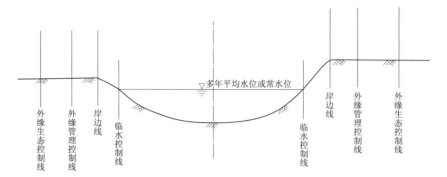

图 C.5　湖泊控制线示意图

图 C.6　湖漾形式①控制线示意图

图 C.7　湖漾形式②控制线示意图

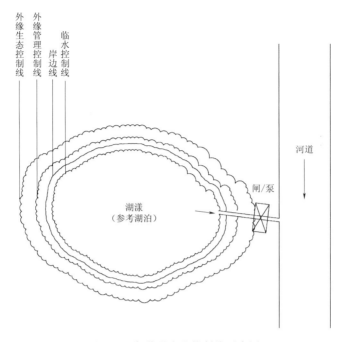

图 C.8　湖漾形式③控制线示意图

本规范用词说明

1　为便于在执行本规范条文时区别对待，对要求严格程度不同的用词说明如下：

1）表示很严格，非这样做不可的：

正面词采用"必须"，反面词采用"严禁"；

2）表示严格，在正常情况下均应这样做的：

正面词采用"应"，反面词采用"不应"或"不得"；

3）表示允许稍有选择，在条件许可时首先应这样做的：

正面词采用"宜"，反面词采用"不宜"；

4）表示有选择，在一定条件下可以这样做的，采用"可"。

2　条文中指明应按其他有关标准或法律条例执行的写法为"应符合……的规定"或"应按……执行"。

浙江省河湖水域岸线管理保护规划技术导则（验收稿）
条文说明

1 总则

1.0.1 本条说明了本导则编制的依据和目的。

党的十八届三中全会指出，要"健全自然资源资产产权制度和用途管制制度"，"建立空间规划体系，划定生产、生活、生态空间开发管制界限，落实用途管制。健全能源、水、土地节约集约使用制度"。2016 年 11 月 28 日，中共中央办公厅、国务院办公厅印发《关于全面推行河长制的意见》，再次强调要"加强河湖水域岸线管理保护，严格水域岸线等水生态空间管控，依法划定河湖管理范围"。因此，落实水域岸线用途管制将是我国今后河湖保护与管理的重要工作之一，做好河湖岸线管理保护规划是加强河湖管理、建立空间规划约束体系极其重要的一部分内容。

目前，我省河湖岸线管理保护规划尚处于起步阶段，除钱塘江部分河段与太湖岸线编制过岸线利用与保护规划外，其他河道（段）及湖泊基本未开展过岸线利用与保护规划，我省也没有正式出台过河湖水域岸线管理保护规划技术导则类的指导性文件。随着我省经济社会的发展，岸线资源的开发与利用越来越多，也正是由于缺少规划的引领与指导，随之带来的是岸线无序开发、随意占用，但保护与治理却又未及时跟上等诸多问题。因此，要科学、系统的解决这些问题必须"规划先行、谋定后动"，组织开展河湖水域岸线管理保护规划技术导则的编制，指导与规范今后我省县（市、区）河湖岸线保护、开发与利用。

1.0.2 本条说明了本导则的适用范围，在此适用范围内，以下几种情况所涉及的河道（段）应列入规划范围：

1 对保障江河流域防洪、供水、航运安全和维护河流健康功能十分重要的河道（段）。

2 岸线利用与保护矛盾较为突出的重要河道（段）。

3 现状开发利用程度已较高和规划期内经济社会发展对岸线开发利用需求较大，管理任务重的河道（段）。

4 水事纠纷和水事矛盾较为突出的跨（省、市、县）界河段。

1.0.3 河湖水域岸线规划属于水利规划的重要内容，本身应遵循水利规划的有关法规，同时由于涉及防洪、水资源利用、航运、生态环境保护、景观文化等多个方面，因此，还应依据相关法律法规，并参考所在流域的综合规划和水利专业规划、生态功能区划以及区域总体规划。

1.0.4 河湖水域岸线管理保护规划范围，一是从经济社会发展的需求角度，规划河湖水域岸线所涉及的行政区域，特别是岸线资源保护与利用有直接需求的区域；二是从岸线评价与分析计算的完整性角度，规划河湖水域岸线所影响的上下游河段范围。

1.0.7 浙江省河湖水域岸线管理保护规划应遵循以下原则：

1 严格管控、合理利用。严格水域岸线等水生态空间管控，坚持保护优先，尊重河湖水域岸线自然条件，切实保护河湖水域岸线资源及其空间环境，在保护中合理有序利用，在治理利用中保护。

2 人水和谐、协调发展。重视发挥岸线资源和水域的多种功能，既要发挥岸线在防洪、供水、航运、水资源利用、生态环境保护等方面的作用，保障河势稳定、防洪安全、供水安全，保护水生态环境和维护河流健康，也要发挥岸线的航运、景观等社会服务功能，合理利用岸线资源，为沿河地区的经济社会发展服务。

3 综合协调、统筹兼顾。按照河流流域综合规划的总体要求，综合协调岸线资源利用保护与沿河地区社会经济发展、城市发展、国土开发、港口与航道、生态环境保护等相关规划之间的关系，合理确定不同类型岸线开发利用功能及控制条件；处理好整体利益与局部利益关系，统筹兼顾上下游、左右岸、地区间以及行业之间的需求，结合不同地区的岸线特点和开发利用与保护的要求，充分发挥岸线资源的经济、社会与生态环境效益，实现岸线资源的合理配置。

4 因地制宜、突出重点。要根据河湖水域岸线的自然条件和特点、沿河地区经济社会发展水平以及岸线开发利用程度，针对岸线开发利用与保护中的主要矛盾，按照轻重缓急，合理确定近远期的规划目标和任务。以岸线资源保护价值较大、利用程度较高或需求强烈、岸线资源紧缺、防洪影响和水环境水生态问题突出、经济发展水平较高的河段等为重点，抓紧制定规划、落实管理措施、加强监督检查。

2 术语

2.0.1、2.0.2 采用 GB/T 50095—2014 关于河流和湖泊定义；水利相关标准关于河流和湖泊的定义也基本相同；DB33/T 614—2016 关于河道的定义为河流两岸堤防或河岸线及其之间的水面、边滩、沙洲。

2.0.3 国家及水利行业规范对河湖岸线带没有明确定义，本次在 DB33/T 614—2016 关于河岸带的定义的基础上，定义了本条。

2.0.4、2.0.5 采用了《全国河道（湖泊）岸线利用管理规划技术细则》（2008）中关于岸线控制线和岸线功能区的定义。其中，《全国河道（湖泊）岸线利用管理规划技术细则》岸线控制线划分为临水控制线和外缘控制线，岸线功能区分为岸线保护区、岸线保留区、岸线控制利用区和岸线开发利用区。本导则在《全国河道（湖泊）岸线利用管理规划技术细则》的基础上，将外缘控制线分为外缘管理控制线和外缘生态控制线。外缘管理控制线主要考虑与河道和水利工程的管理范围线相衔接，而外缘生态控制线主要考虑到管理范围相对较小，以此线控制一般难以充分管控，因此，增加了外缘生态控制线。

3 基础资料收集与调查

3.0.1 资料调查是河湖水域岸线规划工作的基础，对规划成果的可靠性影响重大，为使规划建立在可靠的基础上，本导则专设本章，规定在规划阶段应掌握的资料范围和质量要求。

3.0.2 本条规定了规划阶段，根据规划要求应收集、整理、分析研究的自然条件、经济社会、水文、河道、岸线等方面的基础资料要求。

1 经济社会发展资料中应重视土地利用资料，弄清区域建设土地利用现状对岸线造成的影响、土地利用布局规划对岸线的潜在影响，为岸线保护和利用与区域建设土地利用的协调提供基础。

2 自然条件资料中应重视生态与环境方面的资料，生态与环境日益引起各方面的重视，是规划涉及的一项重要内容。

3 水文资料是分析与确定河势演变、行洪影响、水资源利用影响、水环境影响、控制线范围的重要依据。

4 测绘资料是开展规划工作的基础，1：10000 比例的矢量地形图是绘制区域概况和河道及岸线示意图的基础，可以绘制河道现状分布图、河湖水域岸线现状利用图和河湖水域岸线利用调整方案布置图；1：2000 以上比例的矢量地形图是绘制控制线的基础，便于控制点坐标定位，可以绘制河湖水域岸线控制线详细图和河湖水域岸线功能分区图。如果规划区域已有 1：2000 以上比例的矢量地形图，可不用收集 1：10000 比例的矢量地形图。

5 岸线保护与利用工程也可根据开发利用项目涉河情况的不同，分为跨（穿）河、临河、拦河建设项目。

6 岸线开发利用与区域开发建设、水利建设、生态与环境保护、港口与航道建设、排水（污）口设置、道桥建设、园林绿化建设、湿地规划、过江电力及通信设施建设等相关，因此需要收集有关的规划资料。

4 河湖水域岸线现状调查评价

4.1 一般规定

4.1.1 各地可根据当地河湖水域岸线的实际情况，对现状调查与评价的内容有选择地进行。

4.1.3 河湖水域岸线现状调查是河湖水域岸线利用规划编制的基础工作。调查资料可通过收集水利、环保、农业、林业等有关部门的成果或现场咨询踏勘获得。现状调查评价宜充分利用现有资料的成果，应检查基本资料是否满足规划任务要求，明确资料来源，检验基本资料的正确性及相互协调性和一致性，分析数据的合理性、规律性。若资料不能满足规划要求，应进行补充监测和调查。

4.2 岸线及其利用现状调查评价

4.2.3 岸线利用工程类型，主要包括水利工程、交通等基础设施、生活和旅游、港口码头、取排水口、水生态保护、工业仓储、农业和渔业、特殊工程和其他建筑等十类。对河道功能可能产生影响的工程，除利用岸线长度、面积、占地性质外，需详细调查其规模尺寸等要素，便于开展功能影响分析。如涉河涉堤建筑物、构筑物规模；取水工程的规模、不同时期取水量及用途；排污口、港口与码头、渔业生产等的污染物类型、排放量、排放浓度及治理措施等。

4.2.4 岸线利用开发程度分析，包括岸线利用率（已利用岸线/岸线总长）、永久占地率（占地面积/总面积）、跨河建筑物密度（个数/长度）、取、排水口密度（个数/长度）等。

4.3 岸线管理现状调查评价

4.3.3 由于河湖水域岸线涉及多个部门，应根据不同河湖水域岸线功能区的保护、开发利用程度，对相应部门的管理工作进行充分调研，某些管理事项可能存在多部门交叉管理的现象，应做好调研成果的衔接与分析。

4.4 河势稳定性及演变趋势调查评价

4.4.2 以河段为单元对河势的稳定性进行评价，提出评价意见。对防洪、航运、水资源利用和水生态环境保护等影响较大，近年来冲淤变化大、主流摆动、崩塌岸现象较严重、河势变化剧烈的河段，应对河道的演变特性与河势的稳定性作重点分析。河势稳定性分析一般以定性描述为主，重点分析河段必要时需进行定量分析。河床演变分析可参照 GB 50707 相关要求进行。

1 河势稳定程度定性分析分为三类，主要评价标准如下：

1）岸线基本稳定是指河段主流线、河岸顶冲部位和河床基本稳定，岸线冲淤变化不大或仅有微冲微淤。

2）岸线相对稳定是指河段上下游节点具有一定控导能力，主流线、河岸顶冲部位和河岸、河床存在一定幅度的摆动、变化，岸线冲刷或淤积程度较小。

3）不稳定岸线是指河段上下游节点控导能力较差，主流线、河岸顶冲部位和河岸、河床存在较大幅度的摆动、变化，岸线冲刷或淤积变化较大。

2 河势稳定程度定量分析，主要包括河道主槽（深泓）高程及离岸距离的历年变化；离岸不同距离河床高程、平均流速、流向、单宽流量、单宽输沙量等指标的变化幅度（绝对值范围，相对值），这些指标的变化值可用最大值或最小值与平均值之相对差百分数表示，即某项指标的"δ_i 相对值＝[最大值（最小值）－平均值]/平均值"，相对差值是具有可加性的，故综合差值按下列公式计算：

$$\Delta = \sum_{i=1}^{n} \delta / n$$

其中，$\Delta < 15\% \sim 20\%$，属稳定；$15\% \sim 20\% < \Delta < 30\% \sim 40\%$，属基本稳定；$\Delta > 40\%$，属不稳定。

4.4.3 对于河口段，由于影响河口区河床冲淤演变的因素十分复杂，河口演变趋势分析时应综合考虑各方面因素，合理预测河口滩槽、河口形态等演变趋势。主要从以下几个方面进行分析：

1 自然因素影响，如河流水沙条件影响（特别是大洪水的影响），潮汐影响（特别是风暴潮的影响），河床地质组成、河口地形、河口水域的风浪、潮流、盐水楔异重流等影响。

2 人类活动影响，如水土保持工程、围垦造陆活动、河口整治工程、航道疏浚、河道采砂、港口码头、桥梁等。

3 必要时，还需分析拦门沙变化情况，如拦门沙位置、规模及发育、发展、演变过程等。

4.5 河湖功能影响评价

4.5.2 行洪排涝影响分析的计算条件一般应采用所在河段的现状防洪、排涝标准或规划标准，建设项目本身的设计（校核）标准以及历史最大洪水。分析计算应符合下列规定：

1 对占用河道断面，影响洪水下泄的阻水建筑物，应计算占用的行洪面积及阻水比，并进行壅水分析计算。一般情况下可采用规范推荐的经验公式进行计算；壅水高度和壅水范围对河段的防洪影响较大的应进行数学模型计算或河工模型试验。

    2 对河道冲淤变化可能产生影响的工程，应进行冲刷与淤积分析计算。一般情况下可采用推荐的经验公式结合实测资料，进行冲刷和淤积分析计算；所在河段有重要防洪任务或重要防洪工程的，还应开展数学模型计算或河工模型试验研究。

    3 工程规模较大或对河势稳定可能产生较大影响、所在河段有重要防洪任务或重要防洪工程的，除需结合河道演变分析成果，对河势及防洪可能产生的影响进行定性分析外，还应进行数学模型计算或河工模型试验研究进行分析。

    4 壅水分析计算、冲刷与淤积分析计算、河势影响分析计算方法可参照 SL 520。涉及河口及感潮河段，因潮汐动力的改变对防洪、排涝及河道（口）稳定均有影响，应同时进行潮汐动力分析。

4.5.3 生态敏感区主要包括已列入国家重要湿地名录的河流、湖泊或河口，国家级或省级自然保护区、国家级水产种质资源保护区内的水域。

4.5.4 河道水质状况调查方面，河口段需增加含氯度指标，饮用水源地可参考 GB 3838增加相关指标。生物状况调查方面，水生动物可选择区域内国家保护（保育类）动物或其他重要涉水动物，水生植物调查河流滨岸带植物主要类型及植被覆盖度等。根据调查，对现状水质不达标或水生生物保护的河段进行影响评价，具体规定如下：

    1 入河污染物超标情况分析。根据水资源公报、相关规划、污染源调查和水质监测数据等，获取水功能区水质达标目标要求、入河污染物限排量、污染物入河量和水功能区水质监测数据等，分析入河主要污染物在水体中的时空变化及超标情况，并作为排污口调整的依据。若无相关成果数据，需进行污染物入河量计算和纳污能力计算；污染物入河量采用入河系数法估算，入河系数可参考水资源综合规划、水资源保护规划等相关成果确定；纳污能力确定的原则、计算方法可参照 GB/T 25173。

    2 建设项目水环境影响评价。对于港口与码头（固体废弃物、油类和其他污染物质）、渔业生产等建设项目，可参照 HJ/T 2.3 相关要求进行水环境影响评价。

    3 感潮河段水环境影响评价。一般可以按潮周平均、高潮平均和低潮平均三种情况进行评价。感潮河段下游可能出现上溯流动，此时可按上溯流动期间的平均情况评价水质。感潮河段的水文要素和环境水力学参数（主要指水体混合输移参数及水质模式参数）应采用相应的平均值。

    4 水生生物及生境影响评价。当水生生物保护对地面水环境要求较高时（如珍贵水生生物保护区、经济鱼类养殖区等），应分析建设项目对水生生物和生境的影响，分析时一般可采用类比调查法或专业判断法，参照《河流水生态环境质量评价技术指南（试行）》（2014）相关要求进行。

4.5.5 通过平面二维定床、动床数学模型或与此情况有类似运行经验及观测数据的类比方法，采用定性描述和定量说明相结合的方式，分析建设项目引起的水位、河床变化对通航保证率的影响及局部水流流速流向变化对航船侧向流速安全行驶的影响。对于感潮河口段，宜分为大、中、小潮以及中小洪水（各种保证率其中停航工况不算）等情况进行分析。

4.5.6 对于钱塘江岸线应考虑涌潮景观的影响，应分析评价涉河涉堤建筑物、构筑物（如桥梁、丁坝、码头栈桥和管线）对涌潮调度、形态、强度以及多样性的影响。影响评价方法可以用能较精细描述涌潮过程的平面二维涌潮数学模型，对重大的项目（如建桥在涌潮区）可用物理模型或水槽涌潮试验进行定量评估。

5 河湖水域岸线功能分区及控制线划定

5.1 一般规定

5.1.3 河湖水域岸线作为河道水面和陆地交界区，既与河道相连也与陆地相交，因此，其功能分区必然也与水功能区水环境功能区和生态功能区密不可分，同时岸线也是一种空间资源，也与区域的总体规划必然联系。

5.2 岸线功能及分区

5.2.3 岸线的重要功能之一是保障河道功能的正常发挥，因此，岸线功能分区与水功能区水环境功能区密切相关，其对应关系建议如表1。

表 1 　　　　　　　　　　岸线功能区划分与水功能区对应表

岸线功能区划分	水功能区		水功能区划分条件
划定为岸线保护区	保护区		国家级和省级自然保护区范围内的水域或具有典型生态保护意义的自然生境内的水域；已建和拟建跨流域、跨区域的调水工程水源（包括线路）和国家重要水源地水域；重要河流的源头河段应划定一定范围水域以涵养和保护水源
划定为岸线保留区	保留区		受人类活动影响较少，水资源开发利用程度较低的区域；目前不具备开发条件的水域；考虑到可持续发展的需要，为今后的发展预留的水资源区
视岸线稳定性及开发利用情况可划分为岸线保留区或岸线控制利用区	开发利用区	饮用水源区	已有城镇生活用水取水口分部较集中的水域；或在规划水平年内城镇发展设置供水水源区
		渔业用水区	天然的或天然水域中人工营造的鱼、虾、蟹等水生生物养殖用水域；天然的鱼、虾、蟹、贝等水生生物的重要产卵场、索饵场、越冬场及重要洄游通道涉及的水域
视岸线稳定性及开发利用情况可划分为岸线控制利用区		工业用水区	现有的或规划水平年内需设置的工矿企业生产用水的取水点集中地，且具备取水条件的水域
		农业用水区	现有的或规划水平年内需设置的农业灌溉取水点集中地，且具备取水条件的水域
		景观娱乐用水区	休闲娱乐所涉及的水域和水上运动需要的水域；风景名胜区所涉及的水域
		排污控制区	接纳废水中污染物为可稀释降的；水域的稀释自净能力较强，其水文、生态特性适宜于作为排污区；对排污控制区的设置应从严掌握，不宜划得过大
可划分为岸线控制利用区	过渡区		下游水质要求高于上游水质要求的相邻功能区之间；有双向水流的水域，且水质要求不同的相邻功能区之间
可划分为岸线保留区	缓冲区		江浙沪、浙皖、浙闽边界河流及湖泊；用水矛盾突出地区之间的水域

5.2.4 岸线二级区划定时，通常岸线具有两种或两种以上功能，在分析时应重点考虑岸线的主要功能，并进行明确。

5.3 岸线控制线划定

5.3.3 河道外缘控制线划分为外缘管理控制线和外缘生态控制线，主要是考虑水利管理与岸线功能管理的结合。外缘管理控制线主要是从水利管理的需要，依据相关法律法规则的要求进行划定，但该范围线一般相对较小，对岸线功能的保护仍有不足，因此，在管理线之外再根据岸线资源保护的需要划定外缘生态控制线。

5.3.4 外缘生态控制线的宽度进行明确规定比较困难，需要结合具体的地形地势条件、河道及岸线功能、河势现状、现状用地条件和利用工程等多个因素确定。具体范围可参照国内外对河流适宜廊道的宽度来确定，主要有以下：

1 自 20 世纪 60 年代以来，美国、澳大利亚、加拿大、英国等通过制定相关条例法令和建设导则，明确规定了河岸带宽度范围，给出了最大宽度和最小宽度的参照值范围，可在岸线保护范围线划定工作中作为参考，详见表 2。

表 2　　　　　　　　不同国家不同目标的岸线保护范围宽度推荐值范围[1]

国家	岸线保护范围宽度推荐值（m）					
	削减污染	减少河岸侵蚀	提供良好水生生物栖息地	防洪安全	提供食物来源	维持光照和水温
美国	5～30	5～20	30～500	20～150	3～10	
澳大利亚	5～10	5～10	5～30		5～10	5～10
加拿大	5～65	10～15	30～50			

2 植物绿化带作为岸线廊道及过滤污染物功能的主要承担者，通过确定其适宜宽度可为岸线保护范围线宽度提供依据，有关绿化带适宜宽度相关研究见表 3 及表 4。

表 3　　　　　　　不同学者提出的保护河流生态系统的适宜绿化带宽度值[2]

作　者	宽度（m）	说　明
Gillianm J W 等	18.28	截获 88%的从农田流失的土壤
Cooper J R 等	30	防止水土流失
Cooper J R 等	80～100	减少 50%～70%的沉积物
Lowrance 等	80	减少 50%～70%的沉积物
Erman 等	30	控制养分流失
Peterjohn W T 等	16	有效过滤硝酸盐
Cooper J R 等	30	过滤污染物
Correllt 等	30	控制磷的流失
Keskitalo 等	30	控制氮素
Brazier J R 等	11～24.3	有效降低环境的温度 5～10℃
Erman 等	30	增强低级河道河岸稳定性
Steinblums I J 等	23～38	有效降低环境的温度 5～10℃

续表

作　者	宽度（m）	说　明
Cooper J R 等	33	产生较多树木碎屑，为鱼类繁殖创造多样化的生态环境
Budd W W 等	11～200	为鱼类提供有机碎屑物质
Budd 等	15	控制河流浑浊

表4　　　　　　　　根据相关研究成果归纳的生物保护廊道适宜宽度[3]

宽度值（m）	功能及特点
3～12	廊道宽度与草本植物和鸟类的物种多样性之间相关性接近于零；基本满足保护无脊椎动物种群的功能
12～39	对于草本植物和鸟类而言，12m是区别线状和带状廊道的标准。12m以上的廊道中，草本植物多样性平均为狭窄地带的2倍以上，12～30m能够包含草本植物和鸟类多数的边缘种，但多样性较低；满足鸟类迁移；保护无脊椎动物种群，保护鱼类、小型哺乳动物等
30～60	含有较多草本植物和鸟类边缘种，但多样性仍然很低；基本满足动植物迁移和传播以及生物多样性保护的功能；保护鱼类、小型哺乳、爬行和两栖类动物；30m以上的湿地同样可以满足野生动物对生态环境的需求；截获从周围土地流向河流的50%以上沉积物；控制氮、磷和养分的流失；为鱼类提供有机碎屑，为鱼类繁殖创造多样化的生态环境
60、80～100	对于草本植物和鸟类来说，具有较大的多样性和内部种；满足动植物迁移和传播以及生物多样性保护的功能；满足鸟类及小型生物迁移和生物保护功能的道路缓冲带宽度；许多乔木种群存活的最小廊道宽度
100～200	保护鸟类，保护生物多样性比较合适的宽度
≥600～1200	能创造自然地、物种丰富的景观结构；含有较多植物及鸟类内部种；通常森林边缘效应有200～600m宽，森林鸟类被捕食的边缘效应大约范围为600m，窄于1200m的廊道不会有真正的内部生态环境；满足中等及大型哺乳动物迁移的宽度从数百米至数十千米不等

6　河湖水域岸线保护管控措施

6.1　一般规定

6.1.2　外缘管理控制线划定主要考虑与水行政管理部门的权责相衔接，其对应的管控要求也应与水利工程管理范围或河道管理范围的管控要求相一致。有水利工程的，外缘生态控制线不小于水利工程保护范围线，在水利工程保护范围线与管理范围线之间的活动行为还应符合水利工程保护范围线的相关要求。

6.2　岸线功能区管理

6.2.1　岸线保护区的管理按保护的目标不同可以分三种情况：

1　为保护水生态、珍稀濒危物种及自然人文景观保护而划定的岸线保护区，除防洪、河势控制及水资源开发利用工程以外，原则上禁止的工程建设，若因经济社会需要，必须建设的重要跨（穿）江设施及为生态环境保护必要的基础设施，必须进行充分论证评价，经水行政主管部门、自然保护区和文物管理的相关部门审查批准后方可实施。

2　为保护水资源而划分的岸线保护区有3种类型：①地表水功能区划中已被划为保护区的河段；②已开发利用的重要水源地河段，特别是重要饮用水水源地；③重要引调水口门区河段。对这类岸线保护区，在岸线功能区内可建设水资源开发利用的取水口、边滩水库等，禁止建设影响水资源保护的危险品码头、排污口、燃气（煤）电厂排水口、滩涂围垦等。其他建设项目必须经过充分论证，在不影响水质的条件下，可有控制地适当建设。

3 根据岸线功能区划分的情况综合分析，为保障流域防洪安全而划为岸线保护区的河段包括 4 种类型：①防洪安全较为重要或防洪压力较大的河段；②重要的水利枢纽工程、分蓄洪区分洪口门上下游局部河段；③重要险工段；④河势不稳的山洪河道汇入的河口段。在岸线保护区内除必须建设的防洪工程、河势控导、结合堤防改造加固进行的道路以及不影响防洪的生态保护建设工程外，一般不允许其他岸线开发利用行为。

6.2.2 岸线保留区规划期内确需在岸线保留区内建设的国家或省级重点项目，应按照水行政主管部门的要求，提出防洪治理与河势控制方案，经分析论证并经有关部门审批同意后方可实施。在今后防洪治理及河势控制方案确定并实施后，应根据河道整治及防洪工程实施后的情况，对岸线稳定性、河势变化等进行分析论证，进一步明确岸线的开发利用条件。

6.2.3 岸线控制利用区的建设项目应与规划二级分区相符合，例如，港口利用区原则上应进行港口工程的利用，而不应进行其他建设项目。开发利用项目管理可以分三类情形：

1 对现状开发利用程度已较高，继续大规模开发利用岸线对防洪安全、河势稳定、水资源保护可能产生影响的岸线控制利用区，必须严格控制新增开发利用项目的数量和类型。对不利影响较大的岸线利用项目，应结合实际情况进行必要的调整。

2 岸线利用项目对防洪安全、河势稳定、河流水生态保护可能造成一定影响的岸线控制利用区，要有针对性地加以控制和引导，要根据流域总体的防洪布局，以及左右岸、上下游不同的防洪形势，严格控制岸线利用项目对防洪的累积效应。对防洪安全和河势稳定产生一定影响的岸线利用项目，建设单位必须提出相应的处理措施，消除其影响或使影响降到最低程度，并承担必要的防洪、河势稳定影响补偿责任；在以水资源及水生态保护为目标划定的岸线控制利用区内，要严格控制岸线利用项目的类型及利用方式，严禁建设对水资源及水生态保护有影响的危险品码头、排污口、燃气（煤）电厂排水口及灰场等项目。

3 对于部分划分为岸线控制利用区的江心洲（岛）岸线，要严格执行流域防洪规划确定的防洪标准和实施方案的要求，岸线利用项目不得超标准建设，不得影响主流、支汊的水流动力条件。

6.3 岸线控制线管理

6.3.1 临水控制线是为保障河流畅通、行洪安全、稳定河势和维护河流生态健康的基本要求，对进入河道范围的岸线利用项目加以限定的控制线，因此，应要严格控制，非基础设施项目一律。

6.3.3 外缘管理控制线与外缘生态控制线之间的范围，应按照所在的岸线功能区的相关要求进行管控。如，岸线保护区内两条外缘线之间的范围应按照岸线保护区的相关规定管控，控制利用区内的两条外缘线之间的范围应按照控制利用区的相关规定管控。

6.4 河湖水域岸线工程整治与保护方案

6.4.2 按照保障防洪安全，维护河势稳定，充分考虑水资源利用与保护、航运和保护水生态环境、珍稀濒危物种以及独特的自然人文景观等方面的要求，岸线整治可包括如下内容：

1 保障防洪安全整治内容

（1）清除河湖水域岸线范围内违法的工业企业、住宅等阻水建筑物，清理阻碍行（蓄）洪的滩地占用，清退影响行洪水产养殖等项目，清除河道中种植的高秆作物。

（2）拆除或改建影响防洪安全的桥梁、码头等阻水建筑物，复核河段内多个桥梁的阻水作用，对阻水严重的桥梁、码头实施必要的改建，减小岸线利用项目对河道行（蓄）洪的影响。

（3）对为防洪安全目的而划定的岸线保护区内，要清除该河段内现有影响防洪安全的岸线开发利用项目。

（4）严格按照岸线利用管理的要求，对超越和侵占临水控制线影响行洪的岸线利用项目实施清退和改建。

2 水资源与水环境保护整治内容

（1）严格控制排污口水质达标排放和污染物负荷总量控制，对无法达标排放或污染物负荷总量超标的排污口应限期治理，必要时应对其占用岸线的位置予以调整。

（2）清退水源地保护区内影响水资源保护的排污口、垃圾处理厂、矿渣堆场、污染企业、砂石码头等岸线利用项目，对影响水源地水质控制指标的码头等建设项目加以清理和调整。

（3）对现有和规划调水水源地有重大影响的岸线利用项目或规划引调水取水口附近且对今后工程建设有明显不利影响的岸线利用项目，应予以调整或迁建。对影响水源地水质和工程建设规划范围内的岸线利用项目等必须予以调整清退和治理。

3 影响上下游、左右岸关系需整治调整内容

（1）应协调上下游岸线利用与保护的关系，对水生态或水资源保护区的上游河段，要严格禁止上游地区岸线利用类型，避免对下游保护区可能产生的不利影响，对已产生明显影响的岸线利用项目应坚决予以清退和调整。

（2）对左右岸的港口码头、取排水口犬牙交错，相互影响的岸线利用项目，应按照规划的岸线控制线和功能区要求，采取调整和清退措施。

（3）应统筹考虑防洪安全、河势稳定与沿江城乡建设的关系，对影响防洪、河势稳定和城市建设规划的岸线利用项目应实施清退。

4 合理配置岸线资源需整治调整内容

（1）对岸线资源利用效率不高的项目予以调整，将优良岸线资源合理配置，有利于当地经济社会可持续发展。

（2）将可以集中布置的岸线开发利用项目集中布置，节约有限的岸线资源，促进多个利益主体共享岸线。

（3）重视对岸线利用项目的占用岸线长度的合理性评价，避免过多占岸线，严禁闲置已占用的岸线。

5 河滩资源保护内容：对于临水控制线内的河滩资源应予以重点保护，有保护需求的应提出规划措施，如河滩湿地规划、生物群落恢复与保护等。

7 规划实施保障措施

7.0.2 本条重点在于河道、岸线和岸线保护类工程的管理，应充分结合"河长制"和"五水共治"，明确监管责任，落实管理主体。

7.0.3 浙江省各地河道、岸线及涉岸工程的管理既有共性也有其自身特点和特殊条件，因此，应对现行的管理工作加以研究与分析，提出有针对性的原则意见。

7.0.5 河湖水域岸线也是一项重要的资源，如果在有序、合理利用岸线资源的基础上，探索如何将岸线资源转化为经济收益，并用经济收益来保护岸线资源的模式。

7.0.6 建立长效保护机制是岸线保护与管理的方向，可以对管理条件较好重要工程或重点河段进行探索性研究。

8 规划成果要求

8.0.1 对于规划报告，各地也可根据自身的需要，按规划文本和文本说明书的形式提交。

8.0.5 对于控制线详细图，考虑到一条河道可能会分为多个河段由不同行政区域来编制，因此，从便于汇总的角度出发，本次对工作底图和出图统一要求；对于 0.5m 分辨率及以上高分遥感影像，因各地测绘成果条件不一，本次不作强制性要求，但遥感影像对于现场情况识别更具有直观性，有条件的地区应尽量收集，无高分遥感影像的地区可结合天地图、Google Earth 等遥感影像进行对比识别。

参考文献

[1] 夏继红，鞠蕾，林俊强，等. 河岸带适宜宽度要求与确定方法 [J]. 河海大学学报（自然科学版），2013，41（3）：229-334.

[2] 车生泉. 城市绿色廊道研究 [J]. 城市生态研究，2001，9（11）：44-48.

[3] 朱强，俞孔坚，李迪华. 景观规划中的生态廊道宽度 [J]. 生态学报，2005，25（9）：2406-2412.